D1696006

Wolfhard Schlosser / Jan Cierny

Sterne und Steine

Orion

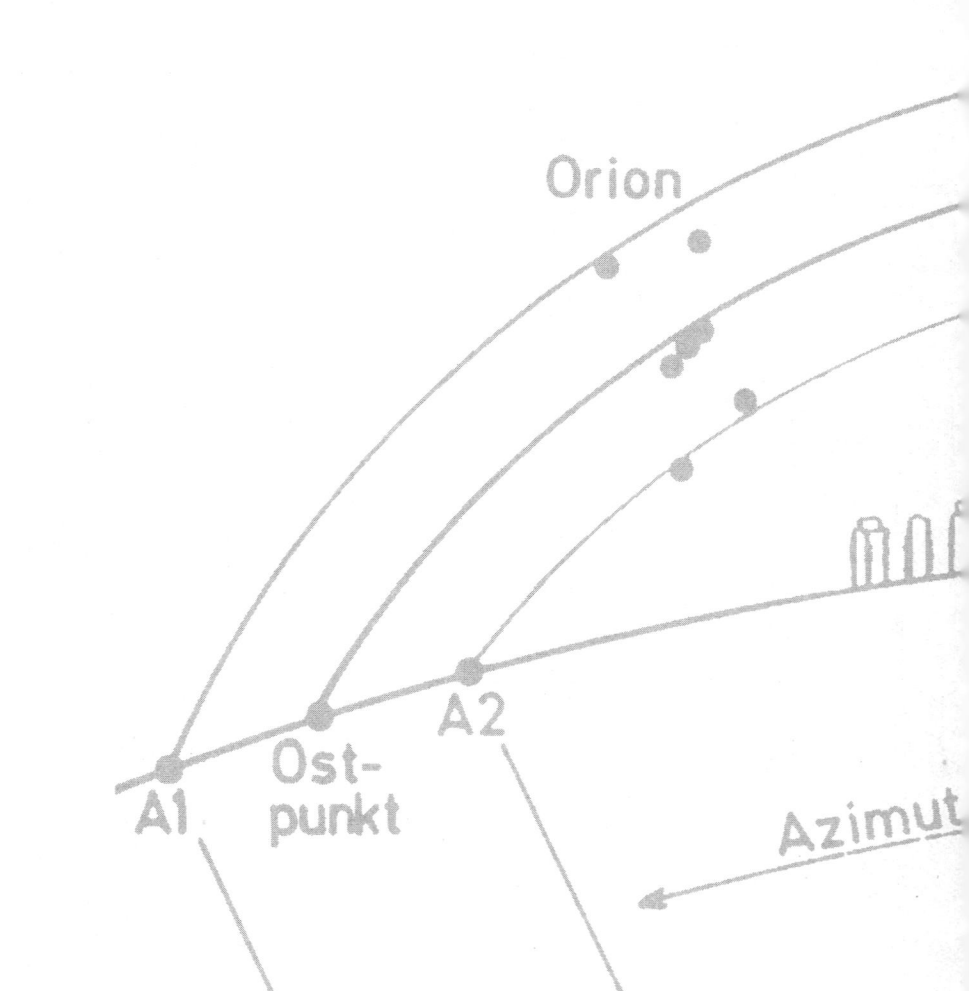

A1 Ost- A2
    punkt
              Azimut

Wolfhard Schlosser / Jan Cierny

Sterne und Steine

Eine praktische
Astronomie der Vorzeit

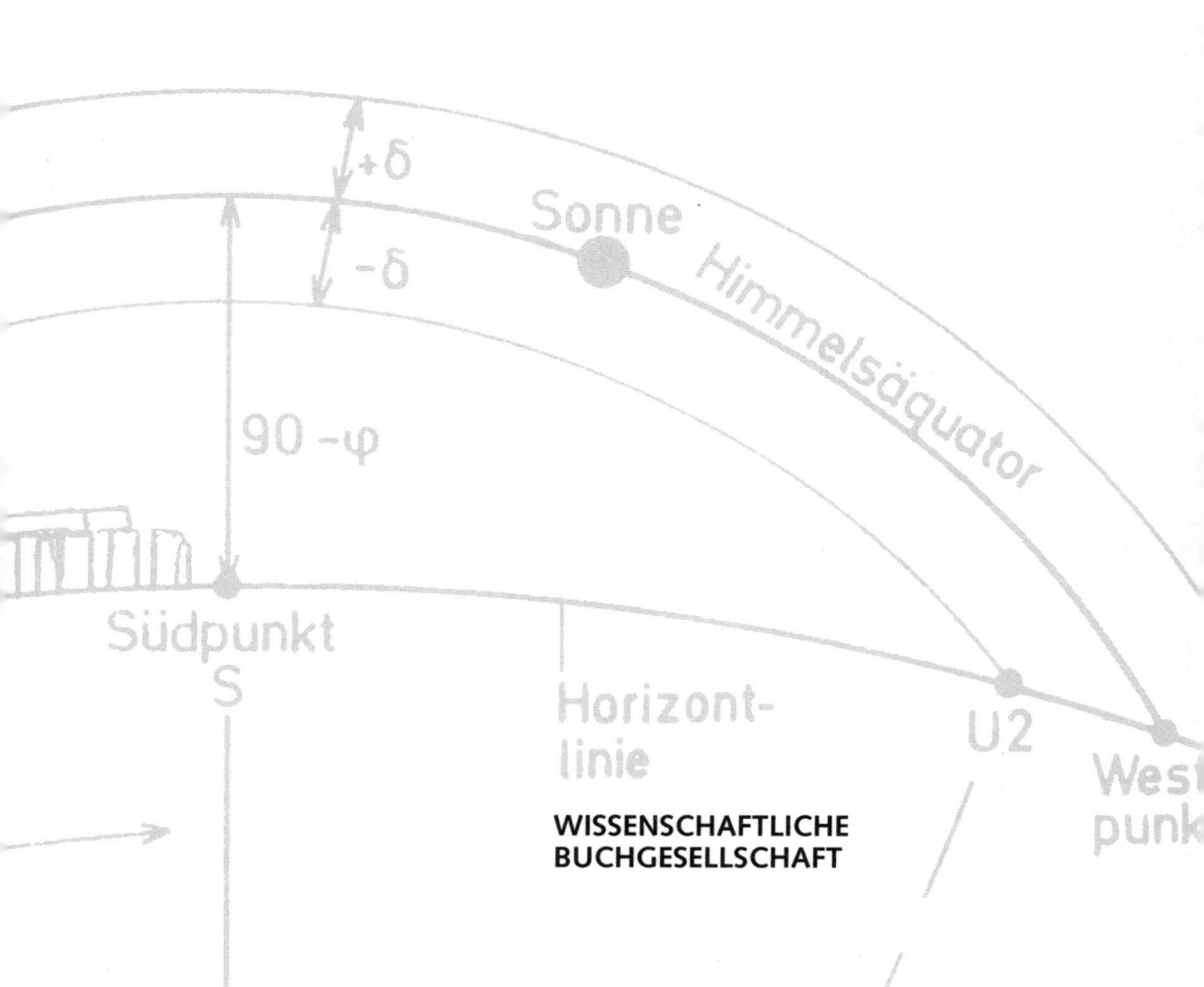

WISSENSCHAFTLICHE
BUCHGESELLSCHAFT

Einbandgestaltung: Neil McBeath, Stuttgart

Einbandbild:
Magnetogramm der Kreisgrabenanlage
von Osterhofen-Schmiedorf

Die Deutsche Bibliothek – CIP-Einheitsaufnahme

Schlosser, Wolfhard:
Sterne und Steine: eine praktische Astronomie der Vorzeit /
Wolfhard Schlosser / Jan Cierny. – Darmstadt: Wiss. Buchges.,
1996
  ISBN 3-534-11637-2
NE: Cierny, Jan:

Bestellnummer 11637-2

Das Werk ist in allen seinen Teilen urheberrechtlich geschützt.
Jede Verwertung ist ohne Zustimmung des Verlages unzulässig.
Das gilt insbesondere für Vervielfältigungen, Übersetzungen,
Mikroverfilmungen und die Einspeicherung in und Verarbeitung
durch elektronische Systeme.

© 1996 by Wissenschaftliche Buchgesellschaft, Darmstadt
Gedruckt auf säurefreiem und
alterungsbeständigem Werkdruckpapier
Layout, Satz: Schreiber VIS
Druck und Einband: VDD–Darmstadt
Printed in Germany

ISBN 3-534-11637-2

Inhalt

1. Einleitung 9

**2. Astronomische Einflüsse
auf tierische Verhaltensweisen** 13

3. Grundlagen der Ur- und Frühgeschichte 17

    Forschungsgeschichte des
    Faches Ur- und Frühgeschichte 18
    Die Auswertungs- und Datierungsmethoden
    in der Ur- und Frühgeschichte 21
    Aufgaben der Ur- und Frühgeschichte 22
    Ur- und Frühgeschichte, verwandte Fächer
    und die Nachbarwissenschaften 23
    Prospektion und Inventarisierung der Bodendenkmäler . . . 24
    Zerstörung der Denkmäler 26

    Naturwissenschaftliche Untersuchungs-
    und Datierungsmethoden 27
    Physikalische Altersbestimmung
    mit radiometrischen Methoden 27
    Weitere physikalische Datierungsmethoden 30
    Die absolute Datierung mittels Dendrochronologie 31

    Zur Terminologie in der Ur- und Frühgeschichte 32

    Die zeitliche Abfolge in der Ur- und Frühgeschichte 34
    Paläolithikum (Altsteinzeit) 34
    Mesolithikum (Mittelsteinzeit) 36
    Neolithikum (Jungsteinzeit) 39
    Bronzezeit 40
    Eisenzeit 44

    Demographische Daten
    und Lebensumstände in der Vorzeit 46

4. Astronomische Grundlagen 49

    Der tägliche Umschwung des Fixsternhimmels 50

    Der Lauf der Sonne 52

    Der Lauf des Mondes, Finsternisse 54

    Die Bahnen der Planeten 57

    Verschiebung der Sternbilder, Präzession 58

Veränderung der Sternbilder, Eigenbewegung 58
Einfluß der Erdatmosphäre auf
die Beobachtungen, Horizonteffekte 58
Bestimmung der Haupthimmelsrichtungen 62

5. Prähistorische und archaische Objekte mit vermuteter astronomischer Funktion 65

Altsteinzeitliche Mondkalender? 69
Die Ausrichtung von Gräbern und Skeletten
der Stein- und Bronzezeit 72
Mitteljungsteinzeitliche Kreisgrabenanlagen 76
Kreisgrabenanlagen in Niederbayern 77
Kreisgrabenanlage von Bochum-Harpen 78
Makotřasy – eine quadratische Anlage
der Trichterbecherkultur 80
Denkmäler der Megalithzeit 82
    Stonehenge 82
    New Grange 86
    Das North-Mull-Projekt 89
    Die Megalithanlage von Tustrup (Dänemark) 91
Felsnäpfe, Schalensteine und Sternbilder 91
Die Externsteine 93
Prähistorische Elemente
in der Astronomie rezenter Kulturen 96
    Himmelskundliche Kenntnisse
    der australischen Ureinwohner 96
    Astronomie der Guanchen (Kanarische Inseln) 98
    Bulgarische Felsdenkmäler 100
    Dakische Sonnenwarten (Rumänien) 101
    Litauische Ethno- und Archäoastronomie 102
    Auf dem Weg in die Moderne –
    Elemente heutiger Astronomie in der Vergangenheit 105

6. Kontinuität archaischer Sonnenbeobachtungstechniken in historischer Zeit 109

Iranische Vorgeschichte 109
Persepolis 110
    Astronomische Erscheinungen zur Zeit
    der Gründung von Persepolis 111
    Zur Geometrie der Architektur von Persepolis 112
Der Mithraskult 113
Sonnenbeobachtungen im Hindukusch-Pamir-Gebiet 115

Inhalt

    Archaische Sonnen- und Mondbeobachtungen
    in islamischer Zeit 117

    Astronomische Elemente in der
    Architektur christlicher Kirchen 119
        Lage christlicher Kirchen 119
        Die Ausrichtung christlicher Kirchen 119
        Sonnenöffnungen in christlichen Kirchen 120

7. Praxis archäoastronomischer Feldarbeit 123
    Orientierung 123
    Winkeldifferenzen 124
    Höhenwinkel 126
    Ein Sonnenkompaß für
    korrekte Azimutbestimmungen 127

Anhang A 129
    Mathematisch-astronomische Grundlagen 129
        Das Horizontsystem 129
        Das Äquatorsystem 131
        Sonne 134
        Mond 136
        Planeten 138
        Fixsterne 139
        Sternhelligkeiten und -farben in Horizontnähe 140

Anhang B 149
    Statistische Grundlagen 149
        Erstellung der Urliste 151
        Mittelwerte und Streuung 152
        Überprüfung von Hypothesen 153

Glossar 157

Literatur 163

Register 169

Tafel I – X

1. Einleitung

Die Archäoastronomie ist ein Forschungsfeld im Grenzgebiet von Archäologie und Astronomie. Weltweit beschäftigt sich nur eine kleine Anzahl von Wissenschaftlern mit der Erforschung der himmelskundlichen Kenntnisse des Menschen der Vorzeit, fast keiner davon hauptberuflich. Auf der anderen Seite werden nur wenige Überschneidungen zwischen den Natur- und Geisteswissenschaften so häufig in den Medien behandelt wie gerade die Archäoastronomie. Themen zur Archäologie oder Astronomie finden stets ihr Auditorium, um so mehr eine Kombination aus beiden Disziplinen.

Wer die Berichte zu diesem Gebiet im Fernsehen, Rundfunk oder in den Printmedien verfolgt, ist immer wieder erstaunt über die positive, häufig sogar enthusiastische Einstellung von Reportern und Publikum gleichermaßen. Es wird einfach als gegeben angenommen, daß es in der Steinzeit eine hochentwickelte Astronomie gab, und jede diesbezügliche Meldung wird als weitere Bestätigung akzeptiert. Schaut man jedoch einmal genauer hin, so ergibt sich ein ganz anderes Bild. Selbst wenn man die Bücher mit millionenfacher Leserschaft über den vorzeitlichen Besuch raumfahrender Extraterrestren ausklammert: Nur wenige Informationen halten einer sachlichen Überprüfung wirklich stand.

So gilt es als ausgemacht, daß die Stonehenge-Megalithe oder andere jungsteinzeitliche Anlagen den Tag der Sommersonnenwende zu bestimmen gestatteten. Als Begründung wird stets angeführt, daß gewisse architektonische Linien zur Sommersonnenwende hin gerichtet sind. Obwohl diese Beobachtungen korrekt sind (auch das vorliegende Buch bringt eine Fülle von Sonnenwendorientierungen), ist die Schlußfolgerung falsch. Weder mit Stonehenge noch mit irgendeinem anderen Denkmal läßt sich dieser wichtige Tag im Jahr bestimmen. Der Grund ist einfach: Die Sonne ändert um den längsten Tag des Jahres herum kaum ihre Aufgangsrichtung. Während einer vollen Woche geht sie morgens praktisch an der gleichen Stelle des Horizonts auf, so daß der Sonnenwendtag selbst gar nicht festgelegt werden kann. Stonehenge ist also kein Kalenderbauwerk, sondern allenfalls ein Sakralbauwerk. Viel interessanter ist für die Archäoastronomie, daß in den archaischen Kulturen trotz dieser beobachtungtechnischen Unmöglichkeit die Sommersonnenwende taggenau bekannt war.

Die Fixsterne, die angeblich so bedeutungsvoll entlang der Richtungen megalithischer Steinreihen auf- oder untergingen, haben dies für eine retrospektiv (!) errechnete Zeit auch genau so gemacht – aber nur rund hundert Jahre lang. Danach stimmte die Richtung nicht mehr, und die vielen oft tonnenschweren Steine hätten für die nachfolgenden Generationen in der Bretagne und anderswo zwecklos herumgestanden. Und welcher Prähistoriker kann bei der Unsicherheit seiner Datierungsverfahren das Errichtungsdatum einer jungsteinzeitlichen Steinreihe auf ein, zwei oder auch nur fünf Jahrhunderte genau festlegen?

Diese und andere Beispiele zeigen, daß die Ergebnisse (aber auch die Probleme) der Archäoastronomie meist in einer anderen Richtung zu suchen sind als üblicherweise erwartet. Eine Beschäftigung mit prähistorischen Objekten vermuteter astronomischer Funktion verlangt somit etwas mehr als nur Begeisterung, einen Kompaß und eine Sternkarte. Es sind die gleichen Voraussetzungen erforderlich wie bei jeder anderen Wissenschaft auch: eine solide Kenntnis der Grundlagen und vor allem Selbstkritik. Vom Fachmann darf man dies erwarten, vom Laien erhoffen. Dazu anzuleiten ist ein Ziel des vorliegenden Buches.

Dieses Buch befaßt sich im wesentlichen mit der europäischen Archäoastronomie und ist vor allem für den Nicht-Fachmann geschrieben. Sicher wird mancher Leser ein Interesse an der (Vor-)Geschichte seiner heimatlichen Umgebung mitbringen oder auf Reisen mit Objekten Bekanntschaft machen, die möglicherweise Parallelen zu einigen der hier aufgeführten Denkmäler zeigen. Völkerkundliche Studien über astronomisch-kalendarische Praktiken entlegener Volksstämme haben erwiesen, daß deren Zeitregelung lokal erfolgte, von Dorf zu Dorf also unabhängig. Trotzdem gab es einen für alle verbindlichen Kalender, zu dessen Festtagen man sich an einem zentralen Ort traf und gemeinsam feierte. Nicht viel anders dürfte es bei uns im vorchristlichen Europa zugegangen sein – mit überregional vereinbarten Kalendern, die örtlich geregelt wurden. So ist zu erwarten, daß es allein in Deutschland Tausende von Kalenderbauwerken gegeben hat, von denen sich vielleicht Spuren am Heimatort des Lesers erhalten haben. Und vielleicht gibt es sogar ein lokales Brauchtum, welches damit im Zusammenhang steht. Oft sind die Fakten selbst schon lange bekannt; man hat sie nur noch nicht unter einem übergeordneten Aspekt gesehen.

Diesem Gesichtspunkt trägt vor allem der Untertitel *Eine praktische Astronomie der Vorzeit* Rechnung. Allerdings sollte man ihn nicht so wörtlich nehmen, daß man gleich zur Schaufel greift, wenn man etwas Interessantes gefunden zu haben meint. In jedem Falle sind die Gesetze des Denkmalschutzes zu beachten, und gegebenenfalls ist der dafür zuständigen Behörde Mitteilung zu machen. Allerdings ist häufig zu erleben, daß der Denkmalpfleger vor Ort für die astronomisch-kalendarische Deutung eines prähistorischen Objekts kaum Verständnis aufbringt.

Mathematik und Astronomie sind einem Geisteswissenschaftler nun einmal weniger vertraut, und so ist gelegentlich einige Überzeugungsarbeit zu leisten. Um diese mit den notwendigen Fakten zu untermauern, sind dem Buch eine größere Anzahl von Tabellen, Formeln und Diagrammen beigegeben. Sie befinden sich am Ende des Buches im Kapitel 7 und in den Anhängen A und B. Hierin ist eigentlich alles enthalten, was für die Beurteilung einer möglichen astronomischen Funktion eines vorgeschichtlichen Denkmals notwendig ist. Damit soll aber auch der Fachmann unterstützt werden. Selbst für einen Berufsastronomen ist es nämlich keine Selbstverständlichkeit, auf Anhieb das Azimut des nördlichen Mondextrems für die mittlere Bronzezeit auf Rügen zu ermitteln oder aber die letztmalige Sichtbarkeit des Kreuzes des Südens für Frankfurt am Main anzugeben.

Sachbücher zur Archäoastronomie beschäftigen sich bevorzugt mit den Megalithen aus der Jungsteinzeit und beginnenden Bronzezeit. Man gewinnt dann leicht den Eindruck, der vorzeitliche Mensch habe sich nur in oder ab dieser Zeit mit der Sonne, dem Mond und den Sternen befaßt. Das wäre zu kurz gegriffen. Die Steinsetzungen sind in der Archäoastronomie deswegen so beliebt geworden, weil sie die wenigen oberirdischen Denkmäler der Vorgeschichte darstellen – und vor allem so photogen sind. Ein Photo des Sonnenaufganges durch ein megalithisches Steintor wirkt stets beeindruckend, auch wenn die Erbauer bei seiner Errichtung keinerlei kalendarische Absichten verfolgt haben mögen. Entsprechend findet die Astronomie des Megalithikums in diesem Buch den Platz, der dieser Epoche im Rahmen der Urgeschichte zukommt. Ausführlichere Angaben zu diesem Thema enthalten die Bücher von R. Drößler und R. Müller (siehe Literaturverzeichnis). Einen größeren Platz als in anderen diesbezüglichen Werken nehmen die verschiedenen Kulturen der Jungsteinzeit ein. Bereits in der ältesten Phase der Jungsteinzeit (vor 8000 Jahren) tritt uns mit der Linienbandkeramik eine Kultur entgegen, deren himmelskundliche Kenntnisse denen viel späterer Epochen entspricht.

Vorgeschichte ist Geschichte ohne Schrift. Irgendwelche 'Gebrauchsanleitungen' zur astronomischen Funktion prähistorischer Denkmäler gibt es daher nicht. Wir würden bei der Deutung solcher Objekte noch mehr im Dunkeln tappen, wenn nicht noch bis in unser Jahrhundert hinein in entlegenen Weltregionen Beobachtungstechniken und Kalenderregulierungen praktiziert worden wären, von denen wir annehmen dürfen, daß sie in die frühesten Zeiten zurückreichen. Auch kann man in einzelnen Fällen eine Kontinuität über mehrere Jahrtausende nachzeichnen. Völkerkundliche Studien und andere Belege liefern somit ein Rahmenwerk archaischer Techniken, das dem der Vorgeschichte in vielen Punkten entsprochen haben wird. Je zwangloser die astronomische Interpretation eines prähistorischen Denkmals in dieses Rahmenwerk hineinpaßt, desto zutreffender dürfte sie sein. Das Buch führt viele Beispiele dazu auf und vermittelt so einen Eindruck der Spannweite dieser archaischen Beobachtungstechniken und Kalenderbestimmungen.

Die himmelskundlichen Kenntnisse des prähistorischen Menschen, die sich so herausarbeiten lassen, waren auf seine Lebensweise zugeschnitten und ihr angemessen. Er wird bereits in der Mittelsteinzeit die Frühaufgänge der Sternbilder gekannt und sie als Anzeiger jahreszeitlich bedingter Aktivitäten genutzt haben – dies lassen jedenfalls völkerkundliche Parallelen vermuten. Mit dem Beginn der Jungsteinzeit und dem Übergang zu Ackerbau und Viehzucht wird die Kenntnis der vier Haupthimmelsrichtungen nachweisbar. Da sie in der Natur nirgends angezeigt sind, mußten sie aus den Sonnenständen abstrahiert werden. Dies ist eine geistige Leistung ersten Ranges. Die Tages- und Jahresbahn der Sonne (sicher auch der Sterne) war bekannt. Aus den aktuellen Sonnenauf- oder -untergängen wurden Festtage bestimmt, die teilweise noch mit einigen unserer Feiertage übereinzustimmen scheinen. Nicht nachweisbar ist eine genauere Kenntnis der Mondbewegung und damit die Berechnung von Finsternissen, wie dies in den sechziger und siebziger Jahren so häufig diskutiert wurde. Es gibt auch keine völkerkundlichen Parallelen zu derart profunden astronomischen Einsichten. Natürlich können archäoastronomische Untersuchungen nur einen Minimalsatz an astronomischen Kenntnissen der Steinzeit herausfinden, das heißt, man wußte damals mehr als heute nachweisbar ist. Es dürften damals auch die Planeten wohlbekannt gewesen sein. Der Hirte, der tagsüber mit einem Blick abschätzen konnte, ob in seiner Herde die Zahl der Tiere stimmte, wird nachts sofort gemerkt haben, wenn sich der „Herde" der Sterne einer Konstellation ein Planet hinzugesellt hatte – unbeschadet mangelnder Beweise der heutigen Archäoastronomen.

So zeichnet dieses Buch ein zurückhaltendes Bild der gesicherten Kenntnisse der Archäoastronomie. Aber genauso, wie die wenigen Hinterlassenschaften aus jenen fernen Zeiten nur einen kargen Abglanz der damaligen Lebensfülle widerspiegeln, genauso dürfte die gesicherte Erkenntnis der heutigen Forschung nur einen kleinen Teil des damals wirklich vorhanden gewesenen Wissens über den Lauf von Sonne, Mond und Sternen darstellen.

2. Astronomische Einflüsse auf tierische Verhaltensweisen

Die Einbindung des Menschen in die periodischen Abläufe am Tages- und Nachthimmel steht in der belebten Natur nicht isoliert da. Aus einer umfassenderen Sicht heraus könnte die Entwicklung astronomischer Kenntnisse beim vorzeitlichen Menschen – ja bei den Hominiden überhaupt – als Teil der allgemeinen Evolution verstanden werden, die ihre Wurzeln in der Frühzeit des Lebens hat.

Unser Universum ist rund 15 Milliarden Jahre alt. Zehn Milliarden Jahre vergingen, bis sich vor 4,6 Milliarden Jahren unsere Sonne mit den Planeten aus einer Gas- und Staubwolke bildete. Diese wiederum war nicht seit dem Anfang der Zeiten da, sondern verdankt ihre Existenz längst versunkenen Sterngenerationen. Es ist eine in der Astrophysik allgemein anerkannte Tatsache, daß massereichere Sterne in gewissen Phasen ihrer Entwicklung einen großen Teil ihrer Materie abstoßen. Wir beobachten also auch im Universum ein dynamisches Wechselspiel: Sterne werfen Materie ab, die sich nach Milliarden von Jahren wiederum zu neuen Sternen zusammenballt. Wenn man so will, ist unsere Sonne ein Stern der dritten Generation.

Diese ständige Umwandlung von konzentrierter Materie (Sterne) in feinverteilte sogenannte interstellare Materie (Gas- und Staubwolken) und zurück hat erhebliche Konsequenzen auch für die Entstehung des Lebens. Jedes uns bekannte Leben baut auf Kohlenstoffverbindungen auf, die außerdem Stickstoff, Sauerstoff, Phosphor, Schwefel und andere Elemente enthalten. Alle diese Grundstoffe entstehen aber unseres Wissens fast ausschließlich im Inneren der Sterne und werden erst durch die oben geschilderte Dynamik freigesetzt und von Generation zu Generation weiter angereichert. Sie sind also erst in einer relativ späten Phase des Kosmos in höherer Konzentration vorhanden und mithin auf Planetenoberflächen zur Entwicklung des Lebens in ausreichender Menge verfügbar.

Das Leben auf unserer Erde läßt sich derzeit etwa 3,8 Milliarden Jahre zurückverfolgen. Als unsere Vorvorfahren gelten hefeähnliche Gebilde (*Isuasphaera*), die in Quarzgesteinen des südwestlichen Grönlands gefunden wurden. Diese Fossilien zeigen bereits deutliche Ähnlichkeiten mit heute noch lebenden Organismen. In den 800 Millionen Jahren von der Entstehung der Erde bis zum Auftreten dieser Spezies muß das Leben eine gewaltige Entwicklung durchlaufen haben.

Man darf voraussetzen, daß bereits von Anfang an auf der Erdoberfläche organische Materie vorhanden war. Diese kann entweder am Ort selbst aus anorganischen Verbindungen entstanden sein, wie S. L. Miller und Nachfolger seit 1953 mit erstaunlich einfachen Experimenten bewiesen haben. Sie kann aber auch kosmischer Herkunft sein. Es ist eine der bemerkenswerten Erkenntnisse der Astronomie der letzten Jahrzehnte, daß es im Weltall – bis dahin als lebensfeindlicher Raum par excellence angesehen – von organischen Molekülen nur so wimmelt. Von der Ameisensäure als einfachster organischer Verbindung bis hin zu einer Vielzahl von Aminosäuren haben Radioastronomen und Meteoritenchemiker ein sich ständig erweiterndes Inventar an organischen Substanzen nachgewiesen. Erst kürzlich fielen zwei Meteorite auf die Erde (nach ihren Fundorten *Murchison* und *Allende* genannt), die eine von Leben unabhängige Synthese von Aminosäuren zweifelsfrei belegen.

Man geht davon aus, daß sich diese Kohlenstoffverbindungen im Meer in beträchtlicher Konzentration anreicherten. Diese als *Ursuppe* bezeichnete Mischung (Meerwasser plus bis zu zehn Prozent organischer Verbindungen) muß eine wahre Teufelsbrühe gewesen sein – absolut ungenießbar, wenn nicht sogar giftig. Nun ist ein Ausdruck wie „giftig" nichts anderes als eine Bezeichnung für ausgeprägte chemische Reaktionsfreudigkeit (mit unerwünschten Folgen für unseren Organismus), und darauf dürfte es der Natur auch angekommen sein. Eine schier unendliche Folge von Reaktionsprodukten entstand und wurde wieder abgebaut. Von Bedeutung sind sicher die Tümpel im Uferbereich der Meere gewesen. Durch Wind und Wellenschlag, aber auch durch die damals deutlich stär-keren Gezeiten wurden sie gefüllt und wieder entleert. Sie waren seicht, und so wurde im Tagesverlauf die Ursuppe mittags erhitzt und nachts abgekühlt. Vielleicht ist die temperaturabhängige Durchlässigkeit der Membranen sehr primitiver Bakterien (*Archaeobacteria*) eine Folge des Tagesganges der Temperatur in diesen Tümpeln, eine uralte „Erinnerung" an den Aufgang, die Kulmination und den Untergang der Sonne aus der allerersten Zeit des Lebens (gekürzt nach Rahmann 1980).

Seit der Entstehung des Lebens ist die Sonne mehr als einebillionmal auf- und untergegangen, haben Ebbe und Flut an den Küsten der Meere über vierbillionenmal gewechselt. An die fünfzig Milliarden Male wurde es Vollmond und dann wieder Neumond; viermilliardenmal kamen Frühling, Sommer, Herbst und Winter. Die sich langsam entwickelnden Sinnesorgane waren daher einem streng periodischen und niemals unterbrochenen Reizmuster ausgesetzt. Es kann nicht der geringste Zweifel darüber bestehen, daß dieses Auf und Ab, welches das Leben seit seiner frühesten Phase begleitete, die einzelne Zelle bis hin zu ihrer chemischen Feinstruktur geprägt hat. Hier also dürfte die Wurzel der periodischen Vorgänge in der belebten Natur liegen, aller *inneren Uhren,* vom Schwarmverhalten des Palolowurms bis zum Afrikaflug der Störche. Und ebenso kann vermutet werden, daß die Beschäftigung mit der Astronomie seit den ältesten Zeiten durch den Gleichklang „der natürlichen Gesetzlichkeit in uns und dem gestirnten Himmel über uns" gefördert wurde, wenn man das berühmte Kant-Zitat einmal sinnentsprechend abändert.

Bereits der zum Stamm der Ringelwürmer gehörende *Palolowurm* – ein entfernter Verwandter unseres Regenwurms – ist ein Meister der Bestimmung astronomischer Konstellationen. Sein Schwarmverhalten hängt vom Stand der Sonne und des Mondes ab. Der Zeitpunkt ist das Letzte Mondviertel, einen Monat nach der Frühlingstag- und -nachtgleiche. Als Astronom stellt man erstaunt fest, daß dieser Wurm schon seit Hunderten von Millionen Jahren unsere Osterfestregel quasi vorweggenommen hat. Hier die Gegenüberstellung:

	Osterfest	Schwarmzeitpunkt des Palolowurms
Sonne	im Monat nach Frühlingsbeginn	einen Monat nach Frühlingsbeginn
Mond	am ersten Sonntag nach Vollmond	um das Letzte Mondviertel

Der Palolowurm lebt im südlichen Pazifik (Samoa/Fidschi). Unterhalb des Äquators vertauschen sich die Jahreszeiten, so daß seine Schwarmzeit also in die Monate Oktober/November fällt. Wie er diesen Zeitpunkt bestimmt, ist nicht genau bekannt. Die Mondphasen wird er wohl nicht beobachten können, denn er lebt unter Wasser im Korallenkalk. Man darf annehmen, daß die von Sonne und Mondphase gleichermaßen beeinflußten Gezeiten sein Verhalten bestimmen.

Seit den grundlegenden Arbeiten von K. von Frisch ist bekannt, daß die Bienen nach der Sonne navigieren, wenn ihnen von einer „Kollegin" im Bienenstock der Standort einer Futterquelle mitgeteilt wird. Dieser Informationstransfer kann auf zweierlei Weise erfolgen. Ist die Futterquelle nahe, so animiert diese Biene mit dem sogenannten *Rundtanz* die anderen Bienen zum Ausfliegen. Liegt das Ziel in größerer Entfernung (spätestens ab 100 m), so würde ein planloses Umherfliegen kaum zum gewünschten Erfolg führen. Das Suchgebiet wächst nämlich mit dem Quadrat der Entfernung. Statt dessen bedient sich nun die Biene des *Schwänzeltanzes*. Dabei wird die Entfernung durch die Geschwindigkeit des Tanzes angegeben. Die Richtung zur Futterquelle wird auf die Sonnenrichtung (genauer: das Sonnenazimut) bezogen. Da im Bienenstock die Sonne nicht zu sehen ist und die Wabenscheiben als Tanzflächen senkrecht hängen, wird die Sonnenrichtung als „oben" – also entgegengesetzt zur Schwerkraft – festgelegt. Die Biene zeichnet in diesem Schwänzeltanz etwa den griechischen Großbuchstaben Theta (Θ). Dessen gerader Teil wird nun so durchlaufen, daß die Richtung zum Zenit der Abweichung vom Sonnenazimut entspricht (nach Rensing et al. 1975).

Damit leistet die Biene das, was der Mathematiker als Polarkoordinatendarstellung bezeichnet. Man kann die Position eines Punktes nämlich nicht nur in x- und y-Koordinaten angeben wie auf einem Millimeterpapier. Das gleiche wird erreicht, wenn man die Entfernung des Punktes und seinen Richtungswinkel mitteilt. Alle Radargeräte arbeiten nach diesem Prinzip. Der umlaufende Strahl auf dem Bildschirm kennzeichnet das Objekt durch seine Richtung und markiert seine Entfernung durch die Laufzeit des Radarechos in exakt der gleichen Weise wie die Biene durch die Zeit zur Ausführung eines Schwänzeltanzes.

Bemerkenswert ist auch das Heimfindevermögen der Wüstenameise *Cataglyphis fortis*. Auf der Suche nach Beute läuft sie Hunderte von Metern im Zickzackkurs durch die Wüste. Trotzdem kennt sie in jedem Moment die Richtung ihres Nestes, zu dem sie dann auf dem geradesten Weg zurückkehrt (Abb. 2.1). Auch hier wird nach der Sonne navigiert (Wehner und Wehner 1990).

Neben der Sonnenorientierung nutzen manche Insekten in der Nacht den Mond als Richtungsanzeiger. Südlich der Sahara lebt der Eulenfalter *Spodoptera exempta*, der auch

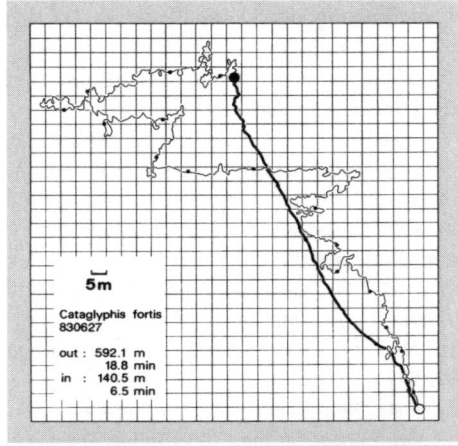

Abb. 2.1 Weg einer futtersuchenden Ameise von ihrem unterirdischen Nest (offener Kreis unten) bis zum Auffinden einer Beute (gefüllter Kreis oben) und zurück. Zunächst wandert die Ameise *Cataglyphis fortis* suchend auf einem erratischen Zickzackkurs (dünne Linie, Abstand zweier Markierungspunkte: eine Wegminute), bis sie zufällig auf eine tote Fliege trifft. Danach steuert sie zielstrebig ihren Unterschlupf an (dicke Linie). Der Heimweg ist nur 6% länger als die kürzeste Verbindung zwischen Beute und Nest. Trotz des komplizierten Hinweges kennt die Ameise bereits beim Beginn des Rückweges mit guter Genauigkeit die Richtung ihres Nestes und korrigiert ihren Kurs laufend nach. *Cataglyphis fortis* lebt in einem vollständig flachen und strukturlosen Teil der Sahara, in dem eine Orientierung nach Landmarken nicht möglich ist. Für ihre Navigation nutzt sie statt dessen die Sonnenrichtung bzw. die an die Sonne gekoppelte Polarisation des Himmelslichtes als Kompaß (Wehner und Wehner 1990, mit freundlicher Genehmigung der Autoren).

in Kenia vorkommt. Dieses Tier hat gelegentlich ein Problem zu bewältigen, das für ein äquatornahes Land spezifisch ist: Der Mond (wie auch die Sonne) kann zu bestimmten Zeiten im Zenit oder sehr nahe dran stehen. In diesen Augenblicken hat ein Gestirn keine klare Himmelsrichtung, denn ein Objekt genau über uns kann weder der Nord-, Süd-, Ost- oder Westrichtung zugeordnet werden. Das Insekt verhält sich in diesem Zeitraum astronomisch korrekt. Es legt bei seiner Wanderbewegung eine kleine Pause ein, bis sich der Mond vom Zenit entfernt hat und wieder eine klar definierte Himmelsrichtung zeigt (H. Langer, mündliche Mitteilung).

Schließlich sei der Vogelzug aufgeführt, bei dem die Vögel neben anderen Orientierungstechniken auch die astronomische Navigation einsetzen (Berthold 1996). Der Vogelzug ist eines der beeindruckendsten Schauspiele im Tierreich. Die Zugstrecken mancher Vögel sind wahrhaft weltumspannend. So legt die Küstenseeschwalbe *Sterna paradisea* pro Jahr bis zu 37 000 km zurück, umrundet also fast einmal die Erde. Sie pendelt dabei zwischen den arktischen Lebensräumen der beiden Erdhemisphären hin und her. Unsere Störche und Brieftauben zeigen, daß über große Distanzen auch punktuell Ziele wiedergefunden werden. Hier sind sicher mehrere Mechanismen anzunehmen, die jeweils im Fern-, Mittel- und Nahbereich wirksam werden.

Vögel ziehen auch bei bewölktem Himmel. Nachgewiesen wurden Sinnesreaktionen für das irdische Magnetfeld, für Infraschall, Luftdruck, ultraviolettes und polarisiertes Licht. So stehen dem Vogel wohl mehrere Navigationshilfen zur Verfügung, ohne daß wir allerdings im einzelnen wissen, wie er es letztlich schafft.

Seit den Untersuchungen von G. Kramer Ende der vierziger Jahre ist bekannt, daß zugunruhige Stare ihre Zugrichtung aus dem Sonnenstand ableiten, wenn diese in ihren Käfig scheint. Da die Sonne im Tagesverlauf ihre Richtung ändert, müssen die Stare dies berücksichtigen. Das gelingt nur, wenn sie über eine innere Uhr verfügen. Auch der Seemann, der aus dem Sonnenstand Ort und Kurs seines Schiffes ableiten will, bedarf dazu stets einer Uhr.

Nachtziehende Vögel verwenden offensichtlich einen Sternkompaß. Dies haben Experimente mit Grasmücken und anderen Arten unter dem Planetariumshimmel erwiesen. Diese Vögel scheinen sich nicht nach individuellen Sternbildern zu orientieren, sondern erkennen den Punkt des Himmels, um den die Sterne umlaufen, also den Himmelsnord- bzw. -südpol. Eine solche Wahl ist sehr geschickt, denn die Drehpole des Sternenhimmels sind über die Jahrhunderttausende unveränderlich (Kapitel 4). Orientierte sich ein Vogel nach dem Polarstern, so würde die Präzession in wenigen Jahrhunderten seinen Kompaß unbrauchbar machen. Jedoch scheint es auch Vogelarten wie die Stockente zu geben, die individuelle Sternbilder lernen und dann wiedererkennen können.

Die aufgeführten Beispiele zeigen, in wie vielfältiger Weise im Tierreich Sonne, Mond und Sterne im Kampf ums Überleben genutzt werden. Viele der Techniken der Archäoastronomie, von der Bestimmung des Sonnenazimuts bis hin zur Festlegung von Jahresfixpunkten aus Sonnendeklination und Mondphase praktizierten die Tiere bereits Millionen von Jahren vor dem Erscheinen des Menschen. Noch deutlicher: Die vorgeschichtliche Beschäftigung des Menschen mit den Erscheinungen des Himmels über ihm läßt eigentlich nur ein Element erkennen, das etwas grundsätzlich Neues enthält. Dies betrifft die Quantifizierung der Phänomene. Aber selbst das ist, wie die folgenden Kapitel zeigen, im Einzelfall nur schwer zu belegen: Weder vom Steinzeitmenschen noch vom Zugvogel besitzen wir schriftliche Aufzeichnungen über seine Ziele und Vorgehensweisen.

3. Grundlagen der Ur- und Frühgeschichte

Die Ur- und Frühgeschichte, auch Vor- und Frühgeschichte oder prähistorische Archäologie genannt, ist eine relativ junge Wissenschaft. Die Grundlagen einer wissenschaftlichen Vorgeschichtsforschung wurden im ersten Drittel des letzten Jahrhunderts geschaffen. Sie befassen sich mit jenem Abschnitt der Entwicklungsgeschichte der Menschheit, der vor der eigentlichen Geschichte liegt, d. h. vor den Epochen, über die wir durch schriftliche Überlieferungen informiert sind.

Die Geschichtsforschung, welche das vergangene und gegenwärtige Geschehen recherchiert, dokumentiert, rekonstruiert, in einer zusammengefaßten Form präsentiert und möglichst objektiv bewerten soll, bedient sich vorwiegend schriftlicher Quellen. Das schließt jedoch nicht aus, daß zur Vervollständigung der Ergebnisse auch andere Quellen wie Gemälde, photographische Aufnahmen, Filme und Tonaufzeichnungen (moderne Zeitgeschichte) oder aber auch die archäologischen Funde herangezogen werden können.

Demgegenüber sind die Prähistoriker bei ihren Forschungen nur auf die archäologischen Hinterlassenschaften angewiesen. Darunter versteht man die Bodendenkmäler, Funde und Befunde. Bodendenkmäler können obertägig oder untertägig sein, beispielsweise als Großsteingrab oder Höhle vorliegen. Funde sind die einzelnen Fundobjekte aus Gräbern, Siedlungen oder ohne Fundzusammenhang (Einzelfunde). Die Befunde sind die Informationen über die Begleitumstände, den Zustand und die Lage der Funde bei der Auffindung. Zu den Befunden zählen auch Pfostenlochspuren in einer vorgeschichtlichen Siedlung, die selbst keinerlei Funde beinhalten, jedoch nach ihrer Kartierung den Umriß eines vorgeschichtlichen Hauses zeigen.

Die Ur- oder Vorgeschichte beschäftigt sich mit den ältesten Zeitabschnitten der Menschheitsgeschichte überhaupt, aus denen ausschließlich archäologisches Material vorliegt. Unter Frühgeschichte versteht man die Epochen, die unmittelbar vor der eigentlichen Geschichte liegen. Diese Zeitabschnitte sind uns durch vereinzelte Nachrichten antiker Autoren bekannt. Die schriftlichen Quellen darüber sind jedoch dürftig und ihre Informationen eher allgemein.

In der mitteleuropäischen Ur- und Frühgeschichte gehören die Stein- und Bronzezeit zur Urgeschichte, die Eisenzeit zur Frühgeschichte. In Südosteuropa beginnt die Frühgeschichte aufgrund der Beziehungen zu den Ostmittelmeerländern schon mit der Bronzezeit.

Mit der römischen Okkupation beginnt in den besetzten Gebieten theoretisch die Geschichtsschreibung. Für diesen und die weiteren Geschichtsabschnitte – Völkerwanderung und Frühmittelalter – sind nicht automatisch nur die Historiker zuständig. Die Informationen aus den schriftlichen Quellen der Spätantike und des frühen Mittelalters reichen nicht aus, um die allgemeine Geschichte vollständig darstellen zu können. Neben den Vitae führender Persönlichkeiten und der Aufzählung von Schlachten findet man selten Berichte über die Lebensumstände der einfachen Leute. Solche Informationen werden erst mit Hilfe archäologischer Grabungen in Umrissen zugänglich. So gehören zur Ausbildung und zu den Aufgaben eines Prähistorikers Materialkenntnis und Grabungstätigkeit auch an Fundstellen aus der Römerzeit, der Völkerwanderungszeit und des Mittelalters.

Grundlagen der Ur- und Frühgeschichte

Forschungsgeschichte des Faches Ur- und Frühgeschichte

Die wissenschaftlichen Grundlagen dieser Disziplin stammen aus dem Anfang des 19. Jahrhunderts. Aber schon früher beschäftigten sich die Menschen mit der Frage nach dem eigenen Ursprung. Es finden sich Berichte (Daniel 1982), nach denen schon die Könige von Babylon Nebukadnezar II. und Nabonid (605 – 539 v. Chr.) in der alten Stadt Ur Grabungen und Restaurierungen durchführen ließen. Die Tochter des Letztgenannten organisierte eine Ausgrabung im Tempel von Akkad und sammelte auch Antiquitäten.

Aus der Antike sind Nachrichten über große Knochen „ausgestorbener Ungeheuer" und über unterschiedliche Altertümer überliefert worden. So soll Kaiser Augustus „Gigantenknochen und eine Heroen-Waffe" in seinem Landhaus ausgestellt haben, also vielleicht Saurierknochen und ein vorgeschichtliches Schwert. In den Abhandlungen über die Epochenaufteilung in der (Früh-)Geschichte werden oft Ovid und Lukrez als Beispiele dafür zitiert, daß man schon damals über unterschiedliche Epochen der Menschheitsgeschichte informiert war. Ovid teilte die Menschheitsgeschichte in ein Goldenes, Bronzenes und Eisernes Zeitalter ein. Lukrez wiederum besang in einem seiner Gedichte drei Epochen, die sich durch Benutzung von zuerst steinernen, dann bronzenen und zuletzt eisernen Werkzeugen voneinander unterscheiden ließen. Man erkannte also schon in der Antike, daß die Geschichtsentwicklung durch technologisch-ökonomische Perioden und nicht nur politische (Herrscherdynastien) bestimmt war. Dieses Wissen gründete sich aber nicht auf eine fundierte wissenschaftliche Erkenntnis, sondern auf tradierte Erzählungen und Geschichten.

Im europäischen Mittelalter war es ausschließlich die Bibel, aus der man die Angaben zur Frühgeschichte der Menschheit schöpfen konnte. Es bestand keinerlei Bedarf an deren Überprüfung, da der Inhalt der Heiligen Schrift über jeden Zweifel erhaben war. Vereinzelt gab es jedoch Bemühungen christlicher Gelehrter, aus den Bibelangaben zusätzliche Informationen zur Menschheitsgeschichte zu gewinnen. Im 17. Jahrhundert noch setzte man z. B. den Schöpfungstag nach den Angaben aus dem Alten Testament, unter der Berücksichtigung der Dauer der Königsdynastien und der angenommenen Lebensdauer der Patriarchen zurückgehend bis auf Adam, auf den 28. Oktober 4004 v. Chr. Einem weiteren kirchlichen Gelehrten gelang es, den Anfang der Welt nach einer kleinen Korrektur auf den 23. Oktober 4004 v. Chr., vormittags 9 Uhr zu bestimmen.

Die großen Entdeckungsreisen des 16. bis 18. Jahrhunderts brachten neue Erkenntnisse über Menschen anderer Kulturkreise. Aufgrund ethnologischer Berichte über Stämme und Völker, die noch auf einem steinzeitlichen Entwicklungsniveau lebten, wurde deutlich, daß auch die Menschen, deren Knochen und Werkzeuge man in Europa fand, auf einer solchen Kulturstufe gelebt haben müssen. Die großen Fortschritte in den naturwissenschaftlichen Disziplinen, wie Geologie oder Biologie, wiesen damals auch den Historikern und Archäologen neue Richtungen. Trotz dieser Erkenntnisse lebten jedoch noch lange Zeit tradierte und oft falsche Vorstellungen weiter. Vor allem das Wissen der einfachen Leute über die Vorgeschichte wurde durch Legenden und Aberglauben beeinflußt. Für den obergermanisch-rätischen Limes als Überrest der ehemaligen römischen Reichsgrenze in Süddeutschland sind Bezeichnungen wie „Der Pfahl", „Pfahl-Heck" oder „Teufelsmauer" überliefert worden. Während noch die ersten beiden die wahre Funktion des Limes bezeichnen, abgeleitet wahrscheinlich von lat. palus = Pfahl, Pfosten, Palisade, stammt die Bezeichnung „Teufelsmauer" aus verschiedenen Sagen, wonach der Teufel selbst diese „zwecklose" Mauer in die Landschaft gesetzt haben soll. In Las Ferreras bei Tarragona in Spanien steht eine antike römische Aquäduktbrücke, die „Puente del diablo" (Teufelsbrücke) genannt wird. In England wurden im Volksmund prähistorische Grabhügel oft als *Dänengräber* bezeichnet. Im Verbreitungsgebiet der Großsteingräber heißen sie noch heute *Hünengräber, Hünenbetten* o.ä. Auch die Namen *Schwedenschanze* oder *Römerhügel* bedeuten nicht unbedingt, daß ihre Erbauer die Schweden des 30jährigen Krieges oder die „alten Römer" waren.

Ein weiteres Beispiel für unrichtige Bezeichnungen sind die sogenannten *Donnerkeile*. Die Entstehung dieses Begriffs kann man bis in die Antike zurückverfolgen (lat. lapis fulmineus = Blitzstein). Als Donnerkeile wurden im Volksmund neben den Belemniten (fossile Tintenfische) auch vorgeschichtliche Steinbeile bezeichnet. Sowohl die Fossilien als auch die Artefakte wurden im Mittelalter und sogar noch in der Neuzeit als magische Steine verehrt, die gegen Blitzeinschlag schützen sollten, obwohl sie von einigen Gelehrten schon um 1600 als primitive steinerne Waffen erkannt wurden. Wie schwer man sich mit der Akzeptanz neuer Forschungsergebnisse tat, zeigt die Sitzung der französischen Akademie der Wissenschaften von 1730, auf der die Frage wieder diskutiert wurde, ob die „pierres du tonnere", die Donnersteine, nicht doch ihren Ursprung in den Wolken gehabt haben könnten.

Den unterschiedlichen Wissensstand und die Art der Interpretation historischer Informationen zeigen zahlreiche Gemälde des Spätmittelalters und der beginnenden Neuzeit, auf denen Personen der Bibel oder der griechischen Mythologie in zeitgenössischen Kleidern dargestellt wurden. So sind z. B. die römischen Soldaten auf dem Bild „Die Auferstehung Christi" des Isenheimer Altars (Mathias Grünewald, zw. 1460/1470 – 1528) oder die makedonischen und persischen Soldaten auf dem Bild „Alexanderschlacht" (Albrecht Altdorfer, um 1480 – 1538) in den Rüstungen des 16. Jahrhunderts gemalt worden. Dagegen hat Mantegna (1431 – 1506), ein Künstler der italienischen Frührenaissance, die ihm zugänglichen Quellen wie Trajanssäule und Titusbogen in Rom eingehend studiert und die Soldaten nicht nur in die richtige Rüstung gesteckt, sondern auch die antike Architektur und viele andere Details des damaligen Lebens korrekt dargestellt. Die Periode vom Beginn der Neuzeit bis zum Ende des 17. Jahrhunderts war die Zeit der Raritätenkabinette. Man sammelte allerlei „alte Vasen", ausgestopfte exotische Tiere, Mineralien, überhaupt Kuriositäten. Eine systematische Auswertung des prähistorischen Materials fand nicht statt.

Unter dem Einfluß des Rationalismus und der aufkeimenden Romantik stieg im 18. Jahrhundert langsam das Interesse an der Vor-Geschichte. Um die Mitte des Jahrhunderts begann man an den antiken Stätten im Mittelmeerraum und im Vorderen Orient mit größeren Grabungen. Im Laufe des 18. Jahrhunderts kam es auch zu den ersten gezielten Aktivitäten, um Näheres über die eigene, nationale Vorgeschichte herauszufinden. Man war nun auch daran interessiert, über die üblichen Geschichtskenntnisse der Länder der klassischen Antike hinaus die eigene Geschichte so weit wie möglich in die Vergangenheit zurückzuverfolgen. Der Zar Peter der Große entsandte 1716 eine Expedition nach Sibirien, zu deren Auftrag neben der Erschließung und Besetzung des Landes auch ethnologisch-archäologische Beobachtungen gehörten. Er ordnete (1718) an, alle außergewöhnlichen oder sehr alten Objekte an die Behörden abzuliefern. In Großbritannien erschienen die ersten Monographien über die dortigen Altertümer; 1750 wurden die *Society of Antiquaries of London* und 1780 die *Society of Antiquaries of Scotland* gegründet. Grabungen wurden mit Methoden durchgeführt, die heute aus fachlicher Sicht verboten wären. Nach und nach erkannte man, daß Funde gleicher Schicht oder gleichen begrenzten ungestörten Fundbereichs aus der gleichen Zeit stammen müßten. Seit Mitte des 18. Jahrhunderts wurde diese als sog. *stratigraphische Methode* definiert und bei zahlreichen Grabungen am Anfang des 19. Jahrhunderts in den südfranzösischen,

Grundlagen der Ur- und Frühgeschichte

belgischen und englischen Höhlen angewandt und entwickelt.

Im 19. Jahrhundert gewann die prähistorische Archäologie weiter an Bedeutung. Nationale und regionale anthropologische oder archäologische Gesellschaften wurden gegründet, die in ihren Zeitschriften über entsprechende Themen berichteten. Hierzu gehören z. B. die 1804 gegründete *Obschtschestvo istoriji i drevnostej rossijskich* (Ges. f. Geschichte und russische Altertümer), die im gleichen Jahr entstandene *Société des Antiquitaires* in Paris, der *Verein für Nassauische Altertumskunde und Geschichtsforschung*, Wiesbaden (1827), der *Gesamtverein der deutschen Geschichts- und Altertumsvereine* (1850) und viele andere.

In Kopenhagen ordnete der dortige Museumsdirektor Thomsen um 1825 die Sammlung nach dem von ihm entwickelten sog. *Dreiperiodensystem*. Er faßte die Objekte nach ihrem Ausgangswerkstoff zusammen, was auf eine zeitliche Abfolge deutete: Stein, Bronze und Eisen. In Jahre 1848 wurden zum ersten Mal die dänischen Muschelhaufen eingehend archäologisch untersucht. Am Zürichsee entdeckte man 1853 bei Niedrigwasser zufällig die ersten Pfahlbauten. Seitdem wurden etliche solcher Siedlungen in der Schweiz, später in anderen an die Alpen angrenzenden Ländern ausgegraben.

Im Jahre 1864 fand man in der Höhle von La Madeleine in Frankreich eine Mammutgravierung auf einem Knochen. Das war der erste Beweis, daß es Menschen gab, die gleichzeitig mit den ausgestorbenen „vorsintflutlichen" Tieren der Eiszeit lebten: Wie hätten sie die Tiere sonst zeichnen können, ohne sie gesehen zu haben?

Das letzte Drittel des 19. Jahrhunderts und die Jahrhundertwende war nicht nur die Zeit der großen Grabungen in Troja, Mykene und Babylon. Vereine und Gesellschaften für Altertümer und interessierte Laien gruben in ihrer Umgebung vorgeschichtliche Denkmäler aus. Es handelte sich bei den Laienausgräbern meistens um Apotheker, Lehrer oder Pfarrer. Es war damals durchaus üblich, am Sonntag die Honoratioren samt Ehefrauen zu einer archäologischen Grabung einzuladen. Bei einem Picknick wurde ein Grabhügel von oben durch einen Trichter zugänglich gemacht, die schönsten Funde, Metallgegenstände oder Keramiktöpfe, behielt man, Knochen und Scherben wurden oft als wertlos weggeworfen.

Bei solchen Grabungsmethoden sind viele Funde und vor allem Befunde unwiederbringlich verlorengegangen. Zum Glück fanden sich unter den Ausgrabenden auch Forscher, die ihre Zeichnungen und Notizen stets sorgfältig angefertigt haben. Anfang des 20. Jahrhunderts konnte immer noch jedermann jederzeit die Grabhügel durchwühlen. Diese Unsitte wurde erst durch die Verabschiedung der ersten Denkmalgesetze unterbunden.

Um die Jahrhundertwende brachte die Kartierung der Pfostenlöcher, d. h. der runden Verfärbungen im anstehenden Boden, die von längst vermoderten Holzpfosten stammen, ein besseres Verständnis von den Baubefunden einer Fundstelle. Gleichartige Pfostenlochverfüllungen (Größe, Farbe und Konsistenz) bilden oft Umrisse ehemaliger Häuser, Befestigungspalisaden u. a. Diese Beobachtung – für den heutigen Ausgräber eine selbstverständliche Tatsache – mußte natürlich irgendwann zum ersten Mal gemacht werden.

Im ersten Drittel des Jahrhunderts wurde vor allem im deutschsprachigen Raum die „ethnische Deutung der vorgeschichtlichen Kulturgruppen" zu einem Zankapfel unter den Forschern. Einige von ihnen glaubten, die Verbreitungsgebiete von bestimmten archäologischen Inventaren mit den Siedlungsräumen bestimmter Völker oder Stämme gleichsetzen zu können. Die Begriffe wie Volk oder Stamm sind in der Vorgeschichtsforschung aus gewissen Gründen zu vermeiden (siehe unter 'Terminologie'). Ohne dies zu beachten, glaubte man damals die Ursprünge der germanischen Stämme, die als solche erst aus der antiken Geschichtsschrei-

Auswertungs- und Datierungsmethoden

bung bekannt waren, weit zurück, bis in die Steinzeit verfolgen zu können. Die sog. „Indogermanen-Frage" wurde Gegenstand vieler Abhandlungen. Es wurde versucht, wissenschaftlich nachzuweisen, wo überall schon seit Urzeiten die Indogermanen gesiedelt haben. Die Germanen-Ideen wurden von den Nationalsozialisten nur zu gern übernommen; ließen sich doch die Hegemonialansprüche der dreißiger Jahre damit begründen.

Nach dem 2. Weltkrieg erfuhr die europäische Ur- und Frühgeschichte neue Impulse. Das Fundmaterial vervielfachte sich durch die Sanierung der zerstörten Städte wie auch durch den allgemeinen Bauboom in den 50er und 60er Jahren. Die systematische Inventarisierung der Bodendenkmäler, neue Rettungsgrabungen und auch abgelieferte Einzelfunde vergrößerten die Materialsammlungen ständig. Durch die verstärkte Einbeziehung von Wissenschaftlern der Nachbarfächer vergrößerte sich naturgemäß der Personenkreis derer, die in der Ur- und Frühgeschichte tätig sind.

Die Auswertungs- und Datierungsmethoden in der Ur- und Frühgeschichte

Grundlage jeder Forschung ist die Schaffung einer soliden Basis. In der Archäologie mußten Methoden zur chronologischen Klassifizierung der Funde entwickelt werden, um diese einem bestimmten Zeitabschnitt der Menschheitsgeschichte zuordnen zu können. Man unterscheidet dabei die Methoden der relativen und der absoluten Chronologie.

Die relative Chronologie ist die Datierung der Funde im Bezug zueinander, d. h., ein Fundtyp kann jünger oder älter sein als ein anderer. Solche Schlußfolgerungen ermöglicht eine Kombination der stratigraphischen und der typologischen Methode mit Hilfe von geschlossenen Funden. Wird ein in die Mittelbronzezeit datierter Gefäßtyp in einem Grab zusammen mit einem Beil gefunden, darf man getrost behaupten (unter Berücksichtigung der Umlaufzeit, siehe unter c), daß beide gleich alt sind. Wenn woanders in einem Metalldepotfund der gleiche Beiltyp vorkommt, kann man auch die anderen Objekte des Depots der Mittleren Bronzezeit zurechnen.

Mit Hilfe der absoluten Datierung liefert die absolute Chronologie das Alter der Funde oder Kulturen in bezug auf eine bekannte Zeitrechnung, z. B. Christi Geburt oder in Jahren vor heute. Die Dendrochronologie kann unter bestimmten Voraussetzungen das Alter eines Holzfundes oder eines Ereignisses (Bau einer Brücke, Grabniederlegung in einer Holzkammer) auf das Jahr genau bestimmen. Hierzu gehören auch die physikalischen und die archäologisch-historischen Datierungsmethoden. Diese liefern ebenfalls absolute Zahlen, wobei ihre Altersbestimmungen innerhalb eines gewissen Fehlerspielraumes gelten. So liefert ein ^{14}C-Datum eine Datierung „von – bis".

a) Das Dreiperiodensystem

Das Dreiperiodensystem besagt, daß Artefakte aus Stein die ältesten sind, ihnen folgen solche aus Bronze. Die jüngsten sind die aus Eisen. Diese Einteilung bildet bis heute die Grundlage der prähistorischen Chronologie. Als Begründer des Dreiperiodensystems gilt der Direktor des Altnordischen Museums Kopenhagen, Christian Thomsen. Er wandte das System als erster bei einer Neubearbeitung der Museumsfunde in den Jahren um 1825 an.

b) Die stratigraphische
und typologische Methode

Wie im Abschnitt „Forschungsgeschichte" erwähnt, wurde die stratigraphische Methode Ende des 18. Jahrhunderts vor allem bei Höhlengrabungen entwickelt. Man hat sich dabei die Beobachtung aus der Geologie zu eigen gemacht, daß bei ungestörten Schichten die oberste die jüngste und die unterste die älteste ist. Das klingt einleuchtend, doch ist in der Praxis die richtige Reihenfolge nicht immer einfach zu bestimmen. Nur zu oft sind die Schichtgrenzen undeutlich, oder eine rezente Störung wird wegen der gleichen Verfärbung nicht erkannt. Außerdem geschieht es häufig, daß Artefakte aus den oberen Schichten durch Eingriffe von Mensch, Tier oder Pflanze in die tieferen gelangen; dann hat man junge Scherben in einer alten Schicht. Dies alles muß bei der Interpretation der Befunde bedacht werden. Wird die richtige Reihenfolge der Schichten erkannt, können die Artefakte einander relativ in der Zeitenfolge zugeordnet werden.

Mit der typologischen Methode ist der Name des schwedischen Prähistorikers Oscar Montelius eng verbunden. Er beobachtete an den Artefakten funktionelle und/oder stilistische Merkmale, die sich zwar von Fundstück zu Fundstück änderten, doch blieben die älteren Merkmale oft als Rudimente auf den jüngeren Objekten erhalten. Durch einen Vergleich mit der Stratigraphie läßt sich das überprüfen. Wenn bestimmte Verzierungen auf Scherben vorwiegend aus den oberen Schichten einer Siedlung stammen, muß man sie zu den jüngeren der typologischen Reihe zählen. Form und Sorgfalt in der Bearbeitung eines Objekts als Merkmale ergeben keine typologisch-chronologische Reihe; auch die Nutzungsbestimmung eines Gerätes ist für seine Form und Bearbeitung maßgeblich. Also stammen grobe Steinschlägel nicht immer aus der Altsteinzeit, sondern können durchaus in einem jüngeren bronzezeitlichen Bergwerk benutzt worden sein. Deshalb werden die beiden oben genannten Methoden stets kombiniert eingesetzt. Aus der Lage (Stratigraphie), dem Typ und der Vergesellschaftung mit anderen Objekten (geschlossener Fund) können weitere Aussagen zum relativen Alter der Funde gemacht werden.

c) Die archäologisch-historische Datierungsmethode

Diese Methode ist knapp einhundert Jahre alt und wurde ebenfalls von O. Montelius entwickelt. Man nutzt datierte Importstücke aus Gebieten mit absoluter Chronologie (ägyptische Pharaonendynastien, griechisch-römische Antike). Beim Vergleich geschlossener Funde, z. B. in einem durch Inschriften datierten ägyptischen Grab, befinde sich griechische Keramik, die in Griechenland oft in Gräbern mit einem Bronzedolchtyp vorkommt. Diesen Dolchtyp wiederum gräbt man am Bodensee zusammen mit Bernsteinschmuck aus, der in Skandinavien in Gräbern zusammen mit bestimmten Gefäßtypen zu finden ist. Das ließe die Schlußfolgerung zu, daß die Gräber mit den Gefäßen aus Skandinavien zeitgleich seien mit dem ägyptischen Grab, doch muß man die „Umlaufzeit" der Importstücke berücksichtigen. Sie wurden sicher nicht gleich nach ihrem Erwerb vergraben, sondern wurden benutzt, vererbt oder weiterverschenkt. So kann man zwar römische Münzen auf ein Jahr genau datieren, doch das besagt wenig über das Entstehungsjahr des Grabes, in dem sie gefunden wurden. Es kann nur nicht älter sein als die römische Münze.

d) Statistik

In der modernen Vorgeschichtsforschung werden auch statistische Methoden eingesetzt. Die deskriptive Statistik findet weite Anwendung bei der Materialauswertung. Eine Kombination von qualitativen und quantitativen Daten hilft, einander ähnliche Objektgruppen zu finden. Durch den Einsatz von EDV kann man sehr viele Merkmale gleichzeitig miteinander verknüpfen und auswerten.

Aufgaben der Ur- und Frühgeschichte

Wenn die Begriffe „Prähistorischer Archäologe" oder „Archäologie" im Gespräch erwähnt werden, hat der Laie oft das Bild eines unrasierten Mannes in Shorts und mit Tropenhelm vor Augen, der kleine Knochenfragmente mittels eines Pinsels aus dem Sand befreit. Man beneidet ihn um die Reisen in exotische Länder und die autorisierte Suche nach Gold.

Diese Vorstellungen entsprechen nicht der Wirklichkeit. Zu den Tätigkeiten eines Prähistorikers gehört nicht die Schatzgräberei, und die tägliche Arbeit besteht nicht nur aus der Freilegung und Bergung von Fundobjekten. Abgesehen von der Auswertung des Materials und Publikationsvorbereitungen verbraucht die Verwaltungsarbeit viel Zeit.

Die Aufgaben und das Wirkungsfeld des Faches Ur- und Frühgeschichte setzen sich aus Finden, Sammeln, Erhalten, Konservieren, Auswerten und Präsentieren von Funden und Bodendenkmälern zusammen. Die Arbeit ist auf drei Bereiche verteilt, jeder für sich mit unterschiedlicher Zielsetzung.

a) Bereich Denkmalpflege
Hier ist der Prähistoriker für die Erhaltung, Rettung, Bewahrung und Konservierung vorgeschichtlicher Denkmäler zuständig. Er birgt archäologische Funde und dokumentiert die Befunde. Denkmäler von übergeordneter Bedeutung können unter Schutz gestellt und damit dem unkontrollierten Einfluß der staatlichen, kommunalen oder privaten Bauplanung entzogen werden. Fachstudenten erwerben bei den Grabungen ihre praktischen Kenntnisse.

b) Bereich Museum
Hier werden Funde restauriert und deponiert und einige davon in einer Dauer- oder Sonderausstellung der Öffentlichkeit präsentiert. Das Depot steht der Forschung zur Verfügung. Die Museumspädagogen bringen den Schulkindern die Vorgeschichte in verständlicher Form bei.

c) Bereich Forschung und Lehre
Hier werden die Funde und Befunde im Rahmen der Forschung, auch über Magister- und Promotionsarbeiten, analysiert und ausgewertet. Solche Auswertungen erlauben die Ur- und Frühgeschichte der Menschheit zu interpretieren und zu rekonstruieren. Studenten erhalten dabei das nötige Fachwissen über Materialkenntnis, Methodik der Auswertung und eventuell auch Grabungstechniken.

Diese drei Bereiche sind nicht streng voneinander getrennt. Beispielsweise sind die Landesmuseen oft auch für die Denkmalpflege zuständig. Restaurierung und Aufbewahrung muß andererseits nicht zwangsläufig in den Museen erfolgen, sondern kann auch von den Denkmalämtern wahrgenommen werden.

Ur- und Frühgeschichte, verwandte Fächer und die Nachbarwissenschaften

a) Verwandte Fächer
Der Unterschied zwischen der europäischen Ur- und Frühgeschichte und der klassischen Archäologie ist nicht nur geographischer Natur, sondern auch thematisch bedingt. Prähistoriker sind in ganz Europa tätig und bearbeiten Funde aller vorgeschichtlichen Epochen. Die klassischen Archäologen hingegen arbeiten in den Ländern der klassischen Antike, also vorwiegend im ägäischen Raum und in Italien. Das Fach *Provinzialrömische Archäologie* hat sich erst in den letzten Jahrzehnten entwickelt und behandelt die Frühgeschichte in den damaligen römischen Provinzen außerhalb Italiens. Als verwandte Fächer sind noch die vorderasiatische, die byzantinische und die biblische Archäologie zu nennen.

Die Vorstellung, ein Prähistoriker lese Keilschriften und Hieroglyphen aus dem Stegreif, ist ein weitverbreiteter Irrglaube. Das beherrschen nur die Hethitologen, Assyrologen und Ägyptologen, die dafür eine spezielle Ausbildung absolvieren. Für den europäischen Prähistoriker sind solche Kenntnisse nicht erforderlich, denn „Vorgeschichte" heißt per definitionem Geschichte *ohne* Schrift.

b) Die Nachbarwissenschaften
Im Laufe der Zeit haben die Prähistoriker erkannt, daß nicht nur die Funde allein, sondern auch die Befunde von großer Bedeutung für ihre Wissenschaft sind. Der Informationswert eines Dutzends schönster Stein-

Grundlagen der Ur- und Frühgeschichte

beile in einer Museumsvitrine, jedoch ohne Angabe des Fundortes, ist gleich Null im Vergleich zu einigen wenigen Feuersteinabschlägen, deren Lage dokumentiert wurde. Diese Feuersteinabschläge – unscheinbar, wie sie dem Laien erscheinen mögen – erlauben beispielsweise den Werkstattbereich im Umfeld eines neolithischen Hauses zu lokalisieren.

Heutzutage ist eine moderne Grabung mit anschließender Auswertung ohne wissenschaftliche Mitarbeiter aus den sogenannten Nachbarfächern nicht mehr denkbar. Der Paläobotaniker ist für die Pflanzenreste zuständig, mit deren Hilfe er nicht nur die Ernährungsgewohnheiten, sondern auch z. B. das Verhältnis von Wald, Gras- und Kulturland rekonstruieren kann. Ein Paläozoologe untersucht den Bestand an Tierarten aus der Vorzeit. Er beantwortet die Frage, ob es sich bei den Menschen, deren Siedlung gerade ausgegraben wird, um vorwiegend Jäger, Bauern oder Viehzüchter handelte. Der Paläoklimatologe faßt bodenkundliche, botanische und zoologische Ergebnisse zusammen, um den Klimaablauf wiedergeben zu können. Anthropologen bestimmen am Skelettmaterial das Geschlecht und Sterbealter der Toten und notieren ggf. pathologische Veränderungen. Durch ihren Beitrag erhellen sie nicht nur die allgemeine morphologisch-anatomische Entwicklung des Menschen, sondern präzisieren auch die näheren Lebensumstände. So gibt es typische Verletzungen von kämpferischen Auseinandersetzungen; deformierte Knochen lassen auf sich wiederholende Tätigkeiten wie Getreidemahlen oder Reiten schließen. Abnutzungsspuren an den Zähnen geben oft Informationen über die Nahrungszusammensetzung.

Bei Bodenkundlern, Mineralogen, Geologen, Chemikern und Physikern werden Gutachten oder Analysen eingeholt. Aufgrund von Materialanalysen der Gebrauchsgegenstände aus Stein, Ton, Metall oder organischer Reste kann die Verbreitung bestimmter Rohstoffe oder Produkte über weite Gebiete verfolgt werden. Weiterhin sind die physikalischen Methoden die wichtigsten Hilfsmittel zur Altersbestimmung der Funde, mit denen es dem Prähistoriker gestattet ist, die zeitliche Fundeinordnung zu überprüfen. Alle Teiluntersuchungen der Nachbarwissenschaften tragen dazu bei, ein mehr und mehr detailliertes Bild unserer Vergangenheit zu zeichnen.

Prospektion und Inventarisierung der Bodendenkmäler

In der modernen Denkmalpflege spielt die archäologische Prospektion vor allem in den Gebieten mit intensiver Bautätigkeit, Land- und Forstwirtschaft eine wichtige Rolle. Für die Inventarisierung der Bodendenkmäler in Deutschland wurden nach dem Zweiten Weltkrieg und insbesondere in den letzten zwei Jahrzehnten neue Prospektionsmethoden eingesetzt. Die Inventarisierung dient dazu, entweder Bereiche mit Bodendenkmälern aus der Landschafts- und Bebauungsplanung herauszunehmen, um eine Zerstörung zu verhindern, oder noch vor Baubeginn entsprechende Notgrabungen einzuleiten. Neben den klassischen Prospektionsmethoden wie Oberflächenbegehung ohne oder mit Fundkartierung, Sondiergrabungen (durch Suchschnitte) und Kernbohrungen werden vermehrt die Luftbildprospektion und verschiedene geophysikalische Methoden eingesetzt. Ihr Vorteil liegt in der Möglichkeit, großräumige Areale innerhalb einer relativ kurzen Zeit ohne Bodeneingriffe untersuchen zu können. Ihr Nachteil sind die hohen Kosten für Geräte und Auswertung; ihr Preis-Leistungs-Verhältnis ist jedoch unbestritten. Mit ihrer Hilfe können Basispläne erstellt werden, ohne eine Schaufel Erde bewegen zu müssen. Dies betrifft vor allem Objekte, die oberirdisch nicht mehr sichtbar sind, wie Befestigungsgräben, Abfall-, Pfosten- und Grabgruben. Wenn aus zeitlichen oder finanziellen Gründen nur eine Teilfreilegung möglich ist, vervollständigen diese Pläne die Information über den Befund.

Prospektion und Inventarisierung

Für die Untersuchungen, die die Archäoastronomie betreffen, sind exakte Pläne notwendig. Diese können heutzutage mit einer Genauigkeit im Dezimeterbereich angefertigt werden. Das reicht aus, um wichtige Azimute zu bestimmen, die durch Eingänge oder Pfosten einer Anlage markiert waren. Eine hinreichende Genauigkeit der Pläne ist die erste Voraussetzung für eine archäoastronomische Deutung. Denn schon einige Grad Abweichung des Nordpfeils auf dem Plan von der tatsächlichen Nordrichtung können über den Wert einer Aussage zur astronomischen Bedeutung entscheiden.

a) Luftbildprospektion

Das erste Luftbild eines oberirdisch sichtbaren archäologischen Denkmals erwähnt Glyn Daniel (Daniel 1982): Von einem Luftballon aus, zu militärischen Zwecken aufgestiegen, wurden im Jahre 1906 Bilder der Anlage von Stonehenge gemacht. Nach der Einführung der Erkundung aus der Luft im Ersten Weltkrieg und bei Einsätzen im Zweiten Weltkrieg sind den Piloten neben den sichtbaren Denkmälern auch seltsame Verfärbungen und Spuren an der Erdoberfläche aufgefallen. Sie stammten von längst zerstörten, eingeebneten und vom Boden aus unsichtbaren archäologischen Objekten. Pionierarbeit auf diesem Gebiet leisteten die englischen Piloten. Die deutschen Arbeiten zur Luftbildprospektion wurden durch den letzten Krieg unterbrochen und erst Ende der 50er Jahre wiederaufgenommen. Damals hat Irwin Scollar (1962, 1983) für die rheinländische Denkmalpflege planmäßige Erkundungen aus der Luft eingeführt. Ende der 70er Jahre wurde sie von dem bayerischen Denkmalpfleger Rainer Christlein (1982) als Bestandteil der Prospektions- und Beobachtungsarbeiten festgelegt. Durch die unzähligen Einsätze des Piloten Otto Braasch und später auch anderer Piloten für das Bayerische Landesamt für Denkmalpflege entstand ein Luftbildarchiv, das mittlerweile mehr als 700 000 Aufnahmen umfaßt (Stand Mai 1995).

Bei den Befliegungen werden zu unterschiedlichen Tages- und Jahreszeiten Schrägaufnahmen vorwiegend mit Kleinbildkameras aus niedrigfliegenden Sportflugzeugen gemacht. Zwei große Gruppen von Denkmälern können so erfaßt werden: erstens die noch obertägig sichtbaren Objekte wie Grabhügel und Wallanlagen, zweitens die Siedlungsgruben, Gräben, Grabgruben und Pfostengruben, die sich von ihrer Umgebung niveaumäßig nicht unterscheiden. Weil die Verfüllung der letztgenannten Objekte sich vom umgebenden Boden unterscheidet, wird diese durch ihre Verfärbung oder den Pflanzenbewuchs auffällig. Pflanzenbewuchs oder -höhe basieren nämlich auf der Wachstumsempfindlichkeit, bewirkt durch die physikalischen Eigenschaften des Bodens wie Wärme- und Feuchtigkeitsspeicherung. So gedeihen Pflanzen über einem mit humoser Erde verfüllten Graben besser als die über einer unter Erde versteckten Steinfundamentmauer. Bei schrägem Lichteinfall (Sonnenauf- bzw. Sonnenuntergang) aus der Luft beobachtet, werfen die bezüglich ihres Umfeldes höher gewachsenen Pflanzen einen Schatten, der die Umrisse des darunter verborgenen Objektes wiedergibt. Auch die erste dünne Schneedecke enthüllt oft Bodendenkmäler. Je nach Temperaturbedingungen schmilzt diese eher oder später an jenen Stellen, wo sich unter der Erde Objekte mit anderer Wärmekapazität als der des umliegenden Bodens befinden.

Aber mit einem schönen Photo allein ist es nicht getan. Man schätzt, daß auf eine Stunde Flugzeit ungefähr zehn Stunden Bildarchivierung und Aktualisierung der Karten kommen. Dabei ist die archäologische Bildauswertung noch nicht berücksichtigt, die mit weiterem Zeit- und Personalaufwand verbunden ist (Leidorf 1988). Die Auswertung erlaubt die Erstellung von Grundlagen für maßstabgerechte Pläne. Zur Entzerrung der Aufnahmen werden die Orthophototechnik oder die digitale Bildverarbeitung angewandt (Peipe 1987). Solche Arbeiten können nur in Vermessungs- und Photogrammetriebüros

Grundlagen der Ur- und Frühgeschichte

oder in spezialisierten Abteilungen der Landesdenkmalpflege durchgeführt werden. Bedingt durch den hohen Aufwand und die Kosten konnte bis jetzt nur eine kleine Zahl der Luftbilder ausgewertet werden.

b) *Prospektierung mit Hilfe von geophysikalischen Methoden*
Geophysikalische Methoden bestimmen unterschiedliche physikalische Parameter in und über der Erde, wie etwa das Erdmagnetfeld, den elektrischen Widerstand des Bodens oder die Radarwellenreflexionen des Untergrundes. Ursprünglich wurden diese Verfahren von der Angewandten Geologie für die Lagerstättenerkundung entwickelt. Weiterhin dienen sie der Erkundung unterirdischer Hohlräume (Bergbauschäden) und neuerdings auch der Altlastenerfassung. Alle diese Methoden bauen auf der Prämisse auf, daß die physikalischen Eigenschaften in einer homogenen Erdmasse unter gleichen Bedingungen gleich sind. Befinden sich darin jedoch Fremdkörper wie Erzadern, Klüfte oder Dislokationen, so werden von diesen Unregelmäßigkeiten verursacht (Anomalien). Durch systematische Messungen können die Lagen der Anomalien festgestellt und damit die Störkörper lokalisiert werden. Unter der Erde befindliche archäologische Objekte erzeugen ähnliche Anomalien und können so aufgespürt werden.

Beim Einsatz dieser Methoden spielen neben der Beschaffenheit der archäologischen Denkmäler auch die Gelände- und Bodenverhältnisse eine wichtige Rolle. Und nicht zuletzt sind es die finanzielle und apparative Ausstattung eines Denkmalamtes, die über Art und Umfang des Einsatzes entscheiden.

In der Archäologie werden vor allem eingesetzt: Messung des Erdmagnetfeldes (Magnetik), Messung des Bodenwiderstandes, Elektromagnetik und das Bodenradar. In geringerem Umfang wird auch die Seismik angewandt. Geothermie, Gravimetrie und Radiometrie wurden für die archäologische Prospektion getestet, aber sie eignen sich nur unter besonderen Voraussetzungen für den Einsatz in der Denkmalpflege. In einem Artikel befaßt sich Wolfgang Neubauer ausführlich mit den Möglichkeiten und Grenzen der geophysikalischen Methoden; Grundlagen und Funktion der Meßgeräte werden darin anschaulich beschrieben (Neubauer 1990).

Zerstörung der Denkmäler

Durch Landwirtschaft, Bautätigkeit und Rohstoffgewinnung über Tage (Kies, Ton, Sand und Braunkohle) werden tagtäglich neue archäologische Denkmäler ans Tageslicht gebracht. Die Denkmalpflege kann in solchen Fällen nur mit Notgrabungen die Fundstellen dokumentieren und die Funde sicherstellen.

Man soll bei der Interpretation von kultischen, astronomischen oder sonstigen Anlagen und Objekten immer bedenken, ob der vorliegende Befund auch vollständig ist. Die schönste Abhandlung über „zwölf aufrechtstehende Steine, die so die Zahl der Monate in einem Jahr symbolisieren" ist nichts wert, wenn nicht gewährleistet ist, daß es früher nicht mehr Steine waren.

Die natürliche Bodenerosion wie auch die Landwirtschaft, die die Erosion begünstigt, sind die Hauptursachen dafür, daß jedes Jahr viele der archäologischen Denkmäler, oder Teile davon, unbemerkt verschwinden. So wird der Verlust der Bodensubstanz z. B. in den niederbayerischen Lößgebieten in den letzten 7000 Jahren, also in der Zeitspanne vom Erscheinen der ersten steinzeitlichen Bauern bis heute, auf mindestens einen halben Meter veranschlagt. Unter ungünstigen Bedingungen kann der Bodenverlust zwei Meter und mehr betragen (Schmotz 1988). Mit anderen Worten: Man trifft bei Ausgrabungen in den Böden eingetiefter archäologischer Objekte wie Gräber und Pfostenlöcher in der Regel nur auf den untersten Teil. Dann können aus den Gräbern oft keine Skelettreste und Beigaben mehr geborgen werden.

Naturwissenschaftliche Untersuchungs- und Datierungsmethoden

In der Archäologie hat man schon relativ früh naturwissenschaftliche Methoden angewandt, wenn es um die Bestimmung und Herkunft von Materialien ging, die an antiken Fundstellen entdeckt wurden. So untersuchte man Mitte des 18. Jahrhunderts die Farben der römischen Wandmalereien und die chemische Zusammensetzung antiker Bronzegegenstände. Allerdings waren solche Untersuchungen damals eher eine Ausnahme. Als sich im Laufe der Zeit neben der relativ-chronologischen Einteilung der Objekte auch die Frage nach dem absoluten Alter stellte und auch Herstellungstechnik und Material zu interessieren begannen, wandte man sich an die Kollegen der Naturwissenschaften. Mit ihnen suchte man nach geeigneten Methoden. Natürlich konnte die Naturwissenschaft bei der Datierung nicht auf Anhieb Hilfen liefern. Es zeigte sich jedoch schnell, daß viele der von ihr angewandten Verfahren auch für die prähistorische Forschung adaptiert werden konnten.

Für die Archäoastronomie ist die absolute Datierung von großer Wichtigkeit. Wie in Kapitel 4 dargestellt wird, kann die vermutete Ausrichtung eines Kultplatzes nach den Gestirnen hinfällig werden, wenn seine Datierung nicht innerhalb einiger hundert Jahre gesichert werden kann.

Verfahren dieser Art wurden seit Anfang des 20. Jahrhunderts primär für die Belange der Geologie und der Extraterrestrischen Physik entwickelt. Mit ihrer Hilfe können die verschiedenen geologischen Formationen zeitlich eingeordnet werden. Auch Meteoriten und Mondgestein hat man so datiert. Die Ergebnisse helfen nicht nur bei der Lösung der Fragen zur Entwicklung unserer Erde, sondern liefern auch präzise Daten über das Alter des Sonnensystems und des Kosmos insgesamt. Anfangs noch nicht sehr genau, führten sie doch durch ständige Verbesserungen und durch Weiterentwicklung der Meßapparaturen seit den 30er Jahren zu immer exakteren Ergebnissen. Inzwischen gibt es für den Bereich der Radiometrie international vereinbarte, festgelegte Isotopenkonstanten, die zur Berechnung des Alters eingesetzt werden. Dadurch lassen sich auch die Altersdatierungen untereinander vergleichen. So wurde für die Radiokarbonmethode die Halbwertzeit des radioaktiven Kohlenstoffisotops ^{14}C konventionell vereinbart.

In der Vorgeschichte wendet man die meisten radiometrischen Datierungsmethoden in der Hominidenforschung an, also für die ältesten Abschnitte der Menschheitsgeschichte. Das Alter der Gesteinsschichten über und unter einer Fundstelle mit Hominidenknochen ergibt nach einer Interpolation indirekt auch das Alter der Knochen. Mit der Radiokarbonmethode wurde es möglich, einzelne Objekte direkt und genauer zu datieren, sofern sie aus kohlenstoffhaltigem Material bestehen, wie Holzkohle, Knochen oder andere organische Reste. Theoretisch ließe sich damit auch Keramik datieren, doch müßten größere Mengen des Materials als Verlust einkalkuliert werden, um die benötigte Menge Kohlenstoff extrahieren zu können. Zur Altersbestimmung der Keramik eignet sich die Thermolumineszenz-Methode besser, für die nur einige Gramm des Probenmaterials benötigt werden. Neben Objekten aus gebranntem Ton können mit der Thermolumineszenz auch erhitzte Quarzsande, Schlacken und Feuerstellen datiert werden.

Andere Materialien verlangen andere Methoden. So werden Obsidianartefakte, antike Gläser oder vulkanische Laven mit der Obsidian-Hydratations-Methode datiert. Mit der Dendrochronologie bestimmt man das Alter von Hölzern, die dafür aber eine Mindestanzahl von Baumringen aufweisen müssen.

Physikalische Altersbestimmung mit radiometrischen Methoden

a) Kalium-Argon-Methode (K/Ar)
Sie wurde zuerst 1948 beschrieben, in den 50er Jahren dann soweit entwickelt, daß sie

neben der absoluten Datierung geologischer Schichten auch bei der Einordnung der frühen Phasen der Menschheitsgeschichte eingesetzt werden konnte. Die Hominidenfunde werden durch darüber- und darunterliegende Gesteinsschichten relativ-chronologisch eingeordnet. Aufgrund der großen Halbwertzeit von ^{40}K ($\tau = 1{,}3 \pm 0{,}04 \cdot 10^9$ Jahre, Zerfall in ^{40}Ar) liegt die untere Altersgrenze für die Datierung von Funden bei 500 000 Jahren. Der Einsatz dieser Methode stellt jedoch zusätzliche Bedingungen. Eine davon ist die Herkunft der Probe aus vulkanischem Gestein, bei dessen Bildung das vorhandene Argon entweichen konnte. Dadurch wird sichergestellt, daß das in der Probe gefundene ^{40}Ar ausschließlich seit der Gesteinsbildung entstanden und somit die Datierung nicht verfälscht ist. Zur Kontrolle werden stets mehrere Proben aus der gleichen Gesteinsschicht entnommen. Weisen diese nicht das gleiche Alter auf, so sind entweder die Grundvoraussetzungen nicht erfüllt, oder bei der Labormessung wurden Fehler gemacht.

b) Die Thermolumineszenz-Methode (TL)
Radioaktiv geschädigte Kristallgitter strahlen bei Erhitzung ein schwaches Licht aus. Die Schädigung wird hervorgerufen durch die im Kristall und seiner Umgebung stets vorhandenen ^{40}K-, ^{232}Th- und ^{238}U-Atome, deren Radioaktivität in Verbindung mit der kosmischen Strahlung ständig Elektronen aus einem niedrigen in ein höheres Energieniveau versetzen. Diese Elektronen werden an Fehlstellen des Kristallgitters (sog. Elektronenfallen) eingefangen. Bei einer Erhitzung über 500 °C können sie die Fallen verlassen und unter Lichtaussendung (= Thermolumineszenz) auf ein energieärmeres Niveau zurückfallen. Geeignete Kristalle (z. B. Quarz) befinden sich in Tonen und Gesteinen. Wenn ein Objekt aus Ton (Keramiktopf, Lehmofenwand, Boden einer Feuerstelle) einer Erhitzung über 500 °C ausgesetzt wird, werden alle bis dahin angesammelten Schädigungen ausgeheilt und die „TL-Uhr" damit auf Null gestellt. Nach einer letzten Erhitzung, z. B. nach der letzten Benutzung einer Feuerstelle, werden die Gitterfehlstellen langsam wieder aufgefüllt; je längere Zeit verstrichen ist, desto mehr. Nach dem Auffinden des Objektes wird eine Probe davon im Labor erhitzt und die Lichtemission gemessen, die dem Alter der Probe proportional ist. Natürlich muß dabei berücksichtigt werden, wie hoch die Strahlungsrate an der Fundstelle war. Das kann man dort selbst oder aus entsprechenden mitgelieferten Bodenproben ermitteln. Fehlt diese Angabe, wie bei Objekten aus älteren Grabungen, wird die Datierung ungenau. Weiterhin ist die TL-Empfindlichkeit des Materials, d. h. die Fähigkeit der Minerale, die Strahlungsenergie zu speichern, von Bedeutung. Andere Fehlerquellen sind die Energiezufuhr bei der Zerkleinerung der Probe, Energieemission durch die Lichteinwirkung, ein vorgeschichtlicher Brennvorgang unter 500 °C oder späteres Erhitzen des Objektes.

Neben Tongefäßen, Feuerstellen oder verbranntem Lehmverputz versucht man auch die Lößablagerungen mittels TL zu datieren. Da Lößpartikel während des Lufttransportes dem Sonnenlicht ausgesetzt waren, nimmt man an, daß bei ihrer Ablagerung die TL-Uhr auf Null gesetzt wurde. Unter dieser Voraussetzung können quartäre Lößschichten und somit auch die darunter liegenden vorgeschichtlichen Siedlungsschichten oder Objekte datiert werden.

c) Radiokarbon-Methode (^{14}C-Methode)
Die Grundlagen zu dieser Datierungsmethode wurden in den 40er Jahren vom amerikanischen Physiker Libby entwickelt. In der Atmosphäre entsteht durch den Einfluß der kosmischen Strahlung aus dem Stickstoffisotop ^{14}N das radioaktive Kohlenstoffisotop ^{14}C:

$$^{14}N\ (n,p) \Rightarrow\ ^{14}C.$$

Diese in der Physik übliche Schreibweise einer Kernumwandlung besagt, daß ein Stickstoffkern nach Einfang eines Neutrons (n) ein Proton (p) abgibt und sich dabei in einen Kohlenstoffkern verwandelt.

Untersuchungs- und Datierungsmethoden

Das so entstandene ^{14}C wird oxidiert und bildet dann einen Teil des atmosphärischen Kohlendioxids CO_2. Das Verhältnis des stabilen Hauptisotops des Kohlenstoffs ^{12}C zum radioaktiven ^{14}C beträgt ca. $1:10^{-12}$. Über die Assimilation gelangt der radioaktive Kohlenstoff in die Pflanze und durch die Nahrungskette schließlich in den tierischen und menschlichen Organismus.

Solange der Organismus lebt, wird täglich Kohlenstoff aufgenommen. Dadurch ist gewährleistet, daß das Verhältnis der beiden Isotope im Körper gleichbleibt. Nach dem Absterben des Lebewesens zerfällt das ^{14}C mit einer Halbwertzeit von 5730 Jahren. Das bedeutet, daß nach dieser Zeit nur die Hälfte, nach weiteren 5730 Jahren nur noch ein Viertel der ursprünglichen Menge des radioaktiven Kohlenstoffs vorhanden ist. Da die Zerfallsdauer konstant ist, kann man im Labor durch eine Messung des Isotopengehalts das aktuelle Verhältnis bestimmen und damit auch den Zeitpunkt des Ablebens des Organismus. In den Radiokarbonlabors wird zur Berechnung die konventionell vereinbarte Halbwertzeit von 5568 Jahren benutzt. In den Anfängen der Radiokarbondatierung hat man diese Halbwertzeit als Berechnungsgrundlage genommen; später wurde sie von Physikern neu gemessen und auf 5730 Jahre festgesetzt. Um Differenzen zu vermeiden, hat man eine Konvention getroffen, nach der man, wider besseres Wissen, die alte Halbwertzeit zur Berechnung des ^{14}C-Alters benutzen muß.

Datieren lassen sich alle Objekte, die Kohlenstoffverbindungen enthalten. Die benötigte Menge ist unterschiedlich; sie beträgt für die konventionelle Datierungstechnik 2 bis 10 g bei Holz, Holzkohle oder Torf, 40 g bei Muscheln oder Korallen, 100 bis 500 g bei Knochen (Geyh 1980). Unter Umständen kann man auch Eisenobjekte oder Verhüttungsschlacken datieren, vorausgesetzt, sie enthalten kleinste Mengen Kohlenstoff. In der letzten Zeit setzt man bei der Isotopenanalyse Teilchenbeschleuniger ein. Das ist zwar teurer, doch ist der Zeitaufwand geringer und vor allem reichen Probenmengen im Mikrogrammbereich.

Libby postulierte seinerzeit, daß die kosmische Strahlung und das Verhältnis von Kohlendioxid und Stickstoff während der letzten 100 000 Jahre konstant war und somit auch die ^{14}C-Produktionsrate. Inzwischen hat sich aber herausgestellt, daß es durch Klimaschwankungen und durch die Variation des erdmagnetischen Dipolmomentes zu einer Schwankung des ^{14}C-Gehaltes kam. Auch die Rate der kosmischen Strahlung unterliegt Veränderungen durch die Schwankung der Sonnenaktivität. Die früheren, nicht kalibrierten Radiokarbon-Datierungen prähistorischer Objekte entsprechen daher nur grob ihrem tatsächlichen Alter (siehe unten).

Die Freisetzung von ^{14}C-freiem Kohlenstoff durch das Verbrennen von fossilen, organischen Stoffen wie Kohle und Erdöl hat das $^{12}C/^{14}C$-Verhältnis verändert: Seit der Mitte des 19. Jahrhunderts hat sich durch die Industrialisierung der Anteil von ^{12}C erhöht. Anderseits stieg durch Kernwaffenversuche ab Mitte der 40er Jahre die Konzentration des ^{14}C wiederum an. Deshalb ist von einer Radiokarbondatierung bei neuzeitlichen Gegenständen abzuraten.

Mit Hilfe der Dendrochronologie hat man nun seit den 70er Jahren eine Korrektur anbringen können. Für diese Art Eichung eignen sich mehrere tausend Jahre alte Sequoien und Borstenkiefern, die in Nordamerika beheimatet sind. In bestimmten Abständen hat man an Baumstammscheiben mehrere Proben von außen nach innen entnommen und sie nach ^{14}C datiert. Gleichzeitig bestimmte man durch Abzählen der Baumringe das wahre Alter der Probenstelle. Das Dendroalter ergab eine mehr oder minder große Differenz zur ^{14}C-Datierung und erlaubte somit eine Eichung der Radiokarbondaten. Derart korrigierte ^{14}C-Daten nennt man kalibriert. Die ^{14}C-Altersangaben werden außerdem auf den Standard des Jahres 1950 bezogen und vom Radiokarbonlabor in Form einer Zahl samt Standardabwei-

Grundlagen der Ur- und Frühgeschichte

chung und mit dem Kürzel „bp" (= before present) angegeben. „bp 1000 ± 50" heißt also, daß die Probe 1000 Jahre „vor heute" alt ist, wobei unter „present/heute" das Jahr 1950 verstanden wird. In der Abb. 3.1 wird gezeigt, wie es zu den unterschiedlichen Spannweiten der kalibrierten Daten kommt. Durch die Schwankung des atmosphärischen ^{14}C weist die Kalibrationskurve statt eines geraden, diagonalen Verlaufs von links oben nach rechts unten (was bei einem stabilen Gehalt von ^{14}C der Fall wäre) einen unregelmäßigen, zickzackförmigen Verlauf auf. Wenn sich ein konventionelles Radiokarbondatum (z.B. 7150 bp) im flachen Bereich der Kurve befindet, wird die abgelesene Spanne der kalibrierten Daten breiter. Umgekehrt, in einem steilen Bereich (z.B. 7275 bp), wird die Spannweite auf der Abszisse schmaler.

Die Klein- und Großschreibung der Kürzel „bp" und „bc" stammt aus den früheren Zeiten, als man seitens der Naturwissenschaftler vorgeschlagen hatte, konventionelle Daten klein und die kalibrierten groß zu schreiben. Da diese Vereinbarung von vielen Prähistorikern nicht registriert wurde, geschah es oft, daß diese Zusätze zu den Radiokarbondaten in den archäologischen Veröffentlichungen mal groß, mal klein publiziert wurden, ohne daß sich der jeweilige Autor der Bedeutung bewußt war. So konnten die Leser nicht erkennen, ob die Daten kalibriert waren oder nicht. Aus diesem Grund sollte das Kürzel „cal." und die Vertrauensgrenzen (1σ-, 2σ-Intervall) zur Vermeidung von Mißverständnissen immer angegeben werden.

Die datierbare Zeitspanne dieser Datierungsmethode liegt zwischen rund 500 bis 30 000 Jahren vor heute.

Weitere physikalische Datierungsmethoden

a) Paläo- und Archäomagnetismus
Die Prinzipien dieser Methode wurden schon 1899 beschrieben; eine verstärkte Anwendung fand erst nach dem Zweiten Weltkrieg statt. Magnetisierbare Bestandteile in den Gesteinen oder Tonsedimenten nehmen nach einer Erhitzung über einen materialspezifischen Wert (dem sogenannten Curie-Punkt) die Stärke und die Richtung des Erdmagnet-

Abb. 3.1 Zur Umrechnung konventioneller Radiokarbondaten in Jahren bp (vor 1950, siehe Text) in Kalenderjahre vor Christus. Als Beispiel ist die Umrechnung des Labordatums 7275 bp (Ordinate) in das Jahr 6100 v.Chr. (mittlere Kurve, Abszisse) gegeben. Die Fehlerbreite dieser Umrechnung ist den beiden gestrichelten Kurven zu entnehmen (6125 bis 6080 v.Chr.). Es handelt sich lediglich um 1σ-Varianzen (Anhang B), die im Fach Vorgeschichte immer noch üblich sind. Man erkennt auch, daß die Genauigkeit im flachen Kurvenbereich geringer ist (nach McCormac und Baillie 1993).

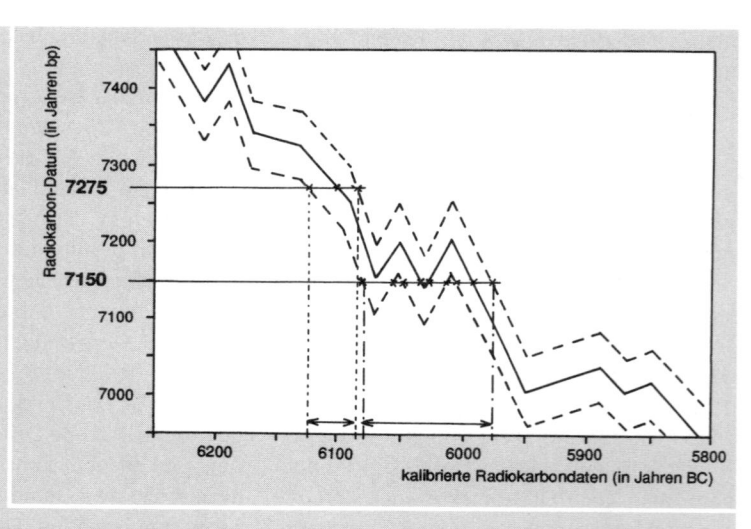

feldes an. Nach der Abkühlung behält das Gestein diese Größen bei, auch wenn sich das Magnetfeld später ändert. Erst nach einer erneuten Erhitzung werden die aktuellen Werte angenommen. Bei prähistorischen Objekten spricht man von *Archäomagnetismus*, bei der Datierung an Gesteinen dagegen von *Paläomagnetismus*. Je nachdem, welche Größen des Magnetfeldes man zur Altersbestimmung heranzieht, unterscheidet man die folgenden beiden Fälle.

b) Messung der
  Polaritäts- oder Polumkehrung
Eine Altersbestimmung läßt sich aufgrund der Polaritätsumkehrung des Erdmagnetfeldes durchführen, was für eine stratigraphische Einteilung der geologischen Formationen, die aus Sedimenten oder Vulkaniten bestehen, von Bedeutung ist. Die Polarität wechselt in zeitlichen Abständen von >100 000 Jahren, ausgenommen die sehr seltenen kurzfristigen Ereignisse von 10 000 Jahren, bei denen der Wechsel innerhalb einer relativ kurzen Zeit (einige Jahrtausende) stattfindet. Diese Methode ist für altpaläolithische Komplexe in der Vorgeschichte von Bedeutung. Anwendbar ist sie für Gesteine im Altersintervall zwischen 10 000 und 250 Mio. Jahren.

c) Deklination und
  Inklination des Erdmagnetfeldes
Die Deklination und Inklination eines Magnetfeldes lassen sich in magmatischen Gesteinen oder auch in gebranntem Ton (Herdstellen, Brennöfen, Verhüttungsstellen) messen. Die Werte unterliegen aufgrund der stetigen Veränderungen des irdischen Magnetfeldes (Säkularvariation) zeitabhängigen Veränderungen.

Werden ein Gestein, das Eisenoxide enthält, oder der Ton einer Feuerstelle über eine bestimmte Temperatur hinaus erhitzt (Curie-Punkt), so orientieren sich die vorher starren, magnetisierbaren, eisenhaltigen Partikel wie kleine Magnetnadeln nach der gerade herrschenden Richtung und Stärke des Erdmagnetfeldes. Nach der Erkaltung behalten die Partikel diese neue Orientierung bei. Datierbar sind nur solche Objekte, die seit der letzten Erhitzung nicht bewegt wurden. Die aktuelle Richtung des Erdmagnetfeldes (Nordrichtung) muß an der Fundstelle am Objekt markiert werden. Im Labor wird dann die Richtung der magnetisierten Teilchen in der Probe bestimmt. Sind Richtung und Geschwindigkeit der Säkularvariation bekannt, kann man aus der Differenz der beiden Ausrichtungen das Probenalter ableiten. Die Genauigkeit der Methode beträgt je nach Material 20 bis 200 Jahre, die datierbare Zeitspanne 500 bis 50 000 Jahre.

Die thermoremanente (= Dauer-)Magnetisierung kann im Laufe der Zeit von verschiedenen Faktoren beeinflußt werden. Kommt es in einer späteren Zeit zu einer sekundären Erhitzung, werden die dann gültigen Werte des Erdmagnetfeldes im Objekt gespeichert, das tatsächliche Alter also verfälscht. Das kann auf mehrschichtigen Siedlungen vorkommen, wo durch einen Siedlungsbrand die thermoremanente Magnetisierung älterer Objekte beeinflußt wurde. Außerdem kann es durch Umkristalisation, Verwitterung oder Bildung von Eisenoxiden zu einer chemischen Magnetisierung kommen. Bei metamorphen Gesteinen kommt es unter Umständen durch den hohen Druck zur Magnetisierung. Die archäo-/paläomagnetische Datierung liefert nur relativchronologische Daten: Weisen die Feuerstellen aus mehreren benachbarten Siedlungen die gleichen Parameter des Erdmagnetfeldes auf, so kann man mit Fug und Recht behaupten, daß sie zur gleichen Zeit benutzt wurden.

Die absolute Datierung mittels Dendrochronologie

Die Dendrochronologie, auch Jahresringforschung genannt, basiert auf der Erkenntnis, daß sich Klimaeinflüsse wie Temperatur und Niederschlagsmenge in gemäßigten Klimazonen direkt in den Abständen der Jahresringe im Baumstamm widerspiegeln. Da jedoch nicht in jedem Jahr die gleichen klimatischen Verhältnisse herrschen und innerhalb gewisser Zeitabschnitte größere Klimaschwankungen stattfinden, bilden sich die Jahresringe verschieden stark aus. Es entstehen typische Muster, die für jeweils eine Baumart der Großregion ähnlich sind. Mittels exakter Vermessung werden die Breitenwerte bestimmt und in ein Koordinatensystem übertragen, wobei auf der Ordinate die Breite der Jahresringe, auf der Abszisse deren zeitliche Abfolge aufgetragen werden. Diese Werte werden dann zu einer Jahresringkurve verbunden.

Die Grundlagen hierzu legte in den 20er Jahren dieses Jahrhunderts der amerikanische Astronom Douglas. Er versuchte nämlich, die Perioden der Sonnenfleckenaktivität an den Breiten der Jahresringe der Bäume nachzuweisen. Er entdeckte jedoch, daß sich die Jahresringsequenzen nicht periodisch wiederholen, wie die Sonnenfleckenaktivität, sondern ein unregelmäßiges Muster bilden. Zwar war dadurch seine Theorie über die Beziehung zwischen Sonnenflecken und Jahresringbreiten hinfällig (siehe jedoch Schmidt und Gruhle 1995); er schuf damit aber die Grundlagen zu einer neuen Datierungsmethode für Hölzer. Die Erkenntnis, daß Hölzer gleicher Ringmuster auch gleich alt sein müssen, hat man sich in der Archäologie seit den 40er und besonders seit den 60er Jahren zunutze gemacht. Eine weit in die Vergangenheit reichende Jahresringkurve beginnt mit einem Stamm aus heutiger Zeit, dessen Alter naturgemäß exakt bekannt ist. Da die Abfolge der inneren, d. h. älteren Ringe für sich ein typisches Muster bilden, kann dieses zur Bestimmung eines älteren Holzstückes herangezogen werden: Die äußeren Jahresringfolgen des älteren Holzes müssen mit den inneren Partien des jüngeren übereinstimmen. Die Jahresringkurven zunehmend älterer Hölzer werden dann an den Stellen identischer Muster zur Deckung gebracht, wodurch sich eine durchgehende Jahresringkurve erstellen läßt.

Für Europa gibt es inzwischen eine durchgehende Eichen-Baumringkurve, die von heute bis in das Jahr 8022 v. Chr. zurückreicht (Stand Mai 1995, freundl. Mitteilung von Frau Hoffmann, Botanik-Institut, Universität Hohenheim). Zudem mittelte man die in den verschiedenen Dendro-Labors erstellten Kurven und faßte sie zu einer Standardchronologie zusammen. Auch für die verschiedenen Holzarten wie Eiche und Tanne gibt es eigene Jahreskurven. Anhand dieser Standardkurven können Hölzer je nach Baumart genauer datiert werden. Die Genauigkeit beträgt bei erhaltener Waldkante (Übergang Rinde/Holz) weniger als ein Jahr, wenn sich durch günstige Bedingungen sogar das Früh- und Spätholz unterscheiden lassen. Bei weniger als 40 bis 50 Jahresringen oder starker Wuchsstörung ist eine genaue Datierung nicht mehr möglich.

Zur Terminologie in der Ur- und Frühgeschichte

Die vor- und frühgeschichtlichen Epochen werden nach den Werkstoffen benannt, die damals bei der Werkzeugherstellung dominierten, nämlich Stein-, Bronze- und Eisenzeit. Natürlich hatten die Menschen dieser Epochen auch Werkzeuge aus Holz, Knochen und anderen organischen Materialien wie Rinden, Häuten, Fellen und Pflanzenfasern. Steinartefakte wurden auch in den Epochen nach der Steinzeit benutzt; das verstärkte Aufkommen von Bronze und Eisen im Spektrum der Gebrauchsgegenstände wurde für diese zwei Metallzeiten namensgebend.

Eine weitere Aufteilung der Epochen entsteht im allgemeinen durch die Unterteilung in frühe, mittlere und späte Stein-, Bronze- oder Eisenzeit. Gelegentlich, bedingt durch verschiedene Forschungsschulen, werden statt dessen auch die Adjektiva alt, mittel und jung gebraucht.

Eine weitergehende und feinere Differenzierung erfolgt dann nach Kulturen und Gruppen. Für die Namensvergabe ist entweder der Fundort maßgebend, an dem man die Leitformen der Kultur oder Gruppe zum ersten Mal erkannt hat, z. B. „Moustérien" nach dem Ort Le Moustier in der Dordogne oder „Chamer Gruppe" nach der Stadt Cham in der Oberpfalz. Oft steht die typische Form des Gerätes für die Bezeichnung: „Blattspitzen-Gruppen" (nach der Steingeräteform), „Trichterbecher-Kultur", „Glockenbecher-Kultur" (nach der Keramikform). Gelegentlich ist die Verzierung der Keramik maßgebend: „Cardiumkeramik", „Schnurkeramik" (nach den Eindrücken mit Cardiummuschelrändern oder Schnurabdrücken im Ton). Sogar die Bestattungsform stand bei der Namensgebung Pate, wie beispielsweise bei der „Ockergrabkultur" (nach dem Ocker, der erdigen Abart des roten Eisenoxids, der im Bestattungsritual verwendet wurde) oder „Hügelgrabkultur" (nach der Bestattung unter einem Hügel).

Eine weitere wissenschaftliche Aufarbeitung der materiellen Hinterlassenschaften der einzelnen Kulturen oder Gruppen erlaubt wiederum deren Aufteilung in mindestens eine ältere und eine jüngere Stufe. Oft werden sie mit Buchstaben oder Zahlen bezeichnet. Feste Regeln hinsichtlich solcher Unterteilungen und Benennungen gibt es nicht. Das bleibt jedem Wissenschaftler überlassen, wie er die Stufen bezeichnet, solange seine Klassifizierung methodisch einwandfrei begründet ist.

Die heutigen Prähistoriker meiden bei den altsteinzeitlichen Gruppen das Beiwort „Kultur". Wegen der eingeschränkten Kenntnisse der Lebensumstände im Paläolithikum, wie die der Wirtschaftsweise, der sozialen Verhältnisse oder dem Kult, spricht man lieber von „Gerätegruppen" oder „Technokomplexen", da uns für die verschiedenen altsteinzeitlichen Zeitabschnitte meistens nur Funde in Form von Steinartefakten vorliegen. In der europäischen Vorgeschichte stammen viele Bezeichnungen der paläolithischen Gruppen von den Fundorten in Frankreich, da hier die Altsteinzeitforschung schon sehr früh ihren Anfang nahm.

Von Kulturen spricht man erst bei jungsteinzeitlichen oder noch jüngeren Komplexen, aus denen neben den materiellen bereits mehr über die soziologischen Aspekte bekannt ist.

Wir möchten noch auf eine andere Begriffsgruppe hinweisen, die nur mit Vorsicht zu verwenden ist. Es handelt sich um die Begriffe Volk, Ethnos, Population. Im Abschnitt über die Forschungsgeschichte wurde bereits auf die seit der Jahrhundertwende bestehenden Bemühungen um eine ethnische Deutung der vorgeschichtlichen Kulturgruppen hingewiesen. In den Publikationen aus dieser Zeit wimmelt es geradezu von „Völkerscharen", „Völkern", „Völkergruppen" und „Stämmen", denen man dann anhand der Verbreitung ähnlicher Kulturinventare ihre Gebiete zugewiesen hat. Diese Idee ist überholt, da sie auf vor- und frühgeschichtliche Epochen mangels weiterreichender Informationen nicht anwendbar ist.

Die Bezeichnung „Volk" stammt als politischer Begriff erst aus dem 18. Jahrhundert. Die Ethnologie hat sie für geschlossene menschliche Gruppen mit einheitlicher Kultur übernommen. Die Frage, inwieweit man in der Vorgeschichte von einer geschlossenen Gruppe sprechen kann und ob sich hinter einer einheitlichen materiellen Kultur nicht unterschiedliche soziale Gruppen verbergen, bleibt in der Regel unbeantwortet.

Grundlagen der Ur- und Frühgeschichte

Die zeitliche Abfolge in der Ur- und Frühgeschichte

In dem folgenden kurzen Abriß werden die Epochen und die verschiedenen Kulturen, Stufen und Gruppen der europäischen Ur- und Frühgeschichte unter besonderer Berücksichtigung von Mitteleuropa und der angrenzenden Gebiete vorgestellt. Eine Aufführung aller Gruppen und lokalen Variationen von Portugal bis zum Ural würde den Rahmen und die Zielsetzung dieses Buches sprengen. Zweck dieses Überblicks ist die Klärung der benutzten Fachbegriffe aus der Ur- und Frühgeschichte für die nachfolgenden Kapitel, die sich mit astronomisch gedeuteten Objekten befassen. Bei der Beschreibung wird in chronologischer Reihe von den ältesten zu den jüngsten Abschnitten der Urgeschichte vorgegangen. In den Zeittabellen stehen jeweils die ältesten Gruppen unten, die jüngsten oben. Diese Darstellungsweise ist im Fach üblich, da bei ungestörten Grabungsprofilen das älteste unten und das jüngste oben liegt. Eine Übersicht der Epochen mit ihrer Gliederung und die dazugehörigen Jahresangaben liefert die Abbildung 3.2.

Eines sollte sich der Leser jedoch stets vor Augen führen: Die Übergänge zwischen den einzelnen Kulturen und ihren Stufen sind immer fließend. Auch wenn absolute Zahlen als chronologische Marken den Eindruck erwecken, als fänden kulturelle Veränderungen während einer scharf begrenzten Zeitspanne statt: solcher Wandel brauchte sehr lange, bis sich auch im letzten Winkel eines Verbreitungsgebietes neue Technologien, Wirtschaftsweisen oder kultisch-religiöse Vorstellungen durchsetzten. Wenn Prähistoriker etwa die Bronzezeit mit dem Jahr 2200 v. Chr. beginnen lassen, so ist dies doch eher eine imaginäre Zeitgrenze, die lediglich anzeigt, daß von da ab von einem regen Gebrauch bronzener Gegenstände gesprochen werden kann. So gab es in Mitteleuropa schon 300 Jahre früher die ersten Siedlungen der älteren Bronzezeit. Anderseits streiften noch 400 Jahre nach diesem Stichdatum endjungsteinzeitliche Gruppen durch die gleichen Gegenden, in denen schon Menschen der Bronzezeit ansässig waren.

Paläolithikum (Altsteinzeit)

Definition: Die Altsteinzeit ist der älteste Abschnitt der Vorgeschichte. Sie beginnt mit dem Auftauchen der ersten Hominiden und endet mit der letzten Eiszeit. Die Steinwerkzeuge bestehen aus groben Faustkeilen und Abschlägen. Am Ende der Altsteinzeit kommen kleinere, retuschierte Geräteformen vor. Domestizierte Tiere sind unbekannt, mit Ausnahme des Hundes und vielleicht auch der Ziege oder des Schafes (einige wenige Fundstellen zum Ende der Epoche). Ebenfalls unbekannt sind geschliffene Steingeräte und Keramikgebrauch.

Dauer: 2,5 Mill. (Mitteleuropa: von 750 000) bis 10 000 Jahre vor heute.

Gliederung: Das Paläolithikum gliedert sich in drei Stufen:
– Altpaläolithikum   750 000 – 100 000 Jahre
– Mittelpaläolithikum 100 000 – 35 000 Jahre
– Jungpaläolithikum   35 000 – 10 000 Jahre
vor heute.

Wirtschaftsform: Die ersten Hominiden ernährten sich noch neben pflanzlicher Kost und erbeuteten Kleintieren gelegentlich von größeren Tierkadavern. Später, laut Tierknochenfunden in den paläolithischen Kulturschichten, wurde Jagd auf größere Tiere gemacht. Auch ist das Sammeln von eßbaren Pflanzenteilen wahrscheinlich. In das Jungpaläolithikum datieren auch die ersten Versuche bergmännischer Rohstoffgewinnung (Feuerstein, Rötel).

Verbreitungsraum und Wohnplätze: Alt- und mittelpaläolithische Fundstellen sind aufgrund ihres hohen Alters recht selten. Man findet sie in der Regel in den Gegenden mit Höhlen

Zeitliche Abfolge der Ur- und Frühgeschichte

Zeittafel zur Ur- und Frühgeschichte Mitteleuropas

Maßstäbl. Darstellung der Epochen	Epochen	Stufen			Kulturen und Gruppen	Jahre v. Chr.
(Altsteinzeit schraffiert, Mittelsteinzeit bis Eisenzeit weiß; Bronzez. EZ bei 15/750; Bronzez. 2200; Jungsteinzeit; Mittelsteinz. 5600; 8000; Altsteinzeit 750000)	Römische Kaiserzeit					15
	Eisenzeit	jüngere EZ	späte LT	(LT–D)	La Tène	120
			mittlere LT	(LT–C)		260
				(LT–B)		420
			frühe LT	(LT–A)		500
		ältere EZ	späte Ha	(Ha–D)	Hallstatt	600
			frühe Ha	(Ha–C)		750
	Bronzezeit	Urnenfelderzeit im Norden: jüngere BZ	späte	(Ha–B)	Urnenfelder Lausitz	1050
			frühe	(Ha–A)		1250
			späte	(BZ–D)		1400
			mittlere	(BZ–C)	Hügelgräber	
				(BZ–B)		1700
			frühe	(BZ–A)	Aunjetitz, Straubing	2200
	Jungsteinzeit (Neolithikum)	späte			Glockenbecher Einzelgrab Schnurkeramik	3000
		jüngere			Trichterbecher Baden Michelsberg, Baalberg	4300
		mittlere			Rössen, Lengyel Stichbandkeramik	4900
		ältere			Linienbandkeramik	5600
	Mittelsteinzeit (Mesolithikum)	jüngere			Ertebölle/Ellerbek	6500
		ältere			Maglemose/Duvensee Beuronien Tardenoisien Azilien	8000
	Altsteinzeit (Paläolithikum)	jüngere			Magdalénien Gravettien Aurignacien	35000
		mittlere			Moustérien	100000
		ältere			Micoquien Levalloisien Acheuléen	750000

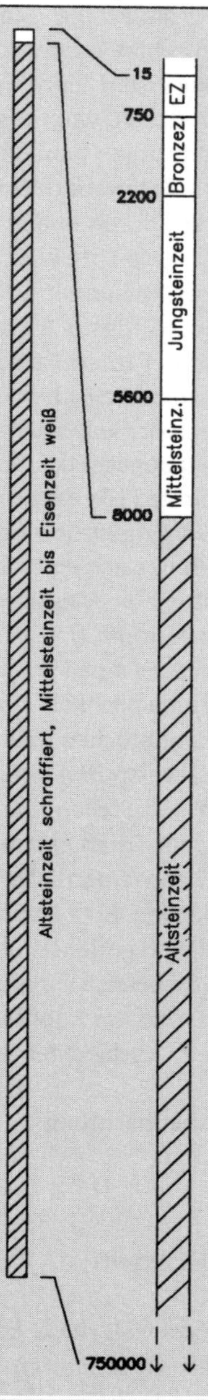

© 1995 J.CIERNY v.950905

Abb. 3.2 Zeittafel zur Ur- und Frühgeschichte Mitteleuropas.

oder Felsschutzdächern (Abris). Auch aus dem Hochgebirge (Alpen, Pyrenäen) sind paläolithische Höhlen bekannt. Die Verbreitung der heute bekannten Stellen entspricht jedoch nicht der ursprünglichen Verteilung, da viele der ehemaligen Jägerstationen im offenen Gelände im Laufe der Jahrtausende durch die Bodenerosion verschwanden. Als Wohnplätze dienten unseren frühesten Vorfahren also Höhlen, Felsschutzdächer und Freilandstationen. Dem Windschutz aus Ästen der ältesten Perioden folgten später einfache Hütten und zeltartige Behausungen. Kontrollierte Feuerbenutzung ist seit 400 000 Jahren vor heute nachgewiesen.

Gebrauchsgegenstände (Abb. 3.3): Aus dem Altpaläolithikum sind fast nur Steinartefakte erhalten. Das waren anfangs einfache Geröllartefakte, später Abschlag- und Kerngeräte (Faustkeile). Einige fragmentierte Holzlanzenspitzen und Knochenretuscheure sind außerdem aus dieser Stufe bekannt. Im Mittelpaläolithikum bringt eine verbesserte Herstellungstechnik neue Gerätetypen hervor: Moustérien-Faustkeile, Handspitzen aus Abschlägen, halbrunde Schaber und Blattspitzen.

Im Jungpaläolithikum steigt die Variation an Gerätetypen. Zu den groben Werkzeugen treten Bohrer, schmale Klingen und Spitzen etwa zur Lederbearbeitung. Aus Knochen und Geweih werden Speerschleudern, Harpunen, Knochenglätter und Speerspitzen gefertigt. Zum Ende dieser Periode tauchen die ersten Pfeilspitzen auf.

Kunst, Kult, Bestattungssitten: Aus dem Altpaläolithikum ist nichts Derartiges überliefert. Aus dem Mittelpaläolithikum sind die ersten einfachen Knochengravierungen bekannt. Aus den Höhlen stammen die frühesten Bestattungen, wobei bei einigen die Intention nicht eindeutig nachzuweisen ist. Im Jungpaläolithikum steigt die Herstellung von Schmuckgegenständen, Gravierungen auf Geweih, Knochen und Stein, kleineren Skulpturen aus den gleichen Materialien und sogar aus gebranntem Ton auffällig an. Die bekannten Höhlenmalereien, die als Teil des Kultes (Jagdmagie) anzusehen sind, stammen nur aus dieser Periode. Im nachfolgenden Mesolithikum haben sich die Kultbräuche so gewandelt, daß auf großflächige bildliche Darstellungen wohl verzichtet werden konnte. Im Jungpaläolithikum sind Einzel- oder Mehrfachbestattungen üblich, wobei es sich immer um Körperbestattungen handelt. Die Toten werden mit ihrem Schmuck oder ihren Waffen bestattet. Ockerspuren in den Gräbern sind nicht selten. Diese Sitte wird auch im nachfolgenden Mesolithikum und Neolithikum ausgeübt. Die häufigste Erklärung dafür ist, daß man mit der roten Farbe den Toten bemalt habe, um ihm die Farbe des Lebens zu verleihen. Neben der kultischen Deutung gibt es auch eine rationale Erklärung. Es könnte sich um rotgefärbte Felle handeln, die nach Jahrhunderten vergingen und nur die roten Spuren hinterließen. Nach einer Studie zu den Bestattungssitten im Mesolithikum kommt auch einer der Autoren (J. C.) zu der Überzeugung, daß die rote Farbe in den Gräbern mit hoher Wahrscheinlichkeit von gefärbten (Leder-)Kleidungsstücken oder Felldecken stammt. Die Ockerspuren befanden sich nämlich nicht an den Stellen, die man färben würde, wenn dem Toten ein „lebendiges" Aussehen gegeben werden sollte – am Gesicht oder an den Händen. Rote Farbe fand sich oft im Hüftbereich (Lendenschutz bei Frauen), im Oberschenkelbereich (längere Bekleidung bei Männern) und am Kopf (Mütze oder Haube, bei beiden Geschlechtern).

Astronomie, Himmelsbeobachtung: Keinerlei Hinweise.

Mesolithikum (Mittelsteinzeit)

Definition: Die Mittelsteinzeit ist die Epoche der nacheiszeitlichen, nichtseßhaften Wildbeuter. Mikrolithe (kleinste Steingeräte) sind typisch. Landwirtschaft und feste Häuser sind

Zeitliche Abfolge der Ur- und Frühgeschichte

Altsteinzeit

Mittelsteinzeit

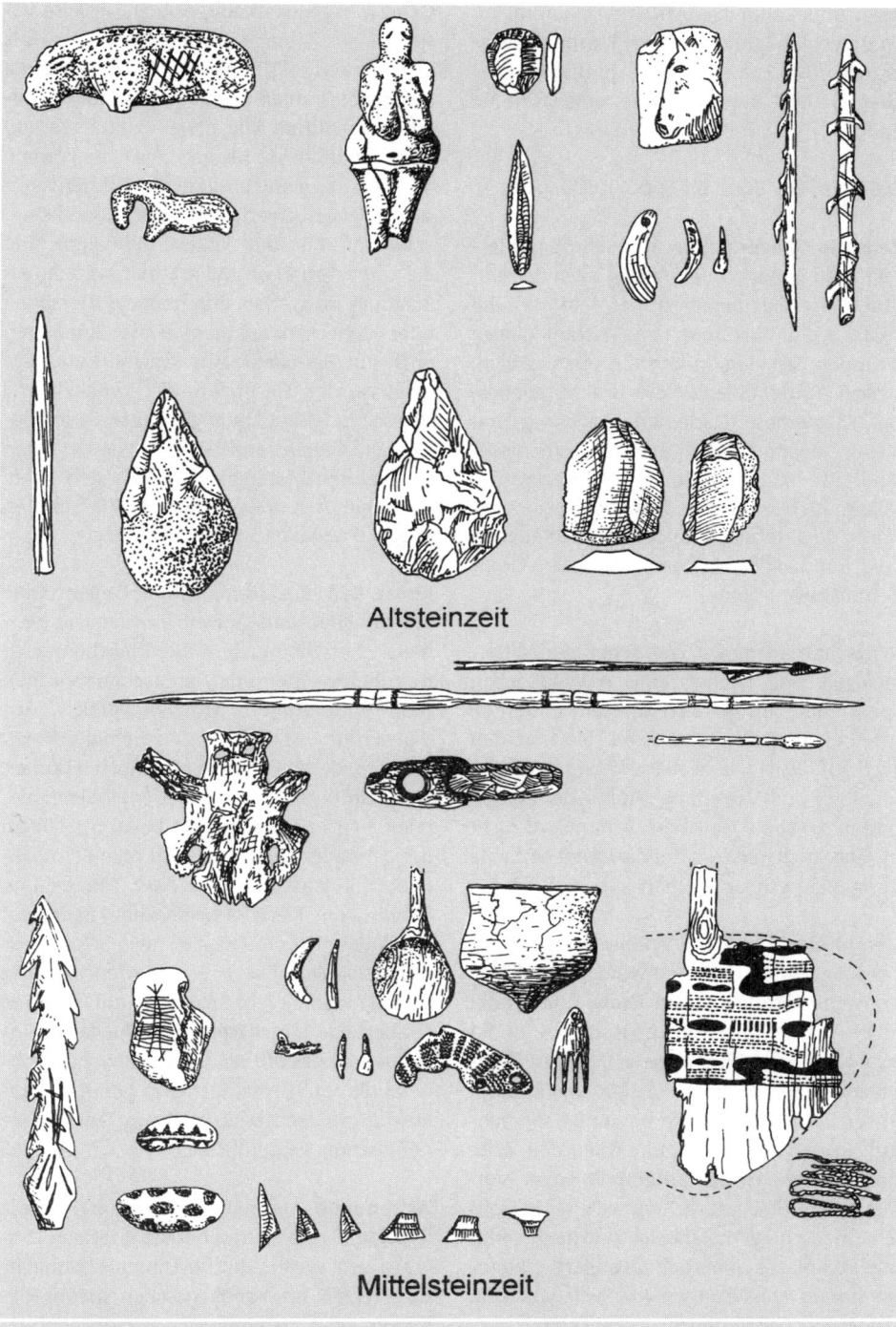

Abb. 3.3 Gebrauchsgegenstände aus der Alt- und Mittelsteinzeit.

Grundlagen der Ur- und Frühgeschichte

noch unbekannt. Erste Keramik kommt im Spätmesolithikum in groben Formen in Gebrauch. Das Erscheinen der jungsteinzeitlichen Bauern beendet diese prähistorische Epoche.

Dauer: 8500 / 8000 bis 5500 / 5000 v. Chr.

Zeitliche Gliederung: In Mitteleuropa unterteilt man je nach Regionen in zwei bis fünf Stufen, im allgemeinen frühes, mittleres und spätes Mesolithikum mit zahlreichen lokalen Gruppen. Zu den frühen Gruppen zählen: Azilien, Tardenoisien (West- und Mitteleuropa), Maglemose (Dänemark, Schleswig-Holstein), Duvensee (Nord- und Nordostdeutschland), Starr-Carr (Großbritannien), Beuronien (Süddeutschland). Zum Spätmesolithikum gehören die Ertebølle/Ellerbek- (Norddeutschland, Südskandinavien) und viele lokale Gruppen (Mitteleuropa).

Wirtschaftsform: Die Menschen der Mittelsteinzeit sind nacheiszeitliche Wildbeuter, spezialisiert auf die sich langsam ändernde artenreiche Fauna und Flora. Sie machten Jagd auf Klein- und Niederwild und betrieben Fischerei und Vogelfang. Außer dem Hund hatten sie keine Haustiere. Keramik ist nicht in Gebrauch; erst später tauchen einfache Tongefäße grober Machart auf.

Verbreitungsraum und Wohnplätze: Im mitteleuropäischen Flachland wurden Areale mit vorwiegend sandigen, trockenen Böden oder lichte Wälder aufgesucht. Rastplätze findet man auch im Hochgebirge (z. B. in den Dolomiten) auf Höhen zwischen 1800 und 2300 m, in den Zentralalpen sogar bis auf 2400 m hinauf. In den Freilandstationen wurden Zelte oder einfache Hütten aufgestellt; Lager wurden unter Felsschutzdächern, seltener in Höhlen aufgeschlagen. Zahlreich sind auch einfache Rastplätze ohne Behausungen, erkennbar nur an Anhäufungen von Schlagabfällen, die bei der Geräteherstellung anfielen.

Gebrauchsgegenstände (Abb. 3.3): Diese bestehen aus Stein, Geweih, Knochen, Holz und Rinde. Im Frühmesolithikum stehen die Steingeräteformen noch in der spätpaläolithischen Tradition, wie etwa Kielkratzer und kantenretuschierte Klingen. Als neue Formen tauchen segmentförmige Mikrolithen, einschenklig retuschierte Mikrospitzen und Dreiecke auf. Für das Spätmesolithikum sind die trapezförmigen Mikrolithen typisch. Als Schmuck trug man durchbohrte Tierzähne oder Schneckenhäuschen, diverse Anhänger, auch aus Bernstein. Aus Knochen und Geweih wurden Harpunen, Fischerhaken und Pfrieme gefertigt. Unter günstigen Bedingungen sind Gegenstände aus Holz und anderen organischen Materialien erhalten geblieben. Dazu gehören Netze, Reusen, Pfeilschäfte, Bögen, Paddel und Einbaumboote.

Kunst, Kult, Bestattungssitten: Gegenstände aus Knochen und Geweih werden mit geometrischen Ritzmustern, tierähnlichen (zoomorphen), selten auch menschenähnlichen (anthropomorphen) Motiven verziert. Aus dem Frühmesolithikum sind bemalte Kiesel erhalten, deren Funktion aber noch diskutiert wird. Größere Skulpturen oder Höhlenmalereien sind in Europa nicht bekannt, nur an der ostspanischen Küste fand man Felsmalereien mit Jagd-, Kampf- oder Tanzszenen. Funde von Tierschädelmasken lassen auf Jagdkult und/oder -magie sowie Schamanismus schließen. Die Toten wurden zuerst in Einzelgräbern, in der Spätphase auf kleineren Gräberfeldern bestattet. Aus rituellen Gründen wurde des öfteren Ocker verwendet, obwohl die rote Farbe auch von gefärbten Bekleidungsteilen stammen kann, wie weiter oben schon ausgeführt.

Astronomie, Himmelsbeobachtung: Astrale/solare Symbolik oder archäologische Hinweise auf systematische Himmelsbeobachtung fehlen. Im skandinavischen Spätmesolithikum kann man die erste Vorzugsrichtung von Gräbern beobachten. Ob dies astronomisch oder durch die topographische Lage bedingt war – die Grabgruben des Gräberfeldes lagen parallel zum Hang –, ist wegen der kleinen Gräberzahl nicht zu entscheiden.

Neolithikum (Jungsteinzeit)

Definition: In die Jungsteinzeit fällt die Domestikation bestimmter Tier- und Pflanzenarten, die dann bewußt als Nahrungslieferanten eingesetzt wurden. Der Keramikgebrauch, geschliffene Steinwerkzeuge, Bau von festen Häusern, die zu Siedlungen gruppiert werden, sind für diese Zeit typisch. Obwohl die Metallverarbeitung im Jungneolithikum bekannt war, rechnet man diese Periode immer noch zur Steinzeit. Die geringe Anzahl der Metallobjekte erlaubt es noch nicht, von „Metallkulturen" zu sprechen.

Dauer: 5600 – 2200 v. Chr.

Zeitliche Gliederung: Man unterscheidet vier Stufen: Alt-, Mittel-, Jung- und Endneolithikum. Ins Altneolithikum (5600 – 5000 v. Chr.) datieren die Kultur der Linienbandkeramik und die La-Hoguette-Gruppe, ins Mittelneolithikum (5000 – 4300 v. Chr.) die Kulturen der Stichbandkeramik, Rössen, die Gruppen Großgartach, Oberlauterbach und Münchshöfen und im Norden die Spätphase der Ertebølle/Ellerbek- und die Trichterbecher-Kultur. Zum Jungneolithikum (4300 – 2800 v. Chr.) gehören auch die Trichterbecher-Kultur, hinzu kommen Michelsberg, Altheim, Kugelamphoren und Chamer Gruppe. Zum Endneolithikum (2800 – 2100 v. Chr.) zählen die Schnurkeramik- und Glockenbecherkultur.

Wirtschaftsform: Landwirtschaft und Viehzucht sind die vorherrschenden Wirtschaftsformen. Jagd spielt weiterhin eine Rolle, da auf Siedlungsplätzen oft Wildknochen gefunden wurden. Gefäße werden aus gebranntem Ton hergestellt. Seit dem Mittelneolithikum ist die untertägige Feuersteingewinnung nachweisbar. Sporadisch kommen auch schon kleinere Schmuckstücke aus Kupfer vor. Im Endneolithikum entwickelt sich die Verarbeitung von Kupfer, Gold und Silber und die Herstellung von kleineren Objekten aus diesen Metallen. In manchen europäischen Regionen bezeichnet man diesen Abschnitt als Kupferzeit, wenn in dem archäologischen Fundgut übermäßig viele Kupfergegenstände vorkommen.

Verbreitungsraum und Wohnplätze: Die Linienbandkeramik aus dem niederösterreichischen und mährischen Raum verbreitet sich vorwiegend entlang der großen Flußtäler (Donau, Elbe) bis zum Rhein. Die jüngere Linienbandkeramik geht bis ins Pariser Becken. Im jüngeren Abschnitt dieser Kultur bilden sich lokale Gruppen heraus. Siedlungen wurden anfangs auf den fruchtbaren Lößböden in den Niederungen angelegt, später auch auf den weniger guten Böden im Hügelland. Im weiteren Verlauf des Neolithikums bildeten sich die verschiedenen mittel- und jungneolithischen Kulturen und Gruppen. Ihre Verbreitungsgebiete waren oft durch siedlungsleere Räume voneinander getrennt, manchmal überschnitten sie sich jedoch.

Im Alt- und Mittelneolithikum wohnten die Menschen in Langhäusern mit einem Grundriß von 6 m × 40 m oder größer, die kleine Siedlungen bildeten. Die ersten Erdwerke wurden gebaut. Dabei handelt es sich um vorwiegend runde Plätze, die von Gräben umgeben waren und selten Bebauungsspuren zeigen. Im Jung- und Endneolithikum wurden die Grundrisse der Häuser kleiner dimensioniert, sie schrumpften auf Größen von 3 m × 5 m bis 5 m × 20 m. Seit dem Mittelneolithikum stieg die Anzahl der befestigten Siedlungen an. Einen eigenen Typ bilden die Feuchtboden- und Seeufersiedlungen.

Gebrauchsgegenstände (Abb. 3.4): Es kommen Keramikgefäße zum Kochen und Aufbewahren der Nahrung auf. Variantenreiche,

Grundlagen der Ur- und Frühgeschichte

kulturspezifische Formen und Verzierungen der Tongefäße sind ebenso typisch für das Neolithikum wie die geschliffenen Steinbeile und -dechsel. Weiterhin im Gebrauch sind retuschierte Feuersteinklingen und Pfeilspitzen. Aus Knochen und Geweih werden Pfrieme, Nähnadeln, Fischerhaken, Gürtelschließen, Knochenkämme und Knöpfe angefertigt. Durchbohrte Tierzähne und Perlmuttscheiben, Steinanhänger, Armbänder aus Muschelschalen, Knochen, Ton oder Stein schmückten ihren Träger bzw. ihre Trägerin. In den späteren Phasen kommen Kupferperlen, -pfrieme und -drähte vor. Im Endneolithikum tauchen in dem üblichen Geräte- und Schmuckspektrum kleine dreieckige kupferne Dolche, Gold- oder Silberdrahtspiralen und -ohrringe und schmale Diadembänder aus Gold auf.

Kunst, Kult, Bestattungssitten: Kennzeichnend sind: Tonaltärchen, stilisierte Menschen- und Tierfiguren aus Ton und Stein, auf Gefäßen plastische oder eingeritzte zoo- oder anthropomorphe Motive. Einige der mittelneolithischen Erdwerke kann man höchstwahrscheinlich den Kultplätzen zurechnen. Nach eingehenden Untersuchungen weisen die Prähistoriker den einzelnen Kulturen spezifische Bestattungssitten zu. Meistens handelt es sich um Körper-, seltener um Brandbestattungen. Die Körper werden in Hockerstellung oder ausgestreckter Haltung begraben. Als Gräber dienten einfache Grabgruben und kleine Steinkisten für die Einzel- oder Mehrfachbestattung. Seit dem mittleren Neolithikum verbreitet sich die Sitte, Gräber und Kultstätten aus großen Steinen zu bauen – die megalithische Bauweise. Ihr Verbreitungsgebiet beschränkt sich auf die Küstenregionen und ihre Einzugsgebiete. Die meisten Großsteingräber dienten als Bestattungsstätte der jeweiligen lokalen Gruppe. Man spricht in diesen Fällen von Kollektivgräbern/-bestattungen.

Nicht selten fand man Skelette in den Abfallgruben der Siedlungen, manchmal sogar mit Schnittspuren auf den Knochen, was auf Kannibalismus schließen läßt.

Astronomie, Himmelsbeobachtung: Auf der Keramik gibt es verschiedene Verzierungen, die sich als Sonnensymbole deuten lassen. Die Kultplätze scheinen nach festen Bauplänen angelegt worden zu sein: Die Eingänge zeigen in ganz bestimmte Himmelsrichtungen. Als weiteren, indirekten Beweis auf schon vorhandene astronomische Kenntnisse kann man die Ausrichtung der Grabgruben ansehen, die kulturspezifisch signifikant nach den Haupthimmelsrichtungen angelegt sind.

Bronzezeit

Definition: Als Bronzezeit bezeichnet man diejenige Periode, in der ein großer Teil der Gebrauchsgegenstände aus Bronze, einer Kupferlegierung mit Arsen, Zinn oder Blei, angefertigt wurde. Die vorangehende Periode (Kupferzeit, Steinkupferzeit, Äneolithikum), in der man Werkzeuge aus fast reinem Kupfer hergestellt hatte, rechnet man noch zum Endneolithikum.

Dauer: um 2200 bis 750 v. Chr.

Gliederung: In Mitteleuropa, Süddeutschland und den angrenzenden Ländern gliedert man noch nach der Einteilung von P. Reinecke vom Anfang unseres Jahrhunderts (Reinecke BZ – A bis – D, HZ – A und HZ – B). Die Funde im nördlichen Mitteleuropa und im südlichen Skandinavien wurden vor mehr als hundert Jahren vom schwedischen Archäologen O. Montelius nach typologischen Aspekten in sechs Perioden unterteilt (Montelius I – VI). Beide Chronologieschemata wurden in neueren Untersuchungen noch weiter verfeinert, z. B. nach regionalen Aspekten. Zu Vergleichen oder Synchronisierungen der neuen Gruppen werden die Gliederungen von Reinecke und Montelius immer noch mit herangezogen.

Zur Frühbronzezeit (BZ – A) zählen die Straubing/Adlerberg-Gruppe (Ostfrankreich, Süddeutschland) und die Aunjetitzer Kultur

Zeitliche Abfolge der Ur- und Frühgeschichte

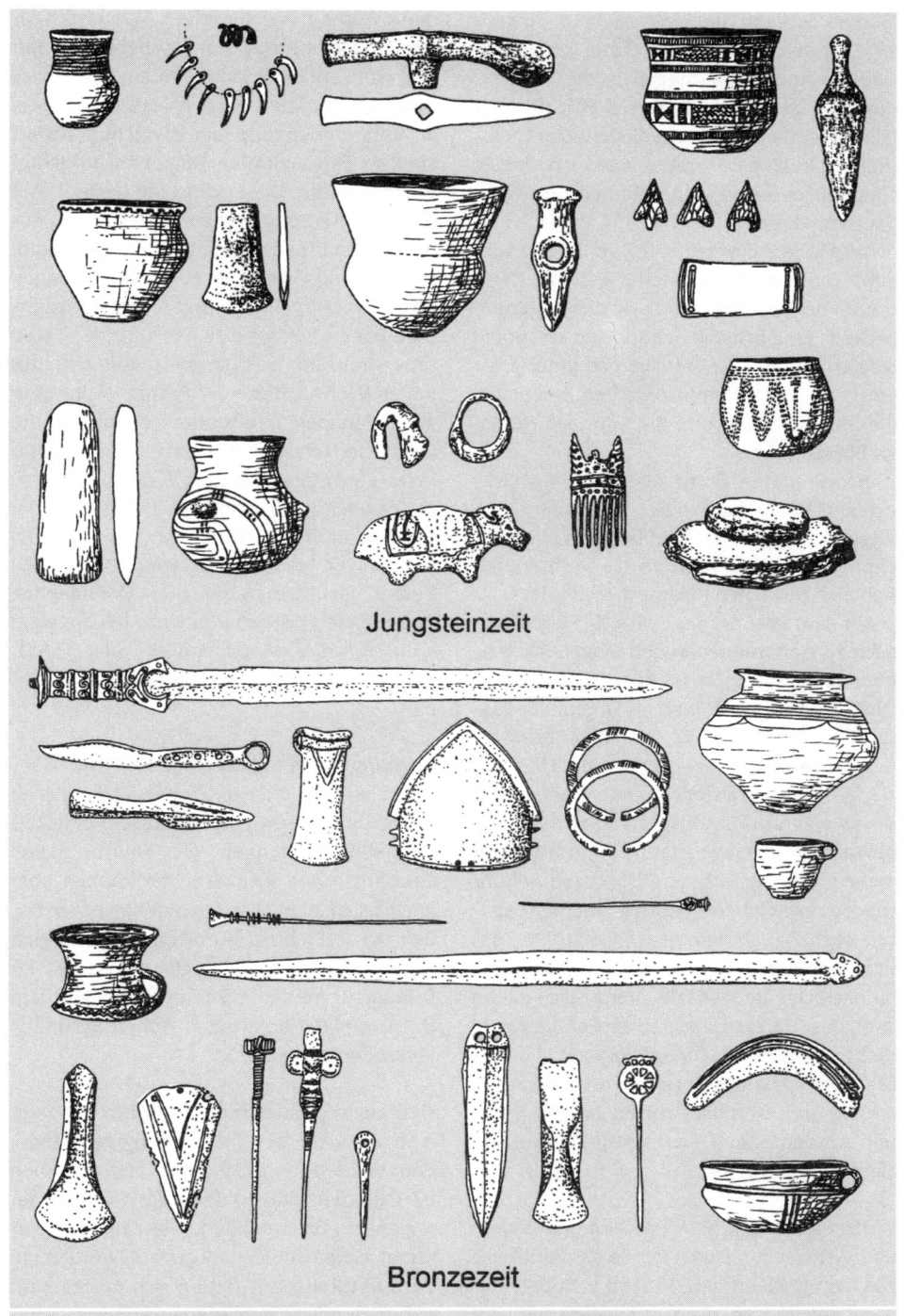

Abb. 3.4 Gebrauchsgegenstände aus der Jungsteinzeit und Bronzezeit.

(Süddeutschland, Böhmen, Mähren, Schlesien, Österreich). Außerhalb dieser genannten Gebiete sind ihnen zeitgleich: die Wessex-Kultur (England), die Rhône-Kultur (Rhônetal, Westschweiz) und die Vorlausitzer Kultur (Polen). In Ungarn gibt es zahlreiche lokale Gruppen, in denen schon Kontakte zur Ägäis deutlich werden.

Die Mittlere Bronzezeit (BZ–B, BZ–C) wird durch die Hügelgräber-Kultur geprägt. Diese reicht von Ostfrankreich bis in das Karpatenbecken. Es gibt zahlreiche lokale Gruppen, die sich durch ihre Keramiktypen unterscheiden. Das Verbindende zwischen ihnen sind die Bronzeobjekte und die Sitte der Hügelgrabbestattung.

In der späten Bronzezeit (BZ–D) macht sich ein Wandel bemerkbar. Die Bestattungssitte der Hügelgräber wird langsam aufgegeben. Statt dessen werden die verbrannten Knochen der Toten in Urnen beigesetzt.

Mit dem Wandel der Grabsitten kommt es auch zu Änderungen in den Beigabeninventaren und -typen. Dieser Abschnitt, der noch zur Bronzezeit zählt, wird als Urnenfelderkultur (UK = Reinecke HZ–A, HZ–B) bezeichnet. Manche Forscher rechnen die UK noch zu der späten Bronzezeit, andere behandeln sie als einen prähistorischen Abschnitt, der, obwohl Bronzegegenstände führend, nicht mehr zu der eigentlichen Bronzezeit gehört, sondern zwischen der Bronze- und der Eisenzeit liegt. Die UK nimmt ein Gebiet ein, das sich von Ostfrankreich über Süddeutschland bis nach Ungarn erstreckt. Nordöstlich davon liegt das Verbreitungsgebiet der Lausitzer Kultur. Impulse der Urnenfelderkultur sind in allen benachbarten Regionen bemerkbar, sie reichen nach Norddeutschland, Südfrankreich und auf den Balkan, wo es weitere Kontakte zur Ägäis gibt.

Wirtschaftsform: Die Menschen sind Bauern und Viehzüchter. Durch Funde des Bernsteins aus dem Baltikum und Jütland werden Handelswege bis an die Adria vermutet. Der Kupfererzabbau ist in Südfrankreich, Irland, den östlichen und südlichen Alpen nachgewiesen. Ein kontrollierter Handel mit Kupfer und wohl auch mit Zinn wird angenommen, da die Lagerstätten dieser Metalle nicht überall vorkommen und der steigende Bedarf auch in den erzarmen Regionen befriedigt werden mußte. Dieser Umstand bedingt eine soziale Differenzierung der Gesellschaft. Aus der frühen Bronzezeit fand man in England, Sachsen und Westpolen einige Bestattungen unter Grabhügeln u. a. mit Goldgegenständen, die eine besondere Stellung der Toten unterstreichen. Seit dem Aufkommen des neuen Werkstoffes – der Bronze – gibt es in allen Perioden der Bronzezeit sogenannte Bronzehortfunde. Es handelt sich um vergrabene Gegenstände: Waffen, Geräte, Schmuck; intakt oder als Bruchmetall. Die Anzahl der Objekte in einem Hort kann zwischen drei und einigen Hunderten schwanken. Je nach Befund glaubt man zwischen Weihdepots, Depots, die in Zeiten von Unruhen angelegt wurden, oder Metallhändler- und Handwerksmeisterdepots unterscheiden zu können.

Siedlungsraum und Wohnplätze: Die Menschen lebten sowohl in offenen Siedlungen in der Nähe der Gewässer als auch in befestigten Höhensiedlungen. Die Häuser haben Grundrisse von $4\,m \times 6\,m$, sie können aber auch bis zu 20 m lang sein. Im Inneren befinden sich manchmal Vorratsgruben und eine Feuerstelle. Während des Übergangs von der frühen zur mittleren Bronzezeit scheint sich die Anzahl der befestigten Höhensiedlungen vergrößert zu haben.

Gebrauchsgegenstände: Die Abb. 3.4 zeigt eine Auswahl der Gebrauchsgegenstände, von Waffen und Schmuck der einzelnen BZ-Perioden. Wegen der großen Vielfalt der regionalen Formen können hier nur die typischen Gegenstände vorgestellt werden. In der Frühbronzezeit finden sich im Inventar neben den Bronzegegenständen noch zahlreiche Objekte aus Knochen: Anhänger, Tierzähne, Knochennadeln. Aus Bronze sind trianguläre Dolche, Griffplattendolche, Randleistenbeile, Schleifen, Rollenkopf-, Scheibenkopf-, Ruder- und Flügelnadeln. Ösenarmringe und -halsringe, Blechröhrchen und Blechzierscheiben dienten als Schmuck.

Während der mittleren Bronzezeit tauchen die ersten Schwerter auf. Zu den Waffen zählen Griffplattenschwerter und -dolche, Lanzenspitzen, Absatz- und Lappenbeile, Vollgriffschwerter und Rahmengriffmesser. Zu dieser Stufe gehören neue Nadeltypen: Lochhals-, Kolbenkopf-, Radnadel und Nadeln mit geripptem Hals. Sicheln, Armbergen, Armspiralen, -ringe und -bänder, herzförmige Anhänger runden die Aufzählung ab.

In der späten Bronzezeit (BZ–D) trifft man auf verschiedene Typen von Schwertern, die nach ihren Fundorten benannt wurden: z. B. Riegsee- und Rixheimschwerter. Weitere Waffen, Geräte und Trachtteile sind: Griffzungenschwerter und -messer, Lappenbeile, Sicheln, Nadeln mit Halsscheibe, Trompetenkopf-, Mohnkopf-, Kugelkopf-, Vasenkopfnadeln, Stollenarmbänder, Armringe, Spiralröhrchen, Brillenspiralen, Rasiermesser und Gürtelbleche. In der Forschung wird die BZ–D auch als frühurnenfelderzeitlich bezeichnet.

Das Inventar der Urnenfelderkultur (Urnenfelderzeit, jüngere Bronzezeit) besteht aus Griffzungen- und Dreiwulstschwertern, Griffzungenmessern und -dornmessern, Lanzenspitzen, Rasiermessern, Vasenkopf-, Kugelkopfnadeln, Blattbügelfibeln, Bronzetassen, Bronzeeimern, Armringen, Pferdetrensen u. a. In die Gräber werden neben Waffen und Schmuck verhältnismäßig viele Tongefäße beigegeben (bis zu 40 Stück). In den UK-Inventaren kommen auch die ersten Helme vor.

Kunst, Kult, Bestattungssitten: Man findet Brandopferplätze und Aschealtäre, Opferplätze an und auf Felstürmen, aber auch im flachen Gelände; es gibt Funde von Deponierungsplätzen in Mooren, Gewässern, Spalthöhlen oder an Paßübergängen. Hierbei handelt es sich in der Regel nicht um Versteck- oder Händlerdepots, sondern um rituell versenkte oder vergrabene Gegenstände. In bestimmten Regionen findet man zahlreiche Felsbilder mit unterschiedlichen Motiven: Formen wie einfache oder konzentrische Kreise, Speichenräder werden als Sonnensymbole gedeutet. Neben diesen gibt es zahlreiche anthropo-, zoomorphe und geometrische Figuren. A. Priuli (1991) zählt an die hundert Kategorien auf. Es werden Dolche, Äxte, Boote, Labyrinthe u. w. m. dargestellt.

In der jüngeren Bronzezeit verstärkt sich die Tendenz zum sogenannten Sonnenkult. Auffallend oft finden sich neben den Sonnen (konzentrische Kreise) und Vogelsymbolen auf den Keramik- und Bronzegefäßen und anderen Gegenständen auch einige Objekte, bei denen man eine kultische Funktion annehmen darf. Es sind Zierscheiben aus Gold, Goldkegel und bronzene Kultwagen. Eine differenzierte Gottheitenverehrung kann angenommen werden: Verehrung sowohl der Götter der himmlischen Regionen durch Brandopfer (Ascheplätze und Altäre) als auch der Götter der Erde oder Unterwelt (Mooropfer, Weihfunde in den Erdspalten der Höhlen).

Ein Nachleben der endneolithischen Bestattungssitten bezüglich der Beigabeninventare, der Totenbehandlung und des Grabbaus ist auch noch in der Frühbronzezeit zu beobachten (z. B. Bátora 1991). In der Aunjetitzer Kultur gab es Körperbestattungen in Flachgräbern, in der Regel als rechtsseitige Hocker mit dem Kopf im Süden und dem Blick nach Osten. Beim Grabgrubenbau wurden oft Steine oder Holz verwendet. In Westeuropa, in den küstennahen Regionen und auf den Britischen Inseln wurden die Toten noch in den Megalithgräbern bestattet. Die Anfänge dieser Sitte reichen in die Jungsteinzeit zurück. Die vorherrschende Bestattungsart der mittleren Bronzezeit war die unter einem Grabhügel. Hügelaufbau, Grabgruben und die Totenbehandlung konnten jedoch innerhalb eines Gräberfeldes stark variieren. Die Hügelaufschüttung bestand aus

Erde, Erde mit Steinen oder massiver Steinpackung. Um den Hügel wurden ein Steinkreis, ein Kreisgraben oder eine Pfostensetzung gebaut. Die Grabgruben befanden sich im Hügel in unterschiedlicher Position zum gewachsenen Boden. Die Toten wurden in gestreckter Lage oder in Hockerstellung bestattet. Brandgräber mit und ohne Urnen wie auch Teilverbrennungen wurden gefunden. Aber auch Flachgräber ohne Hügel gab es noch. In der jüngeren Bronzezeit dominierten Brandbestattungen in Urnen – ein deutlicher Wandel in den Bestattungssitten. Die endbronzezeitliche Urnenfelderkultur setzte die Urnen mit dem Leichenbrand in der Erde bei, ohne einen Hügel darüber zu errichten.

Astronomie, Himmelsbeobachtung: Sogar indirekte Hinweise auf Himmelsbeobachtung, wie sie sich z. B. in den Grabachsen der Jungsteinzeit manifestieren, fehlen bisher weitgehend in dieser Epoche. Für die Frühbronzezeit gibt es noch keine zusammenfassende Untersuchung der Grabausrichtungen. Falls es in den Publikationen Tabellen zu Grabachsen in einzelnen Gräberfeldern oder Kleinregionen gibt, ist aus diesen ersichtlich, daß die Haupthimmelsrichtungen bei der Grabanlage noch eine Rolle spielten. Später, in der nachfolgenden MBZ, hat man diese Sitte ganz aufgegeben. Die Gräber der mittleren Bronzezeit in Süddeutschland wurden von den Autoren auf Orientierungen untersucht (siehe Kapitel 5). Eine bevorzugte Grabachsen- oder Totenorientierung wurde nicht festgestellt. Für die Urnenfelderkultur fehlen wiederum entsprechende Studien, wobei man hier nur die Richtung der Grabgrube, falls sie länglich ist, untersuchen könnte, da die runden Urnen oder Knochenhäufchen wegen ihrer Form eine Messung der Ausrichtung nicht gestatten.

Eisenzeit

Definition: Die Eisenzeit umfaßt diejenige Periode der Vor- und Frühgeschichte, in der Eisen allgemein als Werkstoff für Waffen und Werkzeuge verwendet wird. Auch in der vorangegangenen Bronzezeit kannte man bereits das Eisen, gebrauchte es aber im wesentlichen zur Herstellung von Klein- und Schmuckobjekten.

Dauer: um 750 bis 15 v. Chr.

Gliederung: Die Kenntnis der Eisengewinnung und -verarbeitung breitete sich von Anatolien (dort bereits gegen 1400 v. Chr.) nach Nordwesten aus. In Europa wird die Eisenzeit außerhalb der griechischen und etruskischen Hochkulturen in zwei Abschnitte gegliedert: die ältere Eisenzeit oder Hallstattkultur (ca. 750 bis 500 v. Chr.) und die jüngere Eisenzeit oder La-Tène-Kultur (ca. 500 bis 15 v. Chr.). Ihre Unterteilungen entnehme man der Abb. 3.2. Die Eisenzeit ist gekennzeichnet durch eine deutliche Entwicklung in wirtschaftlicher und kultureller Hinsicht. In Italien ist die ältere Eisenzeit durch die regional differenzierten Este-, Golasecca- und Villanova-Kulturen geprägt, in Frankreich und England durch die Jogasses- bzw. All-Cannings-Cross-Kultur. In Süddeutschland und den angrenzenden Gebieten war es vor allem die namengebende Hallstatt-Kultur, weiter nach Norden beispielsweise die Lausitzer Kultur und die Jastorf-Gruppe. Zum Osthallstattkreis gehören beispielsweise die früheisenzeitlichen thrakisch-illyrischen Stämme. Die Entwicklung der jüngeren Eisenzeit (La Tène) dürfte durch keltische Stämme (in Nachfolge der Jogasses-Gruppe?) maßgeblich beeinflußt worden sein, die aus dem Rhein/Mosel- bzw. Marne-Raum durch kriegerische Aktionen bis Irland, Norditalien, den Balkan und die Iberische Halbinsel getragen wurde. Die La-Tène-Kultur ist in großen Teilen Europas anzutreffen, da sie häufig von der ansässigen Bevölkerung übernommen wurde.

Wirtschaftsform: Gegenüber der vorangegangenen Urnenfelderkultur zeichnet sich die ältere Eisenzeit durch zunehmende soziale

Zeitliche Abfolge der Ur- und Frühgeschichte

Differenzierung und wirtschaftliche Vielfalt aus. Die Einführung des Eisens als Nutzmetall (im o. a. geographischen Raum) ist das bestimmende Charakteristikum dieser Zeit. Ursprünglich vor allem für Schwertklingen verwendet, wurden später auch landwirtschaftliche Geräte wie Pflugschar und Sense daraus gefertigt, was den Ertrag verbesserte. Von großer Bedeutung war auch die Gewinnung und der Vertrieb von Steinsalz. Die Namen solcher eisenzeitlichen Salzorte bestehen noch heute; sie enthalten oft das Präfix *hal-*, welches auch im griechischen *halos* = Salz auftritt, aus diesem aber nicht entlehnt wurde. Beispiele für derartige wirtschaftliche Zentren sind Hallstatt und Bad Hallein in Österreich sowie Halle/Saale in Deutschland. In den Salzgruben von Hallstatt und Bad Hallein wurden eisenzeitliche Funde wie Werkzeuge, Ledertaschen, Tragkörbe etc. geborgen, in Hallstatt sogar (1732) ein im Salz konservierter Bergmann, der aber kurz nach seiner Auffindung begraben wurde. Der wirtschaftliche Reichtum in dieser Zeit kommt in vielen Bodenfunden zum Ausdruck. Fürstensitze wie die Heuneburg und reich ausgestattete Grabkammern mit einer Fülle von oft importierten Luxuswaren zeichnen ein detailliertes Bild dieser weltoffenen Zeit. Die beeindruckenden Fürstensitze sind Ausdruck einer deutlich geschichteten Bevölkerungsstruktur: eine bäuerliche Bevölkerung als Basis mit einem Kriegeradel an der Spitze. Die Funde belegen ferner, daß es eine differenzierte Handwerker- und Künstlerschaft gegeben hat, die neben eigenständigen Stilelementen auch gern griechische und etruskische Anregungen aufgriff. Die jüngere Eisenzeit ist durch zwei weitere Neuerungen gekennzeichnet: Es entstanden stadtähnliche Siedlungen, sog. *Oppida*, und es wurde Geld geprägt. In der mittleren La-Tène-Zeit wurde das Geld nach griechischem Vorbild geprägt (sog. Regenbogenschüsselchen). Ebenfalls griechisch war die Schrift; jedenfalls wurden Eigentumsmarken latènezeitlicher Kelten in griechischer Schrift gefunden.

Siedlungsraum und Wohnplätze: Neben Einzelsiedlungen sind vor allem die mehrere tausend Bewohner umfassenden Oppida zu nennen. Die Oppida (sing. Oppidum) waren wohl ursprünglich Fluchtburgen für die umliegende Bevölkerung (schon in der älteren Eisenzeit üblich), bevor sie später zu stadtähnlichen Siedlungen erweitert wurden. Die Häuser waren in der Regel einstöckig.

Gebrauchsgegenstände: Die Gebrauchsgegenstände wurden gegenüber der Bronzezeit entscheidend verbessert, und zwar so, daß beispielsweise der Werkzeugkasten eines Handwerkers der La-Tène-Zeit mit Hammer, Zange, Feile, Säge, Bohrern etc. nicht viel anders aussah als der seines mittelalterlichen Kollegen und auch heute noch im Haushalt von Nutzen wäre. Die bronze- und früheisenzeitlichen Hals-, Arm-, Finger- und Beinringe aus Bronze oder Edelmetall wurden in der späten Eisenzeit oft aus vielfarbigem Glas gefertigt. Stoffe wurden auf einem Gewichtswebstuhl gewebt. Erstmals (in dieser geographischen Region) wurde Keramik auf der schnelldrehenden Töpferscheibe geformt. Auf dem Gebiet der Waffen unterscheidet sich die spätere Eisenzeit von der früheren durch das Auftreten von eisernen Langschwertern mit verzierten Bronze- und Holzscheiden sowie gelegentlichen Bronzehelmen.

Kunst, Kult, Bestattungssitten: Die Kunst der späten Bronzezeit (aus Bronze und Edelmetallen) bleibt auf hohem Stand und wird weiterentwickelt. Die Keramikverzierungen sind im Westen geometrisch, im Osten figural gestaltet. In der jüngeren Eisenzeit dominieren Palmetten- und Rankmotive, die aus dem griechisch-etruskischen Kulturkreis übernommen wurden. Die Ornamente und die in sie eingebauten tierischen und menschlichen Figuren sind sorgfältig aufeinander abgestimmt. Herausragende Kultplätze sind vermutlich die hektargroßen Viereckschanzen gewesen, die oft tiefe Schächte aufweisen (bei nur wenigen Metern Durchmesser bis 35 m Tiefe!). Die Bestattungen der Fürsten sind äußerst prunkvoll. Die Grabkammern liegen unter hohen Hügeln. Oft sind Pferde und Wagen beigegeben (Hohmichele), in der jüngeren Eisenzeit auch mit originalen oder nachgeahmten Objekten aus dem mediterranen Kulturkreis. Auch Grabstelen kommen vor (Hirschlanden).

Astronomie, Himmelsbeobachtung: Ein sommersonnenwendorientierter Holzpfahl wird für die Viereckschanze von Holzhausen am Starnberger See vermutet; latènezeitliche Sonnenbeobachtungen sind für die Externsteine wahrscheinlich (Kapitel 5).

Demographische Daten und Lebensumstände in der Vorzeit

Die materiellen Hinterlassenschaften der verschiedenen Abschnitte der Vorzeit geben manche Einblicke in den Alltag unserer Vorfahren. Die Karikatur des keulenschwingenden Steinzeitlers im rohen Tierfell mag vielleicht für das ältere Paläolithikum passend sein; für die Mehrzahl der in diesem Kapitel beschriebenen Kulturen trifft sie aber sicher nicht zu. Die sorgfältig gearbeiteten Langhäuser der Kultur der Linienbandkeramik, Tierhaltung und Ackerbau seit der neolithischen Revolution, die Entwicklung der Trachten in der Bronzezeit und der Erwerb metallurgischer Kenntnisse in dieser und der nachfolgenden Eisenzeit sprechen eine andere Sprache. Die Überraschung über die gute Verarbeitung der Kleidung des Menschen vom Tisenjoch – auch 'Ötzi' genannt –, der im Sommer 1991 im Tiroler Eis gefunden wurde, war allgemein. Sie dürfte darauf zurückzuführen sein, daß die Öffentlichkeit die korrodierten Bronzenadeln, zerbrochenen Keramikgefäße und verfärbten Gewebereste in den Vitrinen der Museen zum Maßstab des Könnens unserer Vorfahren nimmt.

Andere Aspekte des Alltags und der Kultur werden wohl nie zugänglich werden. Dazu gehören Musik und Sprache, Dichtkunst und Religion. Worüber uns die Funde aber deutliche Auskunft geben, das sind die demographischen Rahmenbedingungen, innerhalb deren sich die sozialen Strukturen der Vorzeit entwickeln mußten. Die Grundlage dazu bietet die anthropologische Altersbestimmung der Skelette sowie die Annahme, daß in der Steinzeit die Altersverteilung der Bevölkerung relativ stabil war, jedenfalls über längere Zeiträume betrachtet. Dies führt sofort zu einer mathematischen Beziehung zwischen der mittleren Lebenserwartungskurve des Individuums und der (kollektiven) Anzahl von Skeletten eines gegebenen anthropologischen Alters. Um es etwas einfacher auszudrücken: Liegen aus einer Altersklasse überdurchschnittlich viele Tote vor, so muß die Lebenserwartung für diesen Altersbereich auch überdurchschnittlich abgenommen haben (und umgekehrt). Ein Unsicherheitsfaktor dabei ist allerdings die Bewertung der Kinderbestattungen. Wenn die Kleinkinder nicht mit der gleichen Sorgfalt bestattet wurden oder aber die Kinderknochen leichter zerfielen (was erwartet werden darf), dann ergibt eine solche Analyse ein zu freundliches Bild der damaligen Lebenserwartung (der Mathematiker spricht dann von einer 'oberen Einhüllenden' der tatsächlichen demographischen Kurve). Unter diesen Einschränkungen sind die Abb. 3.5 und die daraus abgeleitete Tabelle 3.1 zu lesen (Schlosser 1989).

Wie man sieht, herrschten damals rauhe Zeiten. Die mittlere Lebenserwartung lag unter 30 Jahren. Die Hälfte der Bevölkerung war jünger als 21 Jahre; Kinder machten rund ein Drittel aus. Bemerkenswert war die hohe Sterblichkeit der Frauen, sicher infolge der Geburten. So endete jede sechzehnte Geburt mit dem Tod der Mutter. Es liegt auf der Hand, daß der relativ häufige Ausfall der Eltern oft noch kleiner Kinder soziale Bindungen über die Kernfamilie hinaus erforderte. Die Einrichtung von Patenschaften etwa, heute für die Kinder im Regelfall nur am Geburtstag und zur Konfirmation/Kommunion von Bedeutung, war damals für den Fortbestand der Population von eminenter Wichtigkeit.

Abb. 3.5 Zur Lebenserwartung in der Jungsteinzeit. Die beiden unteren Kurven des Diagramms geben an, wieviel Prozent eines Jahrganges (Ordinate) ein gegebenes Lebensalter erreichten (Abszisse). Die obere Kurve zeigt die Lebenserwartung in unserer Zeit

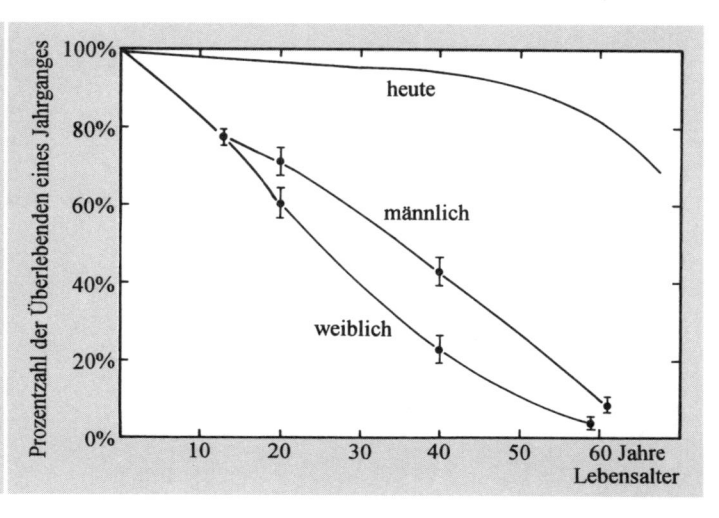

Tabelle 3.1

Sachverhalt	Wert	Kommentar
Verhältnis der Geschlechter (männlich zu weiblich)	1,19 ± 0,14 : 1	etwa wie heute (1,06 : 1)
50% der Bevölkerung jünger als	21 ± 2 Jahre	
Mittlere Lebenserwartung	29 ± 3 Jahre allgemein 35 ± 3 Jahre Männer 25 ± 3 Jahre Frauen	
Mittlere Anzahl von Kindern pro Frau	4,5 (+2, −1)	
Zusätzliche Sterblichkeit von Frauen zwischen 14 und 40 Jahren gegenüber Männern	26 %	infolge von Geburten
Sterblichkeitsrate pro Geburt	6 %	
Ende der Kindheit mit – beiden Eltern lebend – einem Elternteil tot – beiden Eltern tot	41 % 47 % 12 %	Notwendigkeit der Einrichtung von Patenschaften
Ende der Kindheit mit – beiden Großeltern lebend – einem Großelternteil tot – beiden Großeltern tot	3 % 28 % 69 %	Transfer der Tradition hauptsächlich über die Elterngeneration

4. Astronomische Grundlagen

Die Astronomie kann die meisten Himmelserscheinungen über Tausende von Jahren vor- und zurückrechnen. Allerdings ist für viele der astronomischen Phänomene die Kenntnis des genauen Zeitpunktes notwendig. Man denke etwa an eine Vollmondphase, die auf rund einen Tag genau festgelegt ist, oder gar eine totale Mondfinsternis, die innerhalb einer Stunde abläuft.

Je genauer die Zeit aber bekannt sein muß, desto eher gelangen die Datierungsverfahren der Vorgeschichte an ihre Grenzen. Trotz der Radiokarbon-Methode oder der anderen im Kapitel 3 beschriebenen Techniken – die mangelnde Schärfe der Datierung ist und bleibt die Crux der Archäoastronomie und relativiert die Aussagen vieler Veröffentlichungen oft bis zur Bedeutungslosigkeit.

Die Ungenauigkeit der prähistorischen Zeitbestimmungen ist in der Tat groß – größer jedenfalls, als es die in den Fachveröffentlichungen üblicherweise angegebenen Fehlerbereiche erwarten lassen. Als das *Bochumer Archäoastronomische Projekt* im Jahre 1978 begonnen wurde, galt die Zeit um 4500 v. Chr. als Beginn der Jungsteinzeit in Mitteleuropa. Zehn Jahre später hatte sich diese Grenze durch die Kalibrierung der Radiokarbon-Daten auf das Jahr 6500 v. Chr. rückverlagert – 2000 Jahre in nur einer Dekade! Es ist jedoch nicht zu erwarten, daß auch in der Zukunft ähnlich große Korrekturen notwendig werden.

Aus diesem Sachverhalt kann die folgende Regel für eine erfolgreiche Arbeit auf dem Gebiet der Archäoastronomie abgeleitet werden:
Eine archäoastronomische Aussage ist um so sicherer, je unabhängiger sie von der Datierung ist.

Der Sternenhimmel ist nur auf den ersten Blick unveränderlich. In Zeiträumen, wie sie die Vorgeschichte umfaßt, laufen manche Vorgänge sehr schnell ab und wiederholen sich vielfach (z. B. Wiederkehr des Halleyschen Kometen). Andere hingegen sind so langsam, daß sie kaum merkliche Änderungen bewirken (Form der Sternbilder). In Tabelle 4.1 sind die Zeitskalen aufgeführt, in denen sich eine Himmelserscheinung deutlich ändert oder periodisch wiederholt.

Geht man diese Liste einmal durch und vergleicht die Zeitskalen mit den Datierungsgenauigkeiten, die man sinnvollerweise für die verschiedenen prähistorischen Epochen ansetzen darf (schätzungsweise 300 Jahre für die Jungsteinzeit, 100 Jahre für die Bronzezeit), so erweist sich eine vorzeitliche Beobachtung der meisten astronomischen Erscheinungen als nicht nachprüfbar. Selbst die Ausrichtung der Megalithbauten nach hellen Fixsternen – ein beliebtes Thema vieler Arbeiten auf archäoastronomischem Gebiet – ist im Einzelfall nie zweifelsfrei belegbar.

Mit Sicherheit können – zumindest in der Steinzeit – nur Beobachtungen nachgewiesen werden, die letztlich aus dem Lauf der Sonne und der festen Rotationsachse der Erde resultieren. Es sind dies die Konstanz der Haupthimmelsrichtungen und der Sonnenwenden, der Mondextreme sowie die Sternbilder, sofern diese zeichnerisch erfaßt wurden.

Wie die umfangreichen Untersuchungen des Bochumer Archäoastronomischen Projektes gezeigt haben, sind die über lange Zeiträume konstanten Himmelserscheinungen für den vorzeitlichen Menschen offenbar von großer Bedeutung gewesen. So ist die strenge Beachtung der vier Haupthimmelsrichtungen im Totenkult aller untersuchten jung-

Astronomische Grundlagen

Tab. 4.1 Zeiträume deutlicher Änderung oder Wiederholung astronomischer Erscheinungen

Zeitskala	Himmelserscheinung
10 000 Jahre und länger	Konstanz der Haupthimmelsrichtungen, Stabilität der Sternbilder
3000 Jahre	ausreichende Konstanz der Erdrotation (Lokalisierung von Sonnenfinsternissen)
1000 Jahre	merkliche Änderung der Schiefe der Ekliptik und damit der Mittagshöhe der Sonne zu den Solstitien (Sonnenwenden)
300 Jahre	Einfluß der Präzession (Verschiebung der Sternbilder) bei grober Orientierung
100 Jahre	Einfluß der Präzession. Wiederholung von Sonnenfinsternissen in einem größeren Gebiet
30 Jahre	mindestens ein vollständiger Umlauf aller mit bloßem Auge sichtbaren Planeten des Sonnensystems
20 Jahre	Größenordnung der Umlaufzeit des Mondknotens, von Saroszyklus und Metonischem Zyklus
10 Jahre und kürzer	Wiederkehr der Mehrzahl der Himmelserscheinungen, Periodizität der inneren Planeten (z. B. Venusperiode), Eingrenzung der Rückkehr des Halleyschen Kometen, Sonnen-/Mondfinsternisse, Jahreszeiten

steinzeitlichen Kulturen festzustellen (siehe Kapitel 5).

Im folgenden werden die wichtigsten astronomischen Phänomene in ihren wesentlichen Zügen beschrieben. Diese knappe Darstellung wird für denjenigen Leser, der auch eigene Messungen, Rechnungen und Bewertungen durchführen möchte, durch ergänzende Kapitel erweitert. Es sind dies das Kapitel 7 (Praxis archäoastronomischer Feldarbeit) sowie die Anhänge A (Mathematisch-astronomische Grundlagen) und B (Statistische Grundlagen).

Der tägliche Umschwung des Fixsternhimmels

Wie tagsüber die Sonne ihren Weg vom Aufgangspunkt in der Osthälfte des Horizonts über den höchsten Punkt im Süden bis zum Untergang im Westen durchläuft, so beschreiben auch die Sterne nachts ihre Bahnen (Abb. 4.1, Tafel I). Die Kreisbahnen der Gestirne um den Himmelspol, der zur Zeit recht gut durch den Polarstern markiert wird*), sind Abbild der Rotation der Erde in einem Universum praktisch stillstehender Sterne. Diese Erscheinung hat ihre Analogie in der Drehung eines Menschen um seine Körperachse. Er sieht dabei die Objekte seiner Umgebung in sein Blickfeld kommen ('Aufgang'), hat sie einige Zeit später direkt vor sich ('Kulmination') und sieht, wie sie das Blickfeld verlassen ('Untergang').

Die Dauer eines Umschwunges der Erde beträgt 23 h 56 min und ist damit um vier Minuten kürzer als das, was wir üblicherweise unter „Tageslänge" verstehen. Der Leser kann dies durch einen eigenen Versuch bestätigen,

*) Der Polarstern ist ein brauchbarer Polweiser nur für unsere Zeit und die kommenden drei Jahrhunderte. Er zeigte bereits im Mittelalter mit nur mäßiger Genauigkeit zum Pol und war in der Bronze- oder Steinzeit als Polstern ungeeignet (Präzession, siehe unten).

Umschwung des Fixsternhimmels

indem er beispielsweise das Verschwinden eines hellen Fixsternes hinter einer fernen Hauswand o. ä. über einige Tage verfolgt und diese Zeitspanne mißt. Er stellt nebenher eine weitere wichtige Tatsache fest: Der Stern verschwindet jeden Abend exakt an der gleichen Stelle der Hauswand.

Während eines Menschenlebens ändert sich praktisch nichts an der unveränderten Auf- und Untergangsposition eines Fixsterns, gleichgültig, ob dies über dem Meer, einer bergigen Horizontlinie oder an der erwähnten Hauswand geschieht. Dies ist die *Konstanz der Auf- und Untergangsazimute der Fixsterne*, die von grundlegender Bedeutung für die Archäoastronomie ist. Über Jahrhunderte ändern sich diese Positionen jedoch langsam.

Ganz anders verhalten sich die Mitglieder des Sonnensystems (Sonne, Mond und Planeten). Hier bemerkt man oft schon von Tag zu Tag eine deutliche Änderung (siehe weiter unten).

Wer im Herbst früh aufsteht, sieht das bekannte Sternbild des Orion am Morgenhimmel im Osten. In jedem folgenden Monat entfernt es sich weiter von dem morgendlichen Dämmerungshimmel, steht zum Jahreswechsel um Mitternacht im Süden, um dann im Frühjahr am westlichen Abendhimmel in der Dämmerung unsichtbar zu werden. Bis zum folgenden Herbst bleibt die Konstellation dann unsichtbar. Auch diese Beobachtung ist von grundlegender Bedeutung, zeigt sie doch, daß die Sichtbarkeit der Sternbilder als Jahreszeitenanzeiger genutzt werden kann. Gerade für die bäuerlichen Kulturen war dies früher von großer Wichtigkeit. Man darf sicher sein, daß landwirtschaftliche Tätigkeiten schon in der Jungsteinzeit aufgrund der erst- bzw. letztmaligen Sichtbarkeit ausgewählter Sternbilder durchgeführt wurden, obwohl darüber natürlich keine schriftliche Kunde auf uns gekommen ist. Spuren davon enthalten manche Sternnamen, schriftliche Zeugnisse aus der Antike und völkerkundliche Beobachtungen (siehe Kapitel 5 und 6).

Im alten Ägypten fiel der zeitlich stets etwas variable Beginn der Nilschwemme mit dem erstmaligen Sichtbarwerden des Sirius am Morgenhimmel zusammen – dem soge-

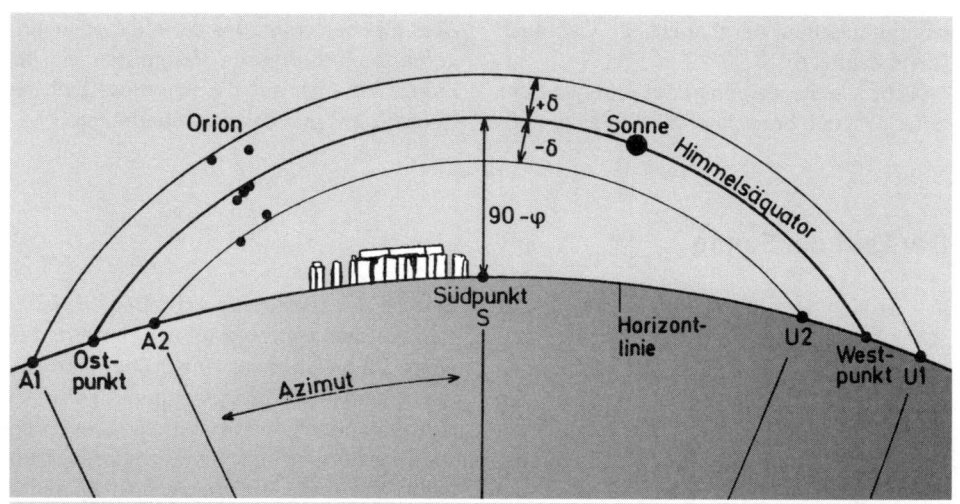

Abb. 4.1 Die tägliche Bewegung der Himmelskörper. Die Gestirne gehen in der Osthälfte des Himmels auf, erreichen ihre größte Höhe im Süden und gehen dann im Westen unter. Die Verweilzeit über dem Horizont und die Positionen der Auf- und Untergangspunkte (A, U) hängen vom Abstand zum Himmelsäquator ab, der Deklination δ. Die Höhe des Himmelsäquators über dem Südpunkt beträgt $90° - \varphi$ (φ = geographische Breite).

nannten *heliakischen Aufgang*. Gleichzeitig entsprach dies dem Zeitpunkt der Sommersonnenwende. Daraus erklärt sich die Bedeutung des Sirius für die Menschen im Ägypten der Pharaonen, wenn auch im Laufe der drei Jahrtausende altägyptischer Geschichte die Termine schließlich deutlich auseinanderdrifteten.

Zweitausend Jahre später schreibt der altgriechische Bauerndichter Hesiod (um 700 v. Chr.):

„Wenn das Gestirn der Plejaden, der Atlasgeborenen, aufsteigt, dann fang an mit dem Mähen, und pflüge, wenn sie versinken."
(*Werke und Tage*, deutsch: von Schirnding 1966)

Solche Beispiele ließen sich beliebig fortsetzen. Gerade in unwirtlichen Gebieten mit eingeschränkter Landwirtschaft hat man die präzise Bestimmung der Jahreszeiten durch die Sterne und den Sonnenstand zu schätzen gewußt. Man war dadurch unabhängiger gegenüber den meteorologischen Schwankungen. Bis in unser Jahrhundert hinein waren diese kalendarischen Praktiken bei den nordostafghanischen Bergbauern in Gebrauch (siehe Kapitel 6).

Nicht alle Sterne gehen auf und nicht alle unter. Letztere bezeichnet man als zirkumpolar und hat ihnen stets besondere Aufmerksamkeit gewidmet. Homer beschreibt in seiner Odyssee, wie der Held dieses bronzezeitlichen Epos am Ende seines Aufenthaltes bei Kalypso von dieser genaue Segelanweisungen mit auf den Weg bekam: „Halte den Großen Wagen zu deiner linken Hand, der allein nicht teil hat an den Bädern im Ozean." Besser kann man ein zirkumpolares Sternbild für einen Seemann gar nicht beschreiben. So verwundert es nicht, daß dieser Textstelle eine Schlüsselrolle für die Rekonstruktion der Rückfahrt des Odysseus zu seiner Penelope zukommt. Die Tatsache nämlich, ob ein Sternbild zirkumpolar ist oder nicht, hängt mit der geographischen Breite der Fahrtroute zusammen (siehe Anhang A).

Sterne, die nie aufgehen, erscheinen auf den ersten Blick weit weniger spektakulär. Das betrifft jedoch nicht mobile Kulturen, die bei ihren Reisen in den Süden stets neue Sterne erblicken. Bereits zur Zeit der Linienbandkeramik vor rund 7000 Jahren gab es ausgedehnte Tauschbeziehungen über Tausende von Kilometern, die die Erfahrungen eines neuen Sternenhimmels sehr wahrscheinlich machen. Alles dies berechtigt uns dazu, die oben aufgeführten schriftlichen Zeugnisse seit der Bronzezeit auch auf die schriftlose Zeit des Neolithikums und davor zu übertragen.

Der Lauf der Sonne

Wir wollen das oben zur Erklärung der scheinbaren Bewegung des Sternhimmels herangezogene Bild eines sich drehenden Menschen in der Landschaft noch um ein Element erweitern, nämlich um einen in der Ferne vorbeifahrenden Zug. Er möge in der Richtung der Drehbewegung fahren. Dann verweilt er etwas länger im Blickfeld als ein anderer Punkt des ruhenden Hintergrundes und gerät nach einer vollen Umdrehung des Beobachters auch etwas später erst wieder in dessen Blick. Der Zug entspricht in diesem Beispiel der Sonne, die sich ebenfalls langsam vor dem Hintergrund der Fixsterne bewegt. Sie bleibt etwas länger über dem Horizont, und ihr Aufgangszeitpunkt verspätet sich gegenüber den Fixsternen. Diese Verspätung beträgt täglich vier Minuten. Deshalb dauert ein Sonnentag 23 h 56 min + 4 min = 24 h. Die Wanderung der Sonne unter den Fixsternen ist natürlich ein Scheineffekt. In Wirklichkeit läuft die Erde um die Sonne, und dieser Umlauf dauert ein Jahr. Abb. 4.2 erläutert den Unterschied zwischen dem Umschwung der Erde bezüglich der Sterne und der Sonne.

Anders als bei den Fixsternen ist der Winkelabstand der Sonne vom Himmelsnordpol nicht konstant. Der Abstand ändert sich im Jahreslauf um 47 Grad. Ihre nördlichste Stellung nimmt die Sonne am 21. Juni ein, steht dann im Sternbild der Zwillinge und bleibt wie die Sterne dieser Konstellation in unseren Breiten etwa 16 Stunden über dem Horizont. Ein halbes Jahr später steht sie am 21. Dezember im Sternbild Schütze, dessen Sterne – und damit auch die Sonne – nur rund acht Stunden über dem Horizont stehen. Damit wird auch klar, warum die nächtliche Sichtbarkeit der Konstellationen ein Jahreszeitenanzeiger ist. Wenn der Schütze zu sehen ist, kann nicht Winter sein, da dann die Sonne dieses Sternbild überstrahlt. Sind hingegen die Zwillinge zu sehen, dann kann aus den gleichen Gründen nicht Sommer sein.

Die variable Tageslänge bestimmt die Erscheinungen in der belebten Natur und ist daher von den Menschen schon sehr früh beachtet worden. In enger Verbindung damit stehen die unterschiedlichen Auf- und Untergangsrichtungen der Sonne. Im Sommer geht sie im Nordosten auf und im Nordwesten unter, im Winter entsprechend im Südosten und Südwesten. So besteht also eine enge Kopplung dieser Richtungen an die Jahreszeit.

Natürlich ist auch der tägliche Höchststand der Sonne zu Mittag von der Jahreszeit abhängig. Um diesen festzulegen, bedarf es jedoch einer Meßvorrichtung. Ohne jede Messung können dagegen die Aufgangspunkte bestimmt werden, denn diese erfordern nur die Feststellung, hinter welchem Horizontmal die Sonne gerade aufgeht. Noch bis in unser Jahrhundert hinein haben bäuerliche Kulturen ihre landwirtschaftlichen Stichdaten von derartigen Horizontbeobachtungen abhängig gemacht. Nachfolgend ein Beispiel für eine solche Kalenderkontrolle im Süden des Hindukusch. Lentz (1978) zitiert einen europäischen Reisenden, dessen Bericht übersetzt etwa wie folgt lautet:

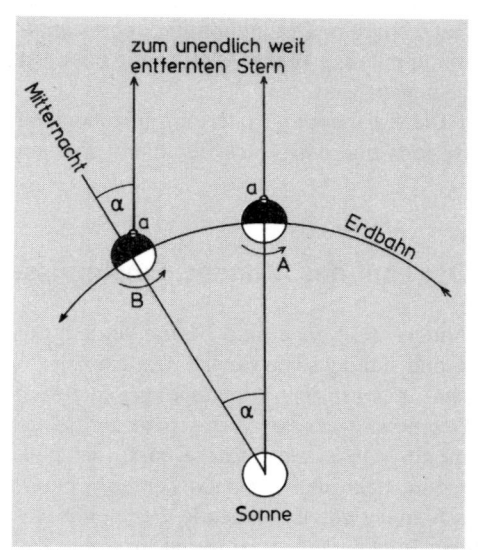

Abb. 4.2 Zur Rotationsdauer der Erde. In Position A sei ein Fixstern der Sonne genau gegenübergelegen; er kulminiert also um Mitternacht (Punkt a). Einen Tag später befinde sich die Erde in Position B. Wenn der Fixstern wieder kulminiert (a), ist es noch nicht ganz Mitternacht, da die Sonne um einen Winkel α zurückliegt. Die Rotationszeit der Erde bezüglich eines Fixsterns (Sterntag) ist daher etwas kürzer als relativ zur Sonne (Sonnentag). Die Zeitdifferenz beträgt vier Minuten, der Winkel α etwa 1°.

„Auf dem Hügel oberhalb des Dorfes waren zwei eng benachbarte Steinsäulen aufgestellt. Das war der Dorfkalender. Wenn die Sonne im Frühling zum ersten Mal durch die Öffnung zwischen den beiden Säulen hindurchschien, wußten die Leute, daß die Zeit des Pflügens und Säens begonnen hatte. Ich hätte eigentlich angenommen, daß die aktuelle Schneelage einen viel sichereren Indikator abgibt."

Zwei Feststellungen können getroffen werden. Wenn die natürliche Horizontlinie nicht hinreichend deutliche Markierungen aufwies, so hat der Mensch nachgeholfen und sich diese selbst geschaffen. Sodann erweist es sich erneut, daß besonders in klimatisch schwierigen Gebieten astronomische Terminfestsetzungen Vorrang vor meteorologischen

Daten hatten. Die inhaltliche Übereinstimmung mit dem Hesiod-Zitat (siehe oben) ist bemerkenswert.

Die Kalenderkontrollen im Griechenland Hesiods und am „Dach der Welt" trennen 4000 Kilometer im Raum und mehr als zweieinhalb Jahrtausende in der Zeit. Wir dürfen davon ausgehen, daß die hier dokumentierte Konstanz elementarer Kalenderregulierungen ihre Wurzel in prähistorischen Zeiten hat.

Der Lauf des Mondes, Finsternisse

Anders als Sonne und Sterne ändert der Mond ständig seine Gestalt. Die schmale Sichel am westlichen Abendhimmel kurz nach Neumond wird eine Woche später zum Halbmond. Wieder eine Woche darauf ist Vollmond; nach dem gleichen Zeitraum beobachten wir das abnehmende Viertel, und sieben Tage darauf ist der Mond für einige Zeit verschwunden. Der Mond ist damit der Zeitmesser schlechthin für kürzere Zeitspannen. Dies bestätigt auch die Sprachforschung, die unser Wort „Mond" und die ähnlich lautenden Entsprechungen der indogermanischen Sprachfamilie auf das Wort für „messen" zurückführt.

Der Mond ändert aber nicht nur ständig seine Gestalt; er durchläuft auch mit beachtlicher Geschwindigkeit die Sternbilder der Ekliptik (des Tierkreises). Es tritt derselbe Effekt wie bei der Sonne auf, die durch ihre Bewegung unter den Sternen täglich vier Minuten gewinnt. Beim schnellen Mond sind dies sogar täglich rund fünfzig Minuten, so daß ein Mondtag (Zeit zwischen zwei Kulminationen oder auch Aufgängen) knapp 25 Stunden dauert. Seine Bahn unter den Fixsternen stimmt fast völlig mit derjenigen der Sonne überein und kopiert so deren Jahreslauf in nur einem Monat. Zu gewissen Zeiten kreist er so hoch wie die Sonne im Sommer, zu anderen so tief wie die Sonne im Winter. Man erkennt dies deutlich an den Vollmonden im Sommer und im Winter. Sommervollmonde erheben sich bei uns nur wenig über den Horizont; Wintervollmonde hingegen beschreiben eine lange und hohe Bahn am Nachthimmel (siehe Anhang A).

Wenn auch die Bahnen von Sonne und Mond am Himmel fast übereinstimmen, so gibt es doch einen kleinen, aber gewichtigen Unterschied. Die Bahn des Mondes ist nämlich um fünf Grad gegen die der Sonne geneigt (Abb. 4.3). Das bedeutet zum einen, daß zu bestimmten Zeiten der Mond so extrem nördliche oder südliche Positionen einnehmen kann, wie dies die Sonne nie vermag. Daraus folgt, daß es für den Mond Auf- und Untergangspunkte am Horizont gibt, die der Sonne nicht zugänglich sind. Das sind die berühmten Mondextreme, die gerade bei der Deutung der megalithischen Denkmäler eine große Rolle spielen (siehe Kapitel 5). Alle 18,6 Jahre wiederholen sich diese Mondextreme.

Zum anderen aber sorgt die leichte Bahnneigung des Mondes dafür, daß er sich nicht jedesmal bei Neumond vor die Sonnenscheibe schiebt und so eine Sonnenfinsternis bewirkt. Entsprechend gibt es nicht bei jedem Vollmond eine Mondfinsternis. Gelegentlich jedoch liegt der Mond bei Vollmond oder Neumond genau auf der Sonnenbahn (Ekliptik), und dann beobachtet man eine Finsternis.

Finsternisse gehören zu den beeindruckendsten Naturerscheinungen. Da sie mit einer gewissen Regelmäßigkeit auftreten (Abb. 4.4), waren vielleicht schon in der Vorzeit Prognosen möglich. Heute können sie von der Astronomie mit großer Genauigkeit in die Vergangenheit zurückgerechnet werden. Sie sind für die Datierung historischer Ereignisse von unschätzbarer Bedeutung. Allerdings gibt es dabei einen Haken. Die Bewegungen von Sonne und Mond sind mit denkbar großer Präzision bekannt, nicht aber

Lauf des Mondes, Finsternisse

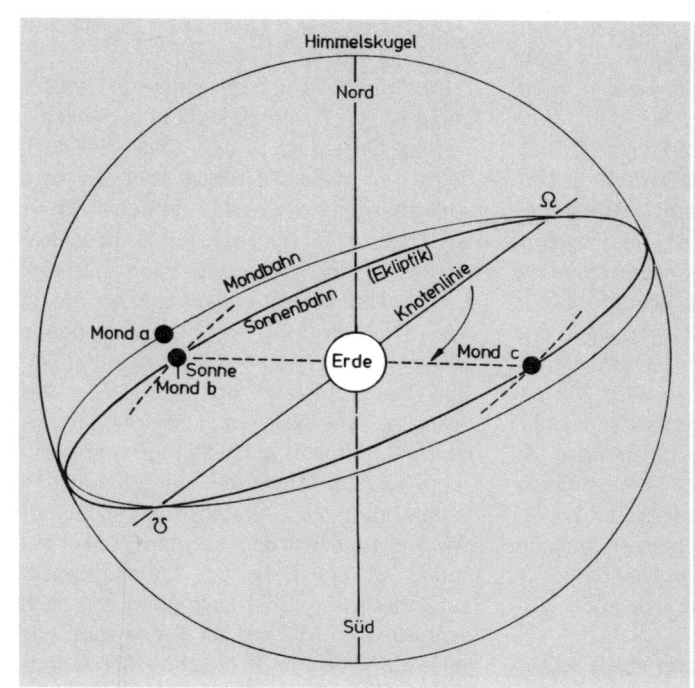

Abb. 4.3 Mondbahn und Finsternisse. Die Bahnen des Mondes und der Sonne sind um etwa fünf Grad gegeneinander geneigt, so daß im allgemeinen keine Finsternisse zustande kommen. So läuft der Mond bei a oberhalb der Sonnenbahn und kann daher keine Sonnenfinsternis bewirken. Die sogenannten Knoten (Ω und $\mho$) als Schnittpunkte von Sonnen- und Mondbahn wandern jedoch im Laufe von 18,6 Jahren einmal durch die Ekliptik. Trifft die Knotenlinie auf die Sonne (die entsprechenden Teilstücke der Mondbahn sind gestrichelt gezeichnet), so findet bei b eine Sonnenfinsternis und bei c eine Mondfinsternis statt.

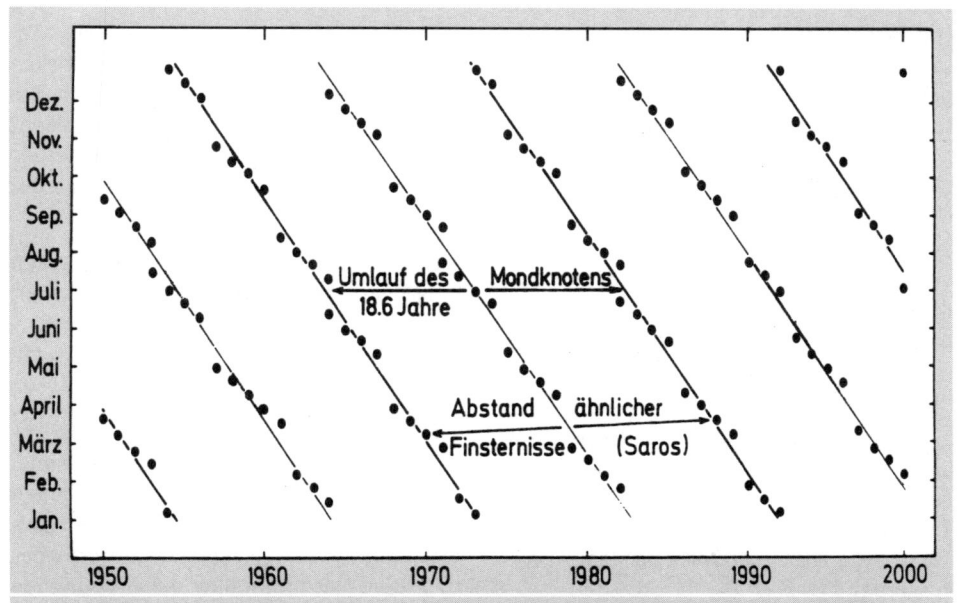

Abb. 4.4 Zur Regelmäßigkeit der Finsternisse. Die Finsternisse (hier: Sonnenfinsternisse zwischen 1950 und 2000) wiederholen sich mit großer Regelmäßigkeit (Saroszyklus: 18 Jahre und 11 Tage), wesentlich bedingt durch den Umlauf der Mondknoten (Abb. 4.3). Es ist denkbar, daß diese Regelmäßigkeit auch schon in der Steinzeit bekannt war.

Astronomische Grundlagen

die Rotation der Erde. Das läßt sich gut an einer Mondfinsternis darstellen. Es kann astronomisch genau ermittelt werden, wann der Schatten der Erdkugel auf den Mond fällt. Der Beobachter sieht aber eine Finsternis nur dann, wenn das verfinsterte Gestirn auch über dem Horizont steht. Hätte in diesem Falle die Erde zur Zeit der Finsternis etwas schneller rotiert als vom Berechner der Finsternis vorausgesetzt, so wäre der Mond möglicherweise bereits untergegangen und die Finsternis mithin unsichtbar gewesen*). Allerdings sind Sonnenfinsternisse von der Unregelmäßigkeit der Erdrotation weitaus stärker betroffen als Mondfinsternisse. So vermögen historische Sonnenfinsternisse nicht nur der Geschichtswissenschaft bei der Datierung zu helfen; sie versorgen auch die Geophysik mit Informationen über die Variation der Umdrehungszeit der Erde in den vergangenen Jahrtausenden.

Sieht man einmal von einer etwas mythischen Sonnenfinsternis im China des dritten vorchristlichen Jahrtausends ab, die zwei Hofastronomen den Kopf gekostet haben soll, weil diese falsch oder gar nicht gerechnet hatten, so steht am Anfang der klassischen Antike die Finsternis des Thales von Milet. Sie ist uns von Herodot überliefert worden. Die Begleitumstände waren aber nicht minder skurril: Einige Lehrer, die sich ungerecht behandelt fühlten, bereiteten den ahnungslosen Eltern einen ihrer Schüler zum Mahle. Da es sich hierbei um ein Königskind handelte, führte das zum Krieg. Herodot beschreibt den unerwarteten Abschluß dieser Auseinandersetzung:

„Als sie den Krieg auch im sechsten Jahre unentschieden fortsetzten, trat dies Ereignis ein: Noch während der Schlacht wurde der Tag plötzlich zur Nacht. Diesen Wechsel des Tages hatte Thales von Milet den Ioniern vorausgesagt."
(*Historien I*, 74, deutsch von J. Feix, 1988)

Die Astronomie bestimmt den 28. Mai 585 v. Chr. als Tag der Finsternis.

Der Friedensschluß der Ionier und Meder infolge dieser Finsternis steht in bemerkenswertem Gegensatz zu dem Streit, der noch heute um diese Textstelle tobt. Es wird schlichtweg geleugnet, daß ein Vorsokratiker wie Thales eine Sonnenfinsternis, die zudem nicht lange vor Sonnenuntergang stattfand, auch wirklich korrekt vorhersagen konnte. In der Tat ist die frühgriechische Astronomie voll von Ungereimtheiten. Ein bekanntes Beispiel bietet Aristarch von Samos, der das heliozentrische Weltsystem zwei Jahrtausende vor Kopernikus aufstellte. Seine angebliche – auch im Schulunterricht behandelte – Beobachtung des Eintretens eines Halbmondes drei Grad vor dem rechten Winkel zur Sonne ist ein Ding der Unmöglichkeit. Tatsächlich findet der Halbmond erst nach dem 90-Grad-Abstand zur Sonne statt, wie jeder aufmerksame Beobachter der Mondphasen feststellen kann.

Auf der anderen Seite gibt es hinreichend viele astronomische Beobachtungen aus alter Zeit, die das scharfe Auge und den hellen Geist unserer Vorfahren bestätigen. Es ist dies beispielsweise die Entdeckung der Strahlenbrechung der Erdatmosphäre, die zwar unverstanden blieb, aber korrekt überliefert wurde. Wir dürfen postulieren:

– Die Entdeckung eines astronomischen Sachverhalts geschah im Regelfall früher, als es die überlieferten Zeugnisse lehren,
– die Entdecker waren meist andere, als die Quellen angeben.

Ein gutes Beispiel ist Eratosthenes, der angeblich als erster den Erdumfang bestimmte. Eratosthenes war Bibliothekar der berühmten Bibliothek zu Alexandria, die später in Flammen aufging. Das einzige, was Eratosthenes zu seinem Nachruhm über die Jahrtausende getan haben dürfte, war der Griff zur richti-

---

*) Die gelegentliche Einführung einer Schaltsekunde zum 1. Januar oder 1. Juli läßt den Leser solche Schwankungen der Erdrotation hautnah miterleben.

gen Papyrusrolle eines früheren Autors und die von ihm nicht vorherzusehende Chance, daß seine Abschrift in unsere Zeit überliefert wurde.

Sei es, wie es will: Mit einer so präzisen Datierung auf den Mai 585 v. Chr. ist dem Historiker auf alle Fälle geholfen. Eine andere Finsternis vergleichbar beeindruckender Wirkung auf die Menschen in Kleinasien gab es 72 Jahre zuvor und erst 122 Jahre danach – Zeitpunkte, die auch durch eine recht grobe Chronologie ausgeschlossen werden können.

Die Bahnen der Planeten

Die komplizierten Schleifenbahnen der Planeten waren für die Astronomen der Vorzeit bis ins Mittelalter hinein das Schwierigste ihres Metiers (Abb. 4.5). Die Planeten bewegen sich nämlich nicht wie Sonne und Mond unter den Fixsternen scheinbar von Westen nach Osten, sondern gelegentlich auch andersherum. Dabei verhalten sich die Planeten ganz verschieden. Merkur und Venus, die innerhalb der Erdbahn um die Sonne kreisen, ziehen ihre Bahnen in überschaubarer Weise. Beide pendeln um die Sonne, wobei sie in regelmäßigen Zeitabständen die gleichen Stellungen zu ihr einnehmen. Das ist insbesondere bei der Venus zu beobachten, die alle 584 Tage ihre Erscheinungen wiederholt. Dies gilt für ihre größte Helligkeit als Abendstern, den größten Winkelabstand von der Sonne als Morgenstern wie auch ihren kleinsten Abstand von der Erde. Der Planet Merkur verhält sich ähnlich, nur ist er in unseren Breiten kaum zu sehen.

Bei den übrigen Planeten treten durch die Bahnschleifen deutliche Bewegungsanomalien auf. Der erdnahe Mars zeigt sie am deutlichsten, Saturn als der fernste der mit bloßem Auge sichtbaren Planeten am wenigsten.

Antike Quellen belegen, daß den Planeten stets Aufmerksamkeit geschenkt wurde. Die Venus spielte eine große Rolle. Von regelmäßigen Beobachtungen künden die Venustafeln des Ammizaduga (Mesopotamien, um 1750 v. Chr.) und der Codex Dresden (Maya, Mittelamerika, um 1500 n. Chr.).

Sowenig ein Zweifel darüber bestehen kann, daß Venus, Jupiter und die anderen Planeten auch in prähistorischen Zeiten bekannt waren und beobachtet wurden, so wenig schlüssige Beweise vermögen die Denkmäler zu liefern. Jeder Planet durchläuft

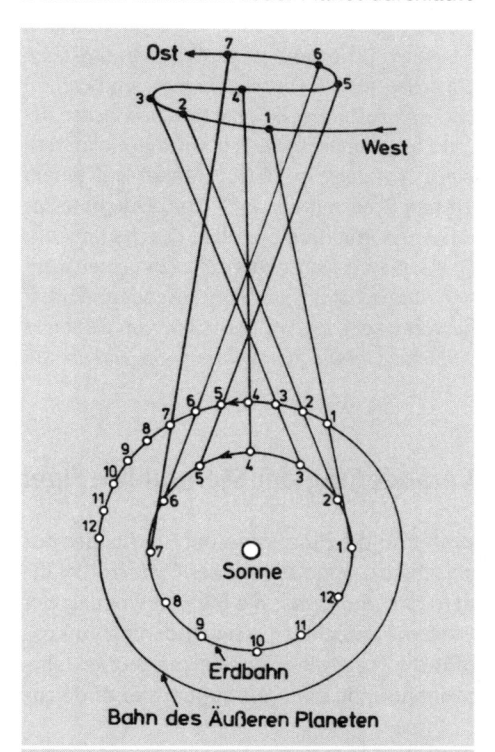

Abb. 4.5 Zur Entstehung der Bahnschleifen der Planeten durch die kombinierte Bewegung von Erde und Planet um die Sonne. Im Falle eines Planeten außerhalb der Erdbahn (z. B. Mars) ist die Blickrichtung zum Planeten zu verschiedenen Zeiten (1–12) stark veränderlich und auf einer offenen oder geschlossenen Schleife gelegen (oben).

Astronomische Grundlagen

die Tierkreisbilder wie Sonne und Mond und nimmt daher auch ihre Auf- und Untergangspunkte ein. Entsprechend schwierig sind auch Deutungen vorzeitlicher Objekte als Planetenobservatorien. Nur wenn aus anderen Quellen ergänzende Informationen kommen, zum Beispiel durch Aufzeichnungen über die 584-Tage-Periode der Venus, kann eine beobachtende Überprüfung des Venuslaufes vorausgesetzt werden.

Verschiebung der Sternbilder, Präzession

Die Fixsterne und die aus ihnen zusammengesetzten Sternbilder gehen stets an den gleichen Stellen des Horizonts auf oder unter. Dies gilt zumindest in Zeiträumen von Jahrzehnten. In Jahrhunderten oder gar Jahrtausenden wird jedoch die *Präzession* wirksam. Sie ist ein Scheineffekt, ähnlich dem täglichen Umschwung des Fixsternhimmels, und kommt dadurch zustande, daß die Rotationsachse der Erde nicht unveränderlich auf den Polarstern weist, sondern in 26 000 Jahren auf einem großen Kreis mit etwa 47 Grad Durchmesser um einen Punkt im Sternbild Drache umläuft. Dies hat zwei Konsequenzen. Zum einen können Sterne bei uns vor Jahrtausenden sichtbar gewesen sein, die wir heute nur von Reisen in südliche Gefilde her kennen. So war in der Steinzeit beispielsweise das Kreuz des Südens in Deutschland sichtbar. Zum anderen steht die Sonne zu den Wenden oder Äquinoktien nicht immer in denselben Tierkreissternbildern, sondern wechselt sie alle zwei Jahrtausende. Wenn noch heutzutage die Horoskope mit dem Sternzeichen Widder beginnen, so ist dies Nachklang der Tatsache, daß in der Antike die Sonne zu Frühlingsbeginn im Widder stand. Heute sind es längst die Fische, die ihrerseits demnächst vom Wassermann als Frühlingssternbild abgelöst werden.

Die Berechnung der Koordinatenänderung durch die Präzession ist recht kompliziert. Im Anhang A sind für die wichtigsten Fixsterne die Änderungen der Rektaszension und Deklination in Diagrammform dargestellt.

Veränderung der Sternbilder, Eigenbewegung

Während die Präzession die Sternbilder nur verschiebt, ohne sie in ihrer Form zu verändern, so wird durch die Eigenbewegung der Fixsterne als echter Ortsveränderung im Kosmos die Figur einer Konstellation über Jahrzehntausende oder Jahrhunderttausende zunehmend aufgelöst (Abb. 4.6). Wenn wir also nicht in frühe Epochen der Altsteinzeit zurückgehen, können wir von unveränderten Sternbildern ausgehen. Diesbezügliche Korrekturen sind in den Präzessionsdiagrammen im Anhang A bereits enthalten.

Einfluß der Erdatmosphäre auf die Beobachtungen, Horizonteffekte

Die astronomischen Erscheinungen werden in beträchtlichem Maße durch die Lufthülle unserer Erde beeinflußt. In Gebieten, die sich nicht durch Wüstenklimata auszeichnen, bedeutet dies zunächst einmal, daß der Himmel oft bewölkt ist. Damit war es dem frühen Menschen dieser Regionen erschwert, die Regelmäßigkeiten vieler astronomischer Vor-

Einfluß der Erdatmosphäre

gänge zu erkennen und daraus Vorhersagemöglichkeiten abzuleiten. Selbst wenn – wie vermutet – mit dem oft zitierten „Stonehengecomputer" eine Mondfinsternis richtig vorhergesagt werden konnte, so mußten die Priesterschaft und die erwartungsvoll harrende Menge eine wolkenverhangene oder gar verregnete Nacht ebenso als Flop verbuchen wie einen echten Ausfall dieser Vorhersage. Ein ausbleibendes Wunder verwandelt achtungsvolles Staunen schnell in Spott. Das gilt auch für eine Mondfinsternis. War die astronomische Situation derart, daß die Mondfinsternis um ein Haar verpaßt wurde, verkehrte sich die Finsternis sogar in ihr Gegenteil! Durch die speziellen Reflexionseigenschaften der Mondoberfläche bedingt beschien dann ein besonders heller Vollmond die Szene der Panne des Jahres.

Aus diesem Tatbestand kann eine wichtige Folgerung gezogen werden. Je witterungsabhängiger eine astronomische Beobachtung war, desto weniger von Belang dürfte sie für die damalige Menschheit gewesen sein. Hieraus ergibt sich die große Bedeutung der Extremalpositionen der Gestirne für die Archäoastronomie. Dies sind die Sommer- und Wintersonnenwenden (Extrema der Sonnendeklination) oder die Nördlichen Mondwenden (Extrema der Summe aus Schiefe der Ekliptik und Bahnneigung, siehe Anhang A).

Diese Extrema waren zum einen von Bedeutung, weil sie eben „extrem" waren, das heißt etwa im Falle der Sonnenwenden die längsten und kürzesten Tage markierten. Zum anderen sind diese Fixpunkte aber auch besonders sicher festzustellen. Es ist eine mathematische Eigenschaft derartiger Extremalpunkte, daß sie nicht nur an einem bestimmten Tag zu beobachten sind (an dem es möglicherweise gerade regnet), sondern praktisch unverändert über einen längeren Zeitraum hinweg auftreten. Im Falle der Sommersonnenwende zum Beispiel kann man davon ausgehen, daß sich die Tageslänge und auch der Aufgangspunkt der Sonne innerhalb einer Woche vor und nach der Wende nicht merklich ändern. Man hat also 14 Tage Zeit, um diese Beobachtung durchzuführen.

Aus eben diesem Grunde können Extremalpositionen aber auch nicht auf den Tag genau bestimmt werden. Alle Bauwerke, die zu einer Extremalposition hin orientiert sind, sind daher nie *Kalenderbauwerke*, sondern allenfalls *Sakralbauwerke*. Daher war z.B. Stonehenge weder früher noch heute zur Bestimmung des Tages der Sommersonnenwende geeignet, auch wenn dies immer wieder behauptet wird.

Aber nicht nur der bewölkte Himmel verhindert astronomische Beobachtungen. Fast genauso ärgerlich für den Astronomen früher wie auch für seinen heutigen Kollegen ist eine leichte Bewölkung. Diese beeinflußt zwar

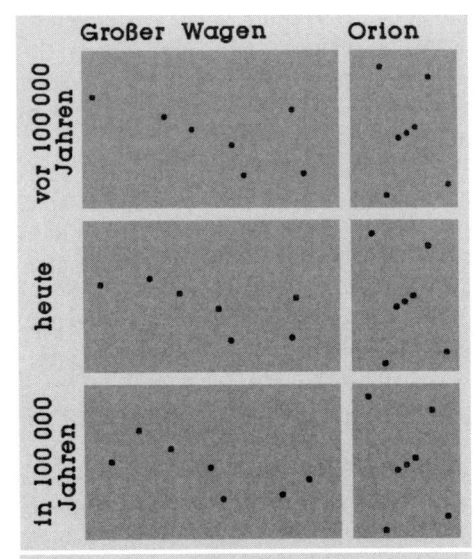

Abb. 4.6 Die Sternbilder Großer Wagen und Orion vor 100 000 Jahren, heute und in 100 000 Jahren. Die Veränderung der Form kommt durch die Eigenbewegung der Sterne zustande. Der Rahmen um jedes Sternbild stellt den unveränderlichen Himmelshintergrund dar. Während der Große Wagen starken Veränderungen unterworfen ist, bleibt das Sternbild Orion fast unverändert. Der Grund liegt in der großen Entfernung der Sterne des Orion, wodurch ihre Bewegung nicht so stark zum Tragen kommt.

Astronomische Grundlagen

die Zenitregion wie auch die mittleren Höhen nur wenig, die horizontnahen Gebiete aber um so stärker. Bedingt durch die Perspektive ballen sich die Wolken in der Nähe des Horizonts zusammen (Kulisseneffekt). Da auch die anderen atmosphärischen Einflußnahmen wie die Extinktion (siehe weiter unten) mit Annäherung an den Horizont zunehmen, so kann man die Eignung eines Beobachtungsstandortes für Auf- und Untergänge wie folgt bewerten:

– soviel Horizontanhebung (durch Berge) wie möglich
– freier Horizont nur, wenn nicht anders vorhanden.

Dies steht in deutlichem Widerspruch zur Meinung vieler „Schreibtischarchäoastronomen", die der Ansicht sind, nur ein freier Horizont wie am Meer erlaube ungestörte Beobachtungen. Der freie (oder mathematische) Horizont vereinfacht zwar die Gleichungen der sphärischen Trigonometrie, behindert aber zugleich regelmäßige bzw. präzise Messungen. Es gibt in der Tat deutliche Hinweise darauf (siehe Kapitel 6), daß in der Vergangenheit trotz der Verfügbarkeit flachen Geländes die Nähe von Bergen aufgesucht wurde, um dort mit größerer Sicherheit die jahreszeitlichen Fixpunkte bestimmen zu können.

Lassen wir aber die Bewölkung einmal beiseite und fragen uns, welche Anforderungen ein klarer Himmel wie etwa in Ägypten an den vorzeitlichen Himmelsbeobachter stellte.

Das Himmelsblau läßt tagsüber nur zwei Gestirne problemlos sichtbar werden: die Sonne natürlich und den Mond. Nur scharfe Augen, die zudem wissen, wo sie hinschauen müssen, erblicken gelegentlich die Venus zu den Zeiten ihrer größten Helligkeit. Vielleicht ist in alten Zeiten als einziger Fixstern sogar der Sirius am Tage sichtbar gewesen – jedenfalls gibt es eine babylonische Quelle (Gössmann 1950), die eine Tagessichtbarkeit erwähnt. Der Sirius ist überhaupt ein interessanter Stern, was seine historischen Zeugnisse anbelangt. Er wird in der Antike überraschend häufig als roter Stern beschrieben, obwohl er doch heute bläulich-weiß erscheint. Da unsere astrophysikalischen Vorstellungen über die Entwicklung der Sterne einen so kurzfristigen Farbwechsel ausschließen, ist darüber eine heftige wissenschaftliche Kontroverse entbrannt, die auch heute noch andauert. Eines zeigt diese Debatte jedoch deutlich: Die Erforschung der Geschichte der Astronomie ist nicht nur *l'art pour l'art*, mit der sich im Regelfall Laien oder pensionierte Astronomieprofessoren beschäftigen; sie kann auch der modernen Astrophysik interessante Denkanstöße geben, um ihre Theorien an alten Beobachtungen zu überprüfen. Die Astrophysik gibt es erst seit hundert Jahren; eine Zeit, die viel zu kurz ist, um – von gewissen Ausnahmen abgesehen – Veränderungen im Reich der Fixsterne feststellen zu können. Die geschriebene Geschichte überspannt das Fünfzigfache dieser Zeit, die Vorgeschichte liegt um das Hundertfache oder mehr zurück.

Sonne und Mond sind zwar am Tag sichtbar, nicht aber die sie umgebenden Fixsterne. Lediglich bei totalen Sonnenfinsternissen können während weniger Minuten die Sterne gesehen werden. Eine Festlegung der Sonnenbahn unter den Fixsternen, der Ekliptik*), ist daher aus Tagesbeobachtungen sicher nicht erfolgt. Totale Sonnenfinsternisse sind nämlich recht selten. Für ein Gebiet der Fläche der Bundesrepublik Deutschland tritt eine totale Sonnenfinsternis etwa alle hundert Jahre ein. Ein bis zwei Jahrtausende sorgfältiger Überlieferung der nur wenige Minuten dauernden Erscheinungen wären also notwendig gewesen, um den Pfad der Sonne unter den Sternen festzulegen und damit die Tierkreissternbilder zu bestimmen.

---

*) Das aus dem Griechischen stammende Wort „Ekliptik" bedeutet „Finsternislinie", nicht „Sonnenbahn". Eine Festlegung der Ekliptik durch (Mond-)Finsternisse ist daher nicht unwahrscheinlich. Der indogermanischen Wurzel von „Sonnenbahn" oder „Lauf der Sonne" entspricht unser Wort „Jahr", bedeutet also etwas ganz anderes.

Einfluß der Erdatmosphäre

Da der Tierkreis aber schon in den ältesten Hochkulturen auftaucht, reicht sein Alter sicher bis in prähistorische Zeiten zurück. Es muß damals offensichtlich bereits weitentwickelte Beobachtungsverfahren gegeben haben, die die Sonne den (mit ihr zusammen nicht sichtbaren) Konstellationen zuzuordnen gestattete. Ob dies durch Fortschreibung der Sonnenbahn in die ihr benachbarten Dämmerungssternbilder geschah oder aber durch die Beobachtung der der Sonne exakt gegenüberliegenden Mondfinsternisse – wir wissen es nicht. Jedes dieser Verfahren erfordert aber einen hohen Grad himmelskundlicher Kenntnisse, die weit über das hinausgehen, was wir aus den vorzeitlichen Denkmälern erschließen können.

Neben der Lichtstreuung der Atmosphäre, die wir als Himmelsblau erleben, nimmt die Luft aber noch in anderer Weise Einfluß auf die astronomischen Erscheinungen. Dies wird durch die Sonne nahe dem Horizont demonstriert. Kurz vor Untergang oder kurz nach Aufgang ist die Sonne
– lichtschwächer,
– röter,
– abgeplatteter
als in größerer Höhe über dem Horizont. Das bewirkt die in Horizontnähe stark anwachsende Luftschicht.

Die Abnahme der Helligkeit – am Horizont können wir oft direkt in die Sonne schauen – kommt durch die verstärkte Absorption des Lichtes zustande. Im Horizont selbst geht diese Verminderung des Lichtes so weit, daß nur noch etwa ein Prozent des Lichtes den Beobachter erreicht. Damit können wir bestenfalls die allerhellsten Fixsterne auf- und untergehen sehen. Bereits Sterne der zweiten Größenklasse wie die des Großen Wagens sind im Horizont nicht mehr sichtbar.

Die Lichtschwächung der Gestirne geschieht nicht für alle Farben gleichmäßig. Blaues und grünes Licht werden stark geschwächt, die Farben Gelb und Rot weniger. Das hat zur Folge, daß wir die Sonne und die anderen kosmischen Objekte am Horizont deutlich gerötet sehen.

Während Lichtschwächung und -rötung die Sichtbarkeit der Gestirne beeinflussen, verändert die *Refraktion* oder *Strahlenbrechung* ihre Position. Die Strahlenbrechung hebt den Ort des Gestirns am Himmel an; sie wirkt stets senkrecht zum Horizont. So sehen wir die Sonne noch über dem Horizont, wenn sie ohne Atmosphäre schon längst untergegangen wäre. Die Brechkraft unserer Lufthülle nimmt schnell mit der Höhe über dem Horizont ab. Der untere Teil der Sonne wird daher stärker als der obere angehoben. So erklärt sich das so deutlich abgeplattete Bild der Sonne in Horizontnähe.

Die Strahlenbrechung ist wie alle Erscheinungen unserer Erdatmosphäre zeitlich nicht konstant. Luftzellen unterschiedlicher Dichte, die vom Wind durch die Blickrichtung zu einem Stern getrieben werden, bewirken das Funkeln der Sterne, die sogenannte *Szintillation*.

So beeindruckend die Strahlenbrechung auch ist (man denke an den scheinbaren Knick eines ins Wasser getauchten Stabes), in der frühen Astronomie ist ihre Wirkung vermutlich unbekannt geblieben. Es gibt eine bemerkenswerte Stelle im Almagest des Ptolemäus*), wo berichtet wird, daß die Sonne zweimal am selben Tag den Himmelsäquator kreuzte. An und für sich ist dies eine astronomische Unmöglichkeit, findet aber eine zwanglose Erklärung in der Vortäuschung einer der Äquatorpassagen durch die Refraktion der Lufthülle. Es spricht für die Sorgfalt und den echt wissenschaftlichen Geist der alten Astronomen, daß diese unverstandene Beobachtung überliefert wurde.

Die größte Wirkung der Strahlenbrechung fiel mangels genauer Uhren ebenfalls nicht

---

*) Der Almagest, ein antikes Kompendium der Astronomie, wurde um 140 n. Chr. von Claudius Ptolemäus verfaßt. Dieses Buch blieb bis zur kopernikanischen Wende das Standardwerk der Astronomie für eineinhalb Jahrtausende. Obwohl Ptolemäus gemeinhin als „der Mann mit dem falschen Weltbild" gilt, gibt sein Werk einen umfassenden Überblick über die antike Astronomie und enthält viele wertvolle Beobachtungen (siehe auch Kapitel 5).

Astronomische Grundlagen

auf: die deutliche Verlängerung des hellen Tages. In unseren Breiten bleibt die Sonne durch die Refraktion etwa fünf Minuten länger sichtbar, als dies ohne Atmosphäre der Fall wäre.

Wenn also die Beeinflussung der Position der Gestirne durch die Atmosphäre auch nicht bekannt war, so steckt sie doch in allen Beobachtungen und muß bei einer Diskussion berücksichtigt werden. Insbesondere in hohen geographischen Breiten versetzt sie die Auf- und Untergangsazimute ohne weiteres um ein Grad. Ausführliche Daten über die Effekte von Strahlenbrechung und Lichtschwächung in Horizontnähe enthält der Anhang A.

Bestimmung der Haupthimmelsrichtungen

Der Mensch der Vorzeit hat zwei Arten von Orientierung unterschieden. Zum einen gab es – um es in unserer heutigen Sprache auszudrücken – die „praktisch verwertbaren Himmelsrichtungen", die etwa den Zeitraum der Sommersonnenwende, den Beginn gewisser landwirtschaftlicher Tätigkeiten oder das Datum von Festen zu bestimmen gestatteten. Derartige Azimute liefert die Sonne gewissermaßen frei Haus: Man verfolgt den Aufgang der Sonne am Horizont und stellt bei Koinzidenz mit einem bestimmten Horizontmal den diesbezüglichen Zeitpunkt fest. Schwierigkeiten gibt es allenfalls bei schlechtem Wetter. Wir dürfen deshalb vermuten, daß schon Tage zuvor die Sonne beobachtet wurde und gegebenenfalls die Tage einfach weitergezählt wurden.

Von ganz anderem Charakter sind die Haupthimmelsrichtungen, die beispielsweise in Religion und Totenkult von der Steinzeit bis heute eine so große Rolle spielen. Es gibt keine astronomische Elementarerscheinung, die die Nord-, Süd-, Ost- oder Westrichtung festlegt. Der Leser frage sich einmal selbst, wie er den Nordpunkt in der Steinzeit bestimmt hätte. Einen Polarstern wie heute gab es damals nicht (siehe oben). Der Kompaß wäre eine gute Wahl; er wurde allerdings erst im Mittelalter in Europa eingeführt. Seine Nadel zeigt auch nicht sehr genau nach Norden: Ihre Mißweisung ist recht groß. Und selbst die Südrichtung der Sonne zur Mittagszeit ist so ohne weiteres nicht festzulegen. Wer etwa mittags um zwölf zur Sonne schaut und meint, dort sei Süden, begeht einen Fehler von sieben bis über zwanzig Grad. Das liegt an unserer standardisierten Zeit, die – losgelöst von ihrer ursprünglichen Festlegung – ausschließlich verkehrspolitischen und sozialen Belangen dient (Sommerzeit).

Selbst die im Prinzip richtige Feststellung, die Südrichtung sei durch den täglichen Sonnenhöchststand gekennzeichnet, ist in der Praxis nicht mit der gewünschten Genauigkeit umsetzbar. Der Grund liegt in der merklichen Ausdehnung der Sonnenscheibe von einem halben Grad. Eine solch ausgedehnte Lichtquelle wirft keinen scharfen Schatten. Wollte man etwa mit einem Schattenstab den kürzesten Schatten festlegen, um daraus den Mittagszeitpunkt und damit die Südrichtung zu bestimmen, so wäre eine Änderung während über einer Stunde um den Mittagszeitpunkt herum gar nicht feststellbar. Abb. 4.7 belegt, daß die Höhe der Sonne innerhalb von elf Grad auf beiden Seiten des Meridians in ihrer eigenen Ausdehnung verharrt, eine kürzeste Schattenlänge also gar nicht zu bestimmen ist. Nun sind aber die steinzeitlichen Orientierungen wesentlich genauer (Kapitel 5). Worin bestand der meßtechnische Trick unserer Vorfahren?

Genau wissen wir es natürlich nicht, denn Vorgeschichte ist Geschichte ohne Schrift. Es gibt jedoch ein Verfahren zur Bestimmung der Haupthimmelsrichtungen, das als Indi-

Bestimmung der Haupthimmelsrichtungen

scher Kreis bekannt ist. Die Völkerkunde belegt dieses Verfahren nicht nur für Indien, sondern für viele andere Gebiete unserer Erde. Das dürfte ein Hinweis auf sein hohes Alter sein, und wir dürfen seine Anwendung auch für die Steinzeit vermuten.

Der Meßvorgang mit dem Indischen Kreis ist der Abb. 4.8 zu entnehmen. Man schlage um einen vertikal im Boden steckenden Stab einen Kreis, dessen Radius größer ist als die mittägliche Schattenlänge. Im Verlaufe des Vormittags verkürzt sich mit zunehmender Sonnenhöhe der Schatten. Wenn die Spitze des Schattens den Kreis schneidet, wird dieser Schnittpunkt markiert. Nach dem Sonnenhöchststand tritt bei wieder längerwerdendem Schatten ein zweiter Schnittpunkt auf, der ebenfalls markiert wird. Die beiden Marken geben dann die Ost-West-Richtung an, die Mitte zwischen ihnen zusammen mit dem Fußpunkt des Stabes die Nord-Süd-Richtung. Die Genauigkeit des Verfahrens liegt bei einem Grad.

Es ist klar, daß Verständnis und Anwendung des Indischen Kreises einige Kenntnisse in Astronomie und Geometrie erfordern, die in dem Katalog astronomischer und geometrischer Grundkenntnisse der Jungsteinzeit zusammengefaßt sind, der in Kapitel 5 beschrieben wird.

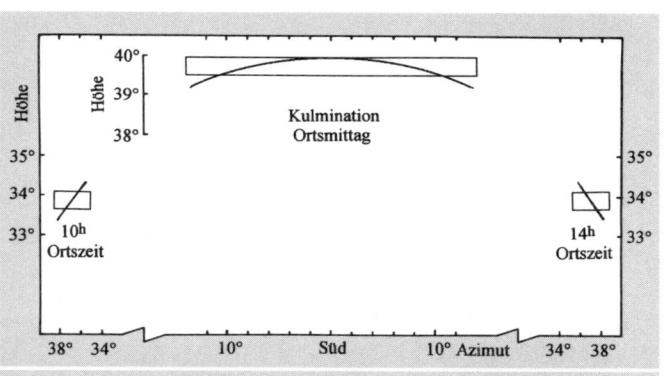

Abb. 4.7 Zur Variation der Sonnenhöhe zur Mittagszeit. Das Diagramm belegt, daß sich um die Mittagszeit die Sonnenhöhe nur wenig ändert. Innerhalb ± 11° Azimutdifferenz zum Südpunkt verbleibt die Änderung der Höhe der Sonne innerhalb ihres Scheibendurchmessers, der durch die Vertikale des Rechtecks gegeben ist. Aus dem Sonnenhöchststand ist eine präzise Bestimmung der Südrichtung (und der anderen Kardinalrichtungen) somit nicht möglich. Außerhalb der Mittagszeit (hier 10^h und 14^h) variiert die Sonnenhöhe so stark, daß ein praktikables Meßverfahren zur Bestimmung der Haupthimmelsrichtungen abgeleitet werden kann (Indischer Kreis in Abb. 4.8).

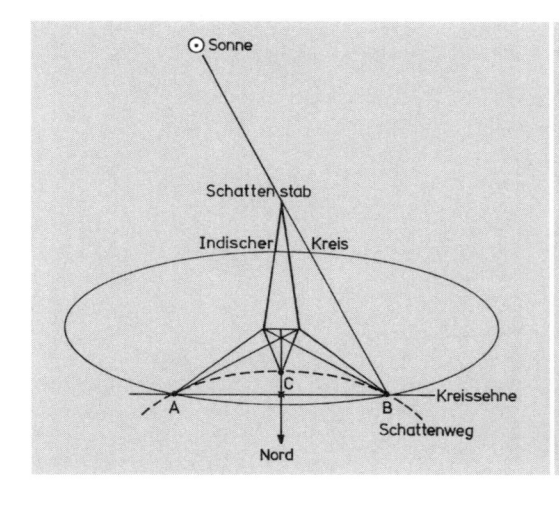

Abb. 4.8 Der Indische Kreis. Schlägt man um einen senkrecht im Boden stehenden Stab einen Kreis, dessen Radius etwas größer ist als die Länge des mittäglichen Schattens, so schneidet die Spitze des Stabschatten (gestrichelt A, C, B) diesen Kreis einmal vormittags und einmal nachmittags. Die Linie durch A und B gibt dann die Ost-West-Richtung an, die halbierte Strecke zusammen mit dem Stabfußpunkt die Nord-Süd-Richtung. Der Indische Kreis ist in abgelegenen Kulturen bis in unsere Zeit hinein angewandt worden und war vermutlich bereits in der Steinzeit bekannt. Planung und Durchführung erfordern ein Minimum an astronomischen und geometrischen Kenntnissen.

5. Prähistorische und archaische Objekte mit vermuteter astronomischer Funktion

Die von den Prähistorikern als vorgeschichtlich erkannten Objekte (vom unscheinbaren Lesefund einer Scherbe bis zum Großdenkmal aus megalithischer Zeit) erlauben häufig keine klare Funktionszuweisung. Ist diese bei einer Pfeilspitze noch eindeutig, so liegt der Fall bei einer Höhlenmalerei schon nicht mehr auf der Hand. Wurde die Zeichnung eines Bisons aus reiner Freude an Form und Linie gefertigt? War ein Jagdzauber der Grund dafür, Hoffnung auf eine erfolgreiche Jagd auf dieses Großwild? Wir wissen es nicht, werden es wohl auch nie erfahren.

Auch unsere Zeit kennt viele Gebräuche, die einen Archäologen der Zukunft vor manche Rätsel stellen dürften*). In einigen Jahrtausenden wird er vielleicht feststellen, daß sich an manchen Orten in größerer Entfernung von der nächsten menschlichen Siedlung unerklärliche Ansammlungen von Metallteilen aus dem zwanzigsten Jahrhundert befinden. Weitere Untersuchungen ergeben dann den überraschenden Befund, daß diese geheimnisvollen Bodendenkmäler in praktisch jedem Falle in einem Wald lagen, der paläobotanischen Gutachten zufolge zur Zeit der Deponierung besonders dicht war. Handelte es sich hierbei um einen verborgenen Hort, vielleicht eine aus Pietät unter Bäumen eingerichtete letzte Ruhestätte für die damals so geschätzten Fahrräder und Waschmaschinen? Gab es sogar eine 'Kultur der Einkaufswagenbestatter'? Und warum gaben diese „Einkaufswagenleute" ihren Ritus exakt in den Jahren auf, als der Eiserne Vorhang fiel?

So könnten also die wilden Müllkippen unserer Tage und die Einführung der Münz- beziehungsweise Jetonschlösser an den Einkaufswagen unserer Supermärkte Anfang der neunziger Jahre für einige Verwirrung in der Zukunft sorgen. Dies sei nur als Beispiel für krasse Fehldeutungen gegeben, denen Archäologen und Prähistoriker zu unterliegen stets Gefahr laufen, da sie nicht mit den geistigen Strömungen der Zeit ihrer Forschungsobjekte vertraut sind. Es gibt in der Altertumswissenschaft den schönen, aber keineswegs ernst gemeinten Spruch: „Und fällt dir keine Deutung ein, so wird es wohl der Kultus sein." Daran sollte man stets denken. Vom echten Kultus ist es zur Astronomie meist nicht weit, vom fälschlicherweise unterstellten Kultus zur daraus irrigerweise gefolgerten Astronomie aber auch nicht!

Man darf ohne weiteres behaupten, daß der größte Teil der Medienberichte über astronomische Einrichtungen der Vorzeit unzutreffend ist, von den unterstellten Raumflugmöglichkeiten zu damaliger Zeit ganz zu schweigen. Auch werden Monumente wie etwa die drei großen Pyramiden von Gizeh dermaßen mit astronomischen oder zahlenmystischen Spekulationen überfrachtet, daß dabei völlig vergessen wird, daß die nur wenige Bogenminuten (!) von den Haupthimmelsrichtungen abweichenden Grundlinien etwa der Cheopspyramide allein schon Grund genug zur Bewunderung der Meßtechnik der

---

*) Die im folgenden beschriebene Projektion in die Zukunft ist natürlich insofern unrealistisch, als dann vermutlich alle unsere kulturellen Äußerungen – vom Buch bis zur CD-ROM – noch soweit vorhanden sind, daß Fehlinterpretationen der besprochenen Art unterbleiben. Als Beispiel für die Probleme der heutigen Vorgeschichtsforschung mag sie trotzdem genügen.

Objekte mit vermuteter astronomischer Funktion

alten Ägypter sind. Ein anderer weitverbreiteter Irrtum ist die Meinung, Denkmäler wie Stonehenge, New Grange oder die Externsteine hätten zur Bestimmung des Tages der Sommer- oder Wintersonnenwende gedient. Es ist sogar noch heute keineswegs möglich, aus der Aufgangsrichtung der Sonne den Sommer- oder Winterbeginn taggenau festzulegen. Das verhindert sehr wirksam die variable atmosphärische Strahlenbrechung, die in erratischer und nicht vorherberechenbarer Weise das Aufgangsazimut der Sonne bestimmt. Bewunderung verdient statt dessen, daß trotz der störenden Effekte der Sonnenwendtag (in etwa) bekannt war; daß sich die Menschen zur Feier dieses wichtigen Jahreszeitpunktes am Monument einfanden und den Aufgang der Sonne erwartungsvoll begrüßten. Denkmäler wie die oben erwähnten sind eben keine Kalender-, sondern Sakralbauten (siehe Kapitel 4).

Ein weiterer wichtiger Punkt muß ebenfalls erwähnt werden. Nicht alle prähistorischen Bauwerke sind astronomisch orientiert. Wer einmal durch die gewellten Steinreihen der Menhire von Carnac in der Bretagne gewandert ist, dem wird auch als Nicht-Astronomen klar, daß hier keine Orientierung nach einer Himmelsrichtung beabsichtigt wurde. Ein britischer Steinring mit nur zehn Steinen erlaubt bereits neunzig Blickrichtungen über je zwei Steine, so daß der gesamte Azimutbereich des Horizonts praktisch lückenlos abgedeckt wird und somit beliebige Koinzidenzen mit Sonne, Mond und Sternen möglich werden. Damit relativiert sich dessen Einschätzung als archäoastronomisches Objekt auf Null. Grundsätzlich gilt, daß singuläre Objekte wie etwa Stonehenge per se keineswegs Garanten einer vorzeitlichen Astronomie sind. Es müssen schon erhebliche Extras hinzukommen, um eine solche Wertung zu rechtfertigen. Bei Stonehenge ist dies die sogenannte Prozessionsstraße (außerhalb des eigentlichen Komplexes), die auf fünf Bogenminuten genau zum Aufgangsort der Sonne zur Sommersonnenwende gerichtet ist. Man erkennt, daß die beeindruckenden Steintore (Trilithen) für eine astronomische Funktion recht bedeutungslos sind. Sie sind nur grob nach dieser Richtung orientiert wie übrigens auch der oft zitierte Heelstone, über dem (auf gestellten Photos) die Sonne am 21. Juni immer so schön aufgeht.

Bei Unikaten besteht mangels vergleichbarer Denkmäler immer die Gefahr, das eine als archäoastronomisches Objekt zu propagieren und das andere wegzulassen, wenn keine Koinzidenz mit irgendwelchen Auf- oder Untergangsazimuten besteht. Der Wissenschaftler fühlt sich sicherer, wenn ein Typus von Denkmälern gleich zehn-, hundert- oder tausendmal vorkommt und alle diese – oder doch die meisten – nach einer einheitlichen Regel orientiert sind. Das ist der Grund, weshalb beispielsweise die jungsteinzeitlichen Gräber nach Ansicht der Verfasser soviel stärker die Existenz einer prähistorischen Astronomie gewährleisten als Renommierdenkmäler. Trotzdem, Objekte wie Stonehenge oder die Externsteine sind nun mal einmalig auf der Welt, haben den Menschen der Vorzeit sicher viel bedeutet und daher möglicherweise auch eine – kritisch herauszuarbeitende – astronomische Funktion gehabt.

In diesem Kapitel werden prähistorische Objekte aus Europa vorgestellt, für die eine astronomische Funktion wahrscheinlich ist oder dies in Fachjournalen behauptet wurde. Wie schon in Kapitel 1 betont, werden bevorzugt Funde behandelt, die vor der Zeit der Megalithe liegen. Wenn man zu den „Wurzeln der Astronomie" vorstoßen möchte (was immer das auch bedeuten mag), so sicher nicht nur über eine Anlage wie Stonehenge, zu dessen Blütezeit die Pyramiden Ägyptens bereits auf ein halbes Jahrtausend zurückblicken konnten. Von großer Bedeutung für die Einschätzung der himmelskundlichen Kenntnisse des prähistorischen Menschen sind natürlich völkerkundliche Beobachtungen neuzeitlicher Kulturen, die entweder noch auf einem steinzeitlichen Niveau standen oder von denen archaische Beobach-

Objekte mit vermuteter astronomischer Funktion

tungstechniken überliefert sind. Sie sind diesem Kapitel daher ebenfalls zugeordnet und werden als 'archaisch' bezeichnet. Dabei wurde der Erdteil Europa gelegentlich verlassen, wenn die Beispiele einzigartig sind (Australien).

Während an dieser Stelle also Objekte und ihre astronomisch-kalendarischen Funktionen behandelt werden, diese aber sonst ohne Bezug zu ihrem kulturellen Zusammenhang stehen, so wird im nachfolgenden Kapitel 6 die *Kontinuität* der Sonnenbeobachtungen in einem geographisch und kulturell zusammenhängenden Gebiet über einige Jahrtausende nachgezeichnet. Daraus wird ersichtlich, daß archaische Beobachtungstechniken über Millenia unverändert blieben, allen religiösen und ethnischen Veränderungen zum Trotz. Tabelle 5.1 führt die in den genannten Kapiteln behandelten Kulturen, Objekte bzw. Fundplätze sowie deren Charakteristika auf. Die Archäo- oder Ethnoastronomie verwendet einige Fachausdrücke, die über die in den Kapiteln 3 und 4 behandelten *termini technici* hinausgehen. Die beiden wichtigsten sollen kurz vorgestellt werden: Sieht man ein Gestirn von einem festen Beobachtungsplatz aus mit einem natürlichen oder künstlichen Fixpunkt in Deckung, so spricht man von einer *Visur*. Ein Beispiel dafür ist der Auf- oder Untergang der Sonne über einem bestimmten Horizontmal. Wird hingegen nach Art einer Sonnenuhr ein Schatten geworfen (oder aber durch eine Öffnung ein heller Lichtfleck), so nennt man dies einen *Gnomon*. Dieses Wort bedeutet eigentlich „Schattenstab", später auch „Sonnenuhr", wird aber hier nicht nur für den Schattenwurf, sondern auch umgekehrt im Sinne eines „Lichtwurfs" verwendet.

Visur und Gnomon haben Vor- und Nachteile. Eine Visur ist genauer, da man auch Bruchteile des Durchmessers der Sonnenscheibe bei Peilungen nach einem Horizontmal abschätzen kann. Das Gnomonprinzip vermag diese Genauigkeit wegen der unvermeidlichen Halbschatteneffekte nicht zu erreichen. Statt dessen bietet es den Vorteil, von einer größeren Anzahl von Menschen gleichzeitig wahrgenommen werden zu können.

Tabelle 5.1 Liste der in den Kapiteln 5 und 6 aufgeführten Kulturen, Orte bzw. der dort gefundenen Objekte

Kultur/Objekt/Ort	Zeit	Geographische Breite	Vermutete astronomische Funktion
Altamira (E)	−25 000	43,3°	Gestirnsdarstellungen (??)
Grotte du Taï (F)	−17 000	~ 45°	Mondkalender (??)
Linienbandkeramik (D, CZ, SK, F, NL)	~ −6500	~ 50°	Orientierung der Gräber nach den Kardinalrichtungen
Kreisgrabenanlagen in Niederbayern (D)	~ −4600	48,6°	Kardinalrichtungen, Sonnenwenden
Kreisgraben und Ellipse in Bochum (D)	~ −4600	51,4°	Sonnen- und Mondextreme, Festtage (?), Wintersonnenwende
Makotřasy (CZ)	~ −3500	50,1°	Sonnen- und Mondextreme, Fixsternazimute (??)
New Grange (IRL)	~ −3500	53,7°	Sonnenaufgang zur Wintersonnenwende
Stonehenge (GB)	−3100 bis −1500	51,2°	Sonnenaufgang zur Sommersonnenwende (Prozessionsstraße)

Fortsetzung Tabelle 5.1 Liste der in den Kapiteln 5 und 6 aufgeführten Kulturen, Orte bzw. der dort gefundenen Objekte

Kultur/Objekt/Ort	Zeit	Geographische Breite	Vermutete astronomische Funktion
Megalithe auf der Insel Mull (GB)	~ −3000	56,6°	Ungefähre Orientierung nach Sonnen- und Mondextremen unter Einbeziehung auffälliger Bergspitzen
Tustrup (DK)	megalithisch	56,5°	Orientierung nach dem Sonnenaufgang zur Sommer- und Wintersonnenwende
Cheopspyramide (ET)	~ −2700	30,0°	Kardinalrichtungen auf wenige Bogenminuten genau
Steinkammergrab in Züschen (D)	~ −2500	51,2°	Orientierung auf nahegelegenen Berg, eventuell auch auf Sonnendeklination $\delta = +16°$ (*Beltaine*-Fest)
Schnurkeramik, Glockenbecherkultur (CZ)	~ −2200	~ 50°	Orientierung der Gräber nach den Kardinalrichtungen
Schalensteine (CH, I)	Bronzezeit (?)	~ 46°	Sternbilddarstellungen (??)
Externsteine (D)	vorchristlich	51,9°	Sommersonnenwende, Äquinoktien
Persepolis (IR)	ab −520	30,0°	Sommersonnenwende
Sarmizegetusa (RO)	(vor) 100	45,7°	Wintersonnenwende, Mittagslinie
Jambol (BG)	?	42,5°	Kardinallinien
Ostia, Mitreo Aldobrandini (I)	~ 200	41,8°	Sonnenstände für Festtage (stellvertretend für viele andere Mithräen in Europa und Asien)
Polangen/Palanga (LT)	rezent	55,9°	Frühlingsfest (Volkslieder über Sonnen- und Mondbeobachtungen)
Wien, Stephansdom (A)	rezent	47,7°	Ausrichtung des Doms zum Namenstag des Heiligen (stellvertretend für viele andere Kirchen in Europa)
Padua, Giotto-Kapelle (I)	rezent	45,4°	Sonnenbeleuchtung kirchlicher Szenen an kalendarischen Stichdaten
Hindukusch-Pamir-Gebiet (AFG, PAK, TAD)	rezent	~ 38°	Sonnenkalenderregulierungen aller Art
Sulaimaniye (IRQ)	rezent	35°	Islamisches Mondobservatorium archaischer Art
Kanarische Inseln (E)	rezent	~ 28°	Heliakische Gestirnsaufgänge, Sonnen- und Mondkalender
Arnhem-Land (AUS)	rezent	~ −13°	Sammel-/Jagdaktivitäten nach Sternständen
South Australia (AUS)	rezent	~ −27°	
Victoria (AUS)	rezent	~ −37°	

Altsteinzeitliche Mondkalender?

Seit den sechziger Jahren des neunzehnten Jahrhunderts kamen in Frankreich, dann aber auch in der Schweiz und anderen Ländern zunehmend Funde ans Licht, die belegten, daß schon der Mensch der Eiszeit zu künstlerischen Äußerungen fähig war. Ein Schlüsselobjekt war die Gravierung eines Mammuts auf einem Knochen (geborgen 1864 von Lartet in La Madeleine). Damit sollte klar sein, daß es ein hohes Alter hatte, denn die Mammute waren gegen Ende der Eiszeit ausgestorben. Allerdings war die Mehrzahl der Forscher damals anderer Ansicht. Auf dem Anthropologenkongreß 1877 in Konstanz wurde festgeschrieben, daß die sogenannten Kunstwerke der Eiszeit allesamt Fälschungen seien.

Es ist im nachhinein leicht, über das Verdikt dieser Autoritäten zu lächeln. Zu jener Zeit war die Kunstgeschichte auf das klassische Griechenland als den Ausgang und Höhepunkt europäischer Kunst fixiert. Eine künstlerisch entwickelte Vorform schien undenkbar, zumal diese – wie man schon damals aufgrund der geologischen Gegebenheiten abschätzen konnte – viele Jahrtausende vor der klassischen Antike gelegen haben mußte. Hinzu kam, daß 1874 die (echten) Funde aus der Keßlerloch-Höhle bei Thayngen/Schweiz durch Fälschungen 'angereichert' wurden. Die mit den Ausgrabungen beschäftigten Arbeiter waren so angetan von der Begeisterung des Forschers bei jedem neuen Fund, daß ein zeichnerisch begabter Realschüler aus Schaffhausen beauftragt wurde, für weitere freudige Momente in dessen Forscherleben zu sorgen. Es ist klar, daß bei solchen Praktiken die Verfechter einer eiszeitlichen Kunst einen schweren Stand hatten.

Im Jahre 1879 wurden durch Zufall die farbigen Bildwerke in der Altamira-Höhle nahe Santillana del Mar in der nordspanischen Provinz Santander entdeckt. Die kleine Tochter von Don Marcelino de Sautuola, auf dessen Land sich die Höhle befand, sah sie zuerst und leitete damit eine neue Epoche der Kunstgeschichte ein. Doch auch hier folgte der ersten Phase der Begeisterung ein jähes Ende. Diesmal kam das Aus von dem Internationalen Kongreß für Anthropologie und prähistorische Archäologie, der 1880 in Lissabon tagte. Zwei Jahrzehnte herrschte Schweigen, obwohl immer neue Höhlenzeichnungen entdeckt wurden. Von besonderer Bedeutung war die Feststellung, daß in der Höhle La Mouthe (bei Les Eyzies in der Dordogne) Teile der Bilder unter Stalagmiten lagen. Hier war jede Fälschung ausgeschlossen, denn diese Tropfsteine brauchen Jahrtausende zu ihrer Bildung. Allmählich änderte sich die Einstellung zu diesen Kunstwerken. Im ersten Jahrzehnt des zwanzigsten Jahrhunderts begannen sich die Wissenschaftler mit der Existenz einer Kunst der Eiszeit abzufinden (nach Kühn 1966).

Zum Befund tritt stets die Deutung. Es überrascht nicht, daß einige eiszeitliche Fundobjekte und Höhlenmalereien auch eine astronomische Interpretation fanden. Dabei gilt es festzuhalten, daß ein Zugang zur Geisteswelt der Altsteinzeit noch wesentlich schwieriger ist als zu jüngeren Epochen der Menschheitsgeschichte. So fanden einige Details der berühmten Zeichnung des „Verwundeten Bisons mit Mann und Vogel" (Schacht der Höhle von Lascaux) eine Deutung als Abbild des Fixsternhimmels (Schmeidler 1984). Einigen auffälligen Vertiefungen wurden die Sterne des Sommerdreiecks (Wega, Deneb, Atair) zugeordnet. Überzeugende Darstellungen des Fixsternhimmels oder aber typischer Konstellationen wie des Großen Wagens oder Orions sind jedoch nicht zu erkennen – übrigens auch bei keinem späteren vorgeschichtlichen Objekt (siehe unten). Bei Einzelobjekten ist eine zufällige Anordnung nie auszuschließen.

Nun gibt es aus der Altsteinzeit eine große Anzahl von Knochen oder Steinen, die ganz offensichtlich von Menschenhand bemalt oder graviert wurden. Hier bietet sich die

69

Möglichkeit an, mit statistischen Verfahren eine Forschungshypothese zu überprüfen. A priori kennt man den Zweck dieser Bearbeitungen natürlich nicht, und man muß gerechterweise auch davon ausgehen dürfen, daß sie häufig genug Kritzeleien eines gelangweilten Jägers waren, der auf seine Beute wartete. Viele Hypothesen sind zu ihrer Erklärung aufgestellt worden. Sie reichen von vorzeitlichen Merkhilfen, Zeichensystemen bis hin zu dem, was man im Wilden Westen seinerzeit als *kill scores* bezeichnete (nämlich Kerben im Coltgriff nach der Anzahl der erledigten Gegner). Friedlicher ist allerdings ihre Deutung als Mondkalender und findet als solche auch sicher ein größeres Interesse in der Öffentlichkeit. So berichtete die Zeitung Welt am Sonntag am 19. 5. 1991:

„*Ältester Kalender Europas wurde in Frankreich entdeckt*
Schon 10 000 Jahre vor Christus besaßen die Menschen der Steinzeit einen hochentwickelten Kalender, sehr viel früher, als man bisher annahm. Das brachte die jetzt gelungene Enträtselung eines kleinen gravierten Knochenstückes an den Tag, das in der Grotte du Tai im Südwesten Frankreichs gefunden wurde. Auf dem Fragment sind 12 000 Zeichen eingeritzt; sie markieren einen Sonnen- und einen Mondkalender. Der älteste Kalender Europas diente offenbar zur Berechnung religiöser Rituale drei Jahre im voraus."

Ein Leser dieser Zeilen mit Interesse an der Vorgeschichte wird sicher die plakativen Worte „Mondkalender", „12 000 Zeichen" und „Steinzeit" in Erinnerung behalten. Er geht davon aus, daß die Wissenschaft nunmehr endgültig für die ausgehende Altsteinzeit/beginnende Mittelsteinzeit ein funktionierendes Kalenderwesen gesichert hat. Anders als in ähnlich gelagerten Fällen hat der Redakteur die ihm zugegangene Information im wesentlichen korrekt wiedergegeben – wenn man sich auch fragen darf, wie es in der Steinzeit gelungen ist, den Inhalt von etwa sieben Schreibmaschinenseiten (das sind 12 000 Zeichen) auf dem 8,6 cm kleinen Knochenstück unterzubringen. Leider ist die Sache aber keineswegs so klar, und die Forschungsergebnisse A. Marshacks, welche dieser Meldung zugrunde liegen, sind recht umstritten.

Seit etwa dreißig Jahren befaßt sich der US-Wissenschaftler Alexander Marshack mit der Deutung von Strichsequenzen, wie sie in der Steinzeit auf einer Vielzahl von Objekten (Steinen, Knochen) eingeritzt wurden. Abb. 5.1 zeigt die von Marshack (1964) bearbeitete Strichsequenz auf dem in der *Grotte du Taï* gefundenen Teil einer Rinderrippe. Zunächst ist darauf hinzuweisen, daß es auch andere Deutungen dieser Strichfolgen gibt. So wird die Ähnlichkeit zur irischen Ogham-Schrift betont, der frühesten eigenständigen Schrift Europas (viertes Jahrhundert n. Chr.). Allerdings wäre dann zu klären, warum in den zehntausend Jahren dazwischen, also beispielsweise in der Bronze- und Eisenzeit, keine Zwischenformen oder Weiterentwicklungen hin zur Ogham-Schrift nachweisbar sind.

Für eine astronomische Interpretation dieser steinzeitlichen Strichmuster spricht zunächst, daß es bis in die Neuzeit hinein sogenannte Kalenderstäbe gibt, die ganz ähnlich geritzt sind. Ob sibirische Jäger, Maya-Schamanen, Kalendermänner in Zentralasien oder bulgarische Bauern: sie alle benutzten Kalenderstäbe oder -bretter. Dabei sind zwei Grundtypen zu unterscheiden. Ist ein Kalendersystem bereits etabliert (etwa in der Neuzeit), so ist der Kalenderstab nichts anderes als eine primitive Form unseres Taschenkalenders. Nicht nur die Tage oder Monate, sondern auch die Feste sind kerbkodiert (Koleva 1996), und zwar ein ganzes Jahr im voraus. Bei archaischeren Kalendersystemen hingegen ist der Kalenderstab nicht der Kalender selbst, sondern ein Kontrollmittel des Kalenders. Im Hindukusch-Pamir-Gebiet wurden zur Kontrolle des Sonnenlaufs entweder täglich Kerben in einen Stock geschnitten oder wöchentlich von einem Freitag zum anderen.

Altsteinzeitliche Mondkalender?

Abb. 5.1 Strichlinien auf dem Fragment eines Rinderknochens, welches in der Grotte du Taï (Frankreich) gefunden wurde (umgezeichnet nach Marshack 1991). Seine Deutung als Mondkalender darf nicht nur aus astronomischen Gründen bezweifelt werden. Die sich immer wiederholende und an allen Orten der Erde gleichartige Abfolge der Mondphasen sollte zu einem ähnlichen Zeichenmuster bei den vergleichbaren Funden führen, was nicht beobachtet wird.

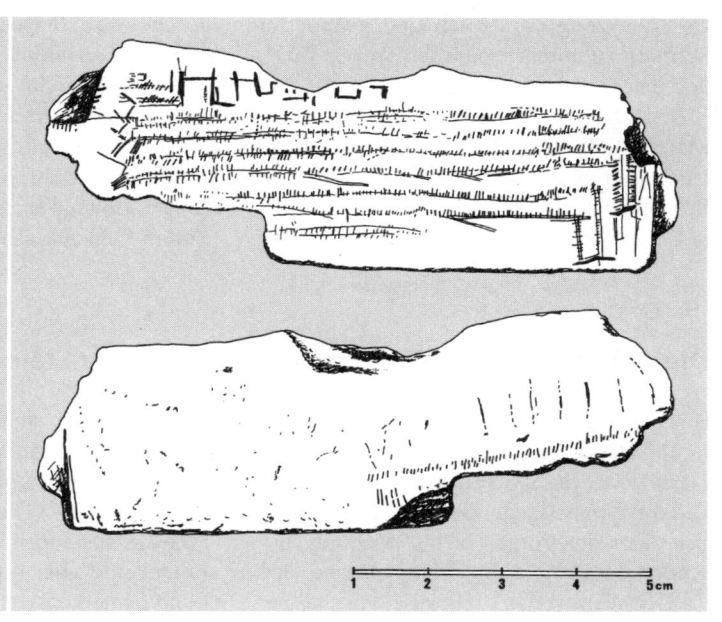

Die benutzten Stöcke wurden dann weggeworfen (Lentz 1978).

Man erkennt aus diesen völkerkundlichen Belegen, daß die Fertigungstechnik eines Kalenderstabes einen Hinweis darauf geben kann, ob er als Kalender oder zur Kalenderkontrolle diente. Galt er als Kalender, so wurde er im voraus und in einem Arbeitsgang gefertigt. Die Kerben sollten alle mit dem gleichen Werkzeug gefertigt sein und daher ähnlich aussehen. Bei Kontrollen des Sonnen- oder Mondlaufes wären die Kerben des Kalenderstabes über einen längeren Zeitraum entstanden. Ein Wechsel des Werkzeuges (oder der Werkzeugführung) wäre daher wahrscheinlicher als im ersteren Fall. Diese Feststellung muß bei der Bewertung der Marshackschen Ergebnisse eine Rolle spielen.

Doch schauen wir uns einmal das von Marshack als Mondkalender betrachtete Fragment genauer an (Abb. 5.1). Man erkennt sofort, daß diese Sequenzen weder als Kalender noch als Kalenderkontrolle gedeutet werden können. Wäre das Rinderrippenfragment eine Kontrolle des Mondlaufes – jede tägliche Sichtung des Mondes ergibt einen Strich –, so dürfte es Sequenzen der Längen 28, 29 und 30 nicht geben. Selbst bei wolkenfreiem Wetter ist der Mond zwanzig Stunden vor und nach Neumond nicht sichtbar. Bei der Länge eines synodischen Monats von 29,53 Tagen wären daher 27 Kerben pro Monat das äußerste. Wäre es hingegen ein Kalender (also in Kenntnis des Mondlaufes und der Phasen gefertigt), so müßte man ein regelmäßiges Muster mit Wochen- und Monatsrhythmus vorfinden, das zyklisch weiterläuft. Nichts dergleichen erkennt man. Holdaway und Johnston (1989) haben ferner zu Recht darauf hingewiesen, daß bei der Fülle des von Marshack zusammengetragenen Materials wenigstens zwei Exemplare vergleichbare Strichmuster haben müßten: Bei einem so konstant ablaufenden Phänomen wie dem der Mondphasen sollten die 'Mondkalender' einander recht ähnlich sein.

Marshack postuliert schließlich, daß seine mikroskopischen Analysen der Kerbspuren auf unterschiedliche Werkzeuge schließen lassen, die Fertigstellung mithin über einen längeren Zeitraum erfolgt sei. D'Errico (1989) gibt jedoch zu bedenken, daß auch das gleiche Werkzeug bei Abrieb und geänderter Führung zu unterschiedlichen Spuren führt, und belegt dies durch Tests.

Zusammenfassend läßt sich sagen, daß A. Marshack das Verdienst hat, seine Ideen in einem hervorragend bebilderten und auch für den Laien interessanten Buch *The Roots of Civilization* (1991) niedergelegt zu haben.

Als schlüssigen Beweis für seine Arbeitshypothese „Mondkalender" kann man es aber nicht ansehen. Im übrigen verstimmt es schon, daß Marshack seine Kritiker D'Errico, Holdaway und Johnston nicht im Literaturverzeichnis aufführt (nur seine Erwiderungen darauf), obwohl diese ihre Kritik in renommierten Fachjournalen vorgetragen haben.

Die Ausrichtung von Gräbern und Skeletten der Stein- und Bronzezeit

Einer der ältesten archäoastronomischen Befunde ist die Beobachtung von J. Büsching (1824) über die „Richtung der Gerippe gegen die Himmelsgegenden". Büsching, einer der Väter der Vorgeschichtsforschung, beschrieb damit die auffallende Tatsache, daß die Orientierung der Toten vieler vorzeitlicher Kulturen in ihren Gräbern keineswegs regellos war. Sie waren häufig nach den Haupthimmelsrichtungen ausgerichtet, weitaus öfter jedenfalls, als es nach den Gesetzen der Wahrscheinlichkeit zu erwarten ist. In der Mitte dieses Jahrhunderts wurden von U. Fischer (1953, 1956) neolithische Gräber im Saalegebiet in größerer Zahl untersucht. Diese Untersuchungen bestätigten die Existenz derartiger Vorzugsrichtungen und führten überdies zur Feststellung, daß die Orientierung der Toten oft ein wesentliches kulturbestimmendes Merkmal ist. Das besagt nichts anderes, als daß zwei Gräberfelder mit unterschiedlicher Orientierung der Toten sich auch in anderen Merkmalen unterscheiden werden, zum Beispiel in der Art und Form der Grabbeigaben.

Für die zentrale Aufgabe der Archäoastronomie, nämlich die Festlegung eines Minimalsatzes himmelskundlicher Kenntnisse des prähistorischen Menschen, sind diese Ergebnisse von großer Bedeutung. Kann man bei einzelnen Objekten wie Stonehenge, New Grange oder den Externsteinen durchaus noch diskutieren, ob die beobachteten Ausrichtungen zu den Sonnenwenden beabsichtigt waren oder ein Spiel des Zufalls sind, so ist die Existenz einer Vorzugsrichtung bei Hunderten von Gräbern etwa der Linienbandkeramik – verteilt über Tausende von Quadratkilometern – sicher nicht mehr zufällig.

Die Feststellungen Büschings, Fischers und anderer sind aber noch aus einem zweiten Grund bemerkenswert. Wenn eine sorgfältige statistische Untersuchung zeigt, daß damals die vier Haupthimmelsrichtungen mit guter Genauigkeit bestimmt werden konnten, so bedeutet dies nichts anderes, als daß in prähistorischen Zeiten bereits *gemessen*, *gezählt* und *geometrisch konstruiert* wurde. Ein Beispiel soll dies verdeutlichen.

Die Ausrichtung eines prähistorischen Denkmals etwa zum Sonnenaufgang während der Sommersonnenwende erfordert nur einige wenige astronomische oder geometrische Vorkenntnisse. Man verfolgt den Sonnenaufgang Tag für Tag, markiert die Aufgangsrichtung mit Holzpfählen o. ä. und richtet das Bauwerk dann nach der nordöstlichsten der Markierungen aus. Das ist alles. Die Bestimmung einer Haupthimmelsrichtung mit ähnlicher Präzision erfordert erheblich mehr Wissen. Der Leser frage sich selbst einmal, wie er etwa die Südrichtung bestimmen würde. Nach den Ausführungen in Kapitel 4 würde er einen Fehler von 7° bis 20° begehen. Auch die an sich richtige Feststellung „der Höchststand der Sonne kennzeichnet die Südrichtung" führt in der Praxis zu keinem genauen Ergebnis. Wie Versuche von einem der Autoren (W. S.) ergeben haben, ist mit einfachen

Mitteln (Schattenstab) und unter realistischen Bedingungen eine Änderung der Sonnenhöhe innerhalb ±5° um den Südpunkt herum (±20 Minuten um den Mittagszeitpunkt) nicht nachweisbar.

Man erkennt aus diesen Ausführungen, daß eine Abschätzung der in der Vorgeschichte erreichbaren Genauigkeit bei der Bestimmung der Haupthimmelsrichtungen einen entscheidenden Hinweis auf den Umfang der astronomischen und geometrischen Kenntnisse unserer Vorfahren zu geben vermag. Auf alle Fälle sind die Ergebnisse einer derartigen Analyse erheblich tragfähiger als die Interpretation einer einzelnen megalithischen Steinsetzung – und mag sie so berühmt sein wie Stonehenge. Das war der Grund, weshalb das Bochumer Archäoastronomische Projekt im Jahre 1978 mit der Bestandsaufnahme und Interpretation von über 5000 Gräbern aus der Mittelsteinzeit bis zur Mittleren Bronzezeit begonnen wurde.

Im Rahmen des Projektes konnten natürlich nicht alle Kulturen dieses ausgedehnten Zeitintervalles erfaßt werden. Dafür war die Zahl der Funde zu groß, die der am Projekt beteiligten Wissenschaftler hingegen zu klein. Keiner der beteiligten Forscher konnte überdies seine volle Arbeitszeit einbringen. Es ist schon ein bemerkenswerter Umstand, daß die prähistorische Astronomie auf eine große öffentliche Resonanz stößt, es dafür aber keinerlei Institutionalisierung gibt (hingegen für jede Art belangloser Zeitgeistereien). So mußte eine Vorauswahl getroffen werden. Dabei wurden natürlich diejenigen Kulturen bevorzugt, die nach den Vorarbeiten von U. Fischer deutliche Vorzugsrichtungen erwarten ließen. Diese wurden dann aber für ein gegebenes Gebiet so vollständig wie möglich erfaßt – unter Berücksichtigung der drei eisernen Regeln des Anhanges B.

In der ersten Phase (Pilotstudie) waren dies die böhmisch-mährische Schnurkeramik und Glockenbecherkultur, die in der untersuchten Region beide etwa gleichzeitig auftraten (ausgehende Jungsteinzeit, etwa 2200 v. Chr.). Insgesamt wurden 1445 Funde zusammengetragen. Von entscheidender Bedeutung war die Bewertung der Fundgeometrie. Den Nordpfeilen in den herangezogenen Veröffentlichungen ist nämlich selten zu trauen. Häufig ist nicht klar, ob 'astronomisch Nord' oder 'magnetisch Nord' gemeint war, oder ob gar die Nordrichtung nur grob geschätzt war. Die einzelnen Grabungen erhielten daher Noten von 1 bis 5, wobei natürlich die älteren meist schlechter bewertet wurden. Die deutlichen Unterschiede in den Ausrichtungen der Skelette bzw. Grabgruben der Schnurkeramik und Glockenbecherkultur (siehe Abb. 5.2) bewog die Autoren, eine ältere jungsteinzeitliche Kultur aus einem wesentlich größeren Areal mit in die Untersuchung einzubeziehen. Dies war die Linienbandkeramik (ca. 6500 v. Chr.) mit den Schwerpunkten Elsaß, Süddeutschland, Böhmen und Mähren sowie einigen Fundorten in der Slowakei und den Niederlanden (1004 Funde). Bei einer Auswertung von Veröffentlichungen aus so vielen Ländern ergab sich natürlich ein Sprachproblem, das sich als lösbar erwies, da einer der Autoren dieses Buches (J. C.) in einer Vielzahl von Sprachen bewandert ist*).

Die Auswertung der Ausrichtungen bei den Linienbandkeramikern (ebenfalls Abb. 5.2) ist aus zwei Gründen interessant. Im Gegensatz zu Schnurkeramik und Glockenbecherkultur beobachtet man nur eine einzige Vorzugsrichtung (Köpfe der Skelette nach Osten orientiert, siehe auch Tafel II), und zwar unabhängig vom Geschlecht des Toten. Im Gegensatz

---

*) Man sollte die Sprachen schon einigermaßen beherrschen, in denen die Funde veröffentlicht sind: Deutsche Wissenschaftler, die die Veröffentlichung der Autoren über das tschechische Gräberfeld Vikletice überprüfen wollten, haben das 'S' an den Nordpfeilen der Originalveröffentlichungen für 'Süd' gehalten. Nun steht 'S' aber für 'sever' (tschechisch: Nord), so daß das abgeleitete Diagramm den archäoastronomischen Sachverhalt im wahrsten Sinne des Wortes auf den Kopf stellte. Fazit: Enthusiasmus ist wichtig, kann aber Detailkenntnis nie ersetzen!

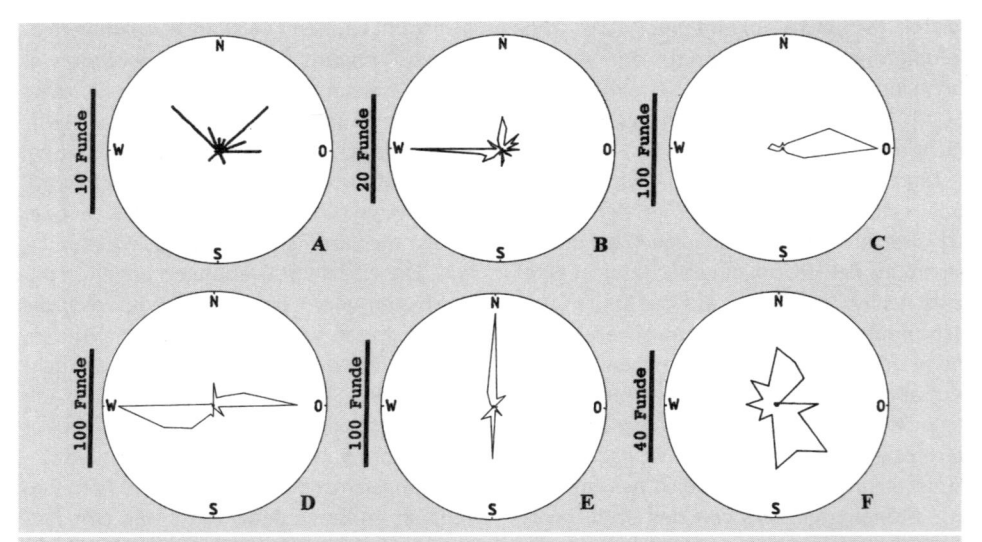

Objekte mit vermuteter astronomischer Funktion

Abb. 5.2 Panorama prähistorischer Ausrichtungen – Orientierung von Gräbern und Skeletten der Mittel- und Jungsteinzeit sowie der Mittleren Bronzezeit.
A: Mittelsteinzeit (Tardenoisien), Frankreich, 5900–4600 v. Chr., Azimutintervall: 22,5 Grad, sehr geringe Fundzahl.
B: Mittelsteinzeit (Ertebølle), Südskandinavien, ca. 4300 v. Chr., Azimutintervall: 11,25 Grad.
C: Jungsteinzeit (Linienbandkeramik), Elsaß, Süddeutschland, Böhmen, Mähren, 6000–5200 v. Chr., Azimutintervall: 22,5 Grad.
D: Jungsteinzeit (Schnurkeramik), Böhmen, Mähren, 2600–1800 v. Chr., Azimutintervall: 22,5 Grad, Männer vorwiegend nach Westen orientiert, Frauen nach Osten.
E: Jungsteinzeit (Glockenbecherkultur), Böhmen, Mähren, 2300–1600 v. Chr., Azimutintervall: 22,5 Grad, Männer vorwiegend nach Norden orientiert, Frauen nach Süden.
F: Mittlere Bronzezeit, Süddeutschland, 1550–1250 v. Chr., Azimutintervall: 22,5 Grad
(nach Schlosser et al. 1979, 1981).

zu den Ergebnissen der Pilotstudie (Schnurkeramik und Glockenbecherkultur) wurden Männer und Frauen in dieser frühen Phase der Jungsteinzeit offensichtlich noch gleich behandelt, jedenfalls soweit es die Lage im Grab angeht. Die Dichotomie der Geschlechter in der ausgehenden Jungsteinzeit wird sicher durch völlig anders geartete gesellschaftliche Vorstellungen bedingt worden sein, ohne daß wir allerdings über deren Inhalt die leisesten Vermutungen äußern könnten.

Zum zweiten wurde mit dem bayerischen Fundort Aiterhofen erneut (nach dem Fundort Vikletice der Pilotstudie) ein Gräberfeld bearbeitet, dessen 167 Funde erst kürzlich ans Tageslicht kamen und die vom Bayerischen Landesamt für Denkmalpflege ausgegraben worden waren. Auch dieses Gräberfeld folgt natürlich der allgemeinen Ost-Orientierung der Linienbandkeramik. Wie Abb. 5.3 (unten) ausweist, ist die Ostrichtung sehr präzise bestimmt worden; der Meßfehler der Steinzeit betrug etwa 3°. Weiterhin erkennt man, daß bereits vor etwa 7000 Jahren die realen Sonnenstände zu den Haupthimmelsrichtungen abstrahiert worden waren. Wären nämlich die Toten nach dem aktuellen Stand der Sonne ausgerichtet worden (Abb. 5.3, oben), so wäre die Verteilung etwa 80° breit, denn das entspricht der Spanne der Aufgangsazimute der Sonne über das Jahr. Wie eine astronomische Durchrechnung zeigt, ginge diese Verteilung überdies nicht gleichmäßig über die Azimute, sondern hätte an

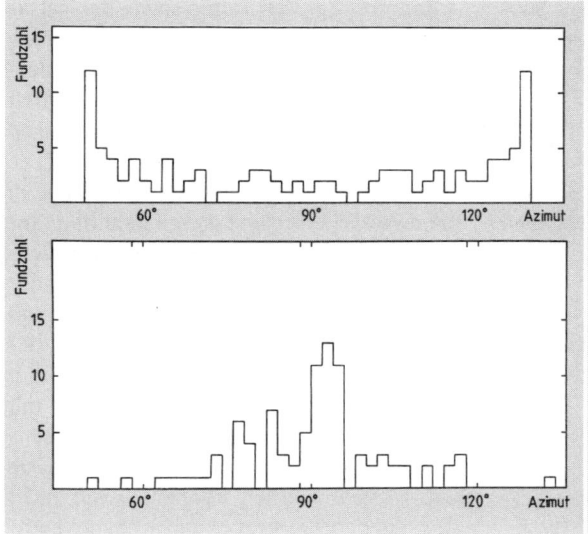

Abb. 5.3 Detaillierte Analyse der Orientierungen des linienbandkeramischen Gräberfeldes von Aiterhofen (unten). Man erkennt, daß die Ostrichtung (Azimutwert 90°) im Mittel gut getroffen wurde. Das Maximum der Verteilung weicht nur um etwa 3° von dieser Kardinalrichtung ab und vermittelt so eine Vorstellung des steinzeitlichen Meßfehlers. Das Diagramm darüber zeigt die Orientierungen einer *hypothetischen* Population, die ihre Toten nach der jahreszeitlich variablen Sonnenaufgangsrichtung hin bestattet hätte. Der Unterschied beider Diagramme belegt, daß bereits vor etwa 7000 Jahren die realen Sonnenstände zu den Haupthimmelsrichtungen abstrahiert worden waren (nach Schlosser et al. 1981).

den Enden deutliche Maxima. Der krasse Unterschied der beiden Diagramme der Abb. 5.3 belegt, daß bereits am Beginn der Jungsteinzeit die tatsächlichen und stark variablen Aufgangsrichtungen der Sonne zu den Haupthimmelsrichtungen (Kardinalpunkten) abstrahiert worden waren. Man entnimmt dieser Abbildung weiterhin die Information, daß die Genauigkeit der Festlegung der Ostrichtung höher war, als es aus der Mittagslänge eines Schattens eines Stabes (±5°) möglich gewesen wäre. Es mußte also ein Meßverfahren benutzt worden sein!

Im weiteren Verlauf dieses Forschungsprojektes wurden noch die Mittelsteinzeit (180 Gräber) und später, in Zusammenarbeit mit der Universität München, die Mittlere Bronzezeit Süddeutschlands einbezogen (3000 Gräber, Wiegel 1989). Die Mittelsteinzeit ist im allgemeinen nicht durch Vorzugsrichtungen gekennzeichnet, mit Ausnahme der südskandinavischen Gräber (Abb. 5.2). Hier darf allerdings angenommen werden, daß diese Mesolithiker schon mit Neolithikern in Kontakt waren und deren typisch jungsteinzeitliche Orientierungsriten übernommen hatten. Überraschend ist hingegen, daß in der Mittleren Bronzezeit (Abb. 5.2) so wenig Wert auf eine Ausrichtung der Toten gelegt wurde, war dies doch die Zeit, in welcher so beeindruckende Anlagen wie Stonehenge in voller Blüte standen und die daher von vielen als die große Zeit der prähistorischen Astronomie angesehen wird.

Zwei Fragen werden durch die Orientierungen der Gräber und Skelette der Jungsteinzeit aufgeworfen:
a) Wie konnte man damals die Haupthimmelsrichtungen bestimmen, wenn doch die mittägliche Schattenlänge dafür nicht geeignet ist,
und
b) wie sah der Minimalsatz astronomischer und geometrischer Kenntnisse der Jungsteinzeit aus?

Wie oben bereits festgestellt, gibt es keine triviale Lösung zur Bestimmung der Haupthimmelsrichtungen. In der freien Natur sind – anders als im Planetarium – die Kardinalpunkte nicht mit N, O, S, W markiert. Man muß vielmehr ein bestimmtes Meßverfahren benutzen, welches bereits eine gewisse Vertrautheit mit astronomischen und geometrischen Grundtatsachen voraussetzt. Es handelt sich dabei um die Methode des Indischen Kreises, eine Technik, die die Völkerkunde nicht nur in dem namengebenden Subkontinent hat nachweisen können, sondern in anderen Gegenden der Welt auch (siehe Abb. 4.8).

Der erfolgreiche Einsatz dieser Technik (oder anderer komplizierterer Verfahren) läßt auf einen *Minimalsatz astronomischer und geometrischer Kenntnisse der Jungsteinzeit* schließen, der wie folgt aussah:

a) Astronomische Grundkenntnisse
– Existenz eines zeitlich unveränderlichen Kulminationsazimutes der Sonne (vermutlich auch der Sterne)
– Symmetrie der täglichen Bahn der Sonne zu diesem Azimut (Südrichtung)

b) Geometrische Grundkenntnisse
– Kenntnis des Kreises und seiner Konstruktion
– Kenntnis der Kreissehne sowie der Tatsache, daß ihre Halbierung zugleich den Zentrumswinkel halbiert (Winkelhalbierende)
– Herausragende Bedeutung des rechten Winkels unter dem Kontinuum der Winkel.

Sicherlich wird die Steinzeit wohl eher in handwerklicher Art mit diesen Begriffen umgegangen sein, also ohne lehrbuchhafte Definition. Daß damals ein Gefühl für die Grundbegriffe der elementaren Mathematik und Physik vorhanden gewesen sein muß, beweist auch die Konstruktion der bis zu 60 m langen Häuser der Linienbandkeramik mit ihren Hunderten von Pfosten und Balkenkonstruktionen. Ein solches Haus hätte nie fertiggestellt werden können, wenn nicht auch auf dem Bausektor vergleichbare Kenntnisse präsent gewesen wären.

Mitteljungsteinzeitliche Kreisgrabenanlagen

In seiner *Deutschen Mythologie* gibt Jacob Grimm (mit seinem Bruder Wilhelm durch die Märchensammlung bekannt, der vielleicht bedeutendste Germanist des 19. Jahrhunderts) die folgende Beschreibung eines britischen Maienbrauches: „In einigen Gegenden des Hochlandes trifft sich die Jugend eines Weilers am 1. Mai auf der Heide. Sie schneiden eine kreisförmig begrenzte Fläche in den grünen Rasen, indem sie einen Graben ausheben. Dessen Umfang ist so bemessen, daß die ganze Gesellschaft darin Platz findet. Dann entzünden sie ein Feuer ..." (Grimm, 1878/1992). Das Feuer diente zur Herstellung von Backwerk und zur Bestimmung des Maikönigs, der dann dreimal durch das Feuer springen mußte. Diese Veranstaltung wurde *bealtainn* genannt. Der Festname ist aus dem keltischen Kulturkreis nicht unbekannt (in französischer Schreibweise *Beltaine* etc.); er erinnert an den keltischen Frühlingsgott, der möglicherweise mit dem germanischen *Baldur* verwandt ist.

Vielleicht ist die hier beschriebene Maifeier letzter Nachklang einer einstmals weitverbreiteten mittelneolithischen Sitte, ausgedehnte Kreisgrabenanlagen anzulegen. Die Erforschung dieser Gebilde ist eigentlich erst in den beiden letzten Jahrzehnten richtig vorangekommen. Der Grund liegt in ihrer Größe. Als Bodendenkmäler sind sie vor Ort kaum zu erkennen, da 6000 Jahre Erosion und Ackerbau ihre Spuren weitgehend tilgten. Erst auf Luftbildaufnahmen werden sie erkennbar, und auch das nur bei günstigen Bedingungen. Große Fortschritte brachte die magnetische Prospektierung (siehe Kapitel 3).

Die Kreisgräben gehören der mittleren Jungsteinzeit an. Sie müssen zu ihrer Zeit gewaltige Erdwerke gewesen sein. Der Durchmesser eines Kreisgrabens betrug bis zu hundert Metern; seine Tiefe ging bis zu fünf Metern! Ein solches Werk ist nicht so nebenher zu schaffen. Allein der Aushub von schätzungsweise 20 000 Tonnen Erdreich pro Objekt ist nicht nur ein technisches, sondern auch ein logistisches Problem ersten Ranges, welches schon vor sechs Jahrtausenden erfolgreich gelöst wurde. Die typische Kreisgrabenanlage liegt erhöht, aber selten auf der Kuppe eines Hügels, sondern etwas darunter im Fallbereich. Dann ist ihr Graben nicht durchgehend, sondern von Erdbrücken unterbrochen. Seine Form kann kreisförmig sein und wird dann auch präzise (innerhalb weniger Prozent) eingehalten. Sie kann aber auch elliptisch sein. Oft sind mehrere (bis zu drei) konzentrische Gräben vorhanden, teilweise auch Spuren von Palisaden. Obwohl die Anlagen heute alle eingeebnet sind, fanden sich doch gelegentlich Indizien dafür, daß das ausgehobene Erdreich nicht entfernt, sondern an der Innenseite des Grabens als Wall aufgeworfen wurde.

Die Kreisanlagen sind häufig Zentren großer eingefriedeter Siedlungsareale der mittleren Jungsteinzeit. Bedenkt man, welches Spezialistentum notwendig war, um die Anlagen zu konzipieren und zu vermessen, welch straffe Organisation, um die Arbeiten zu koordinieren, so erfüllen diese Siedlungen eher die Charakteristika einer Stadt als die eines Dorfes. Einige der interessantesten Kreisgräben Mitteleuropas werden im folgenden besprochen – Überreste der vielleicht frühesten Monumentalarchitektur im kontinentalen Europa, von der wir wissen.

Kreisgrabenanlagen in Niederbayern

Ein geschlossenes Ensemble von Kreisgrabenanlagen wird seit etwa einem Jahrzehnt von H. Becker erforscht (Becker 1990). Es handelt sich dabei um sieben Objekte in Bayern. Sechs davon erstrecken sich annähernd auf einer ostwestlichen Linie von etwa 20 km Länge zwischen Künzing am Rande des Donautals und Landau an der Isar (48,6° n. Br.). Das siebente Objekt liegt abseits bei Eching-Viecht und bildet vermutlich einen eigenständigen Typ.

Tafel III zeigt exemplarisch die Anlage von Osterhofen-Schmiedorf. Es handelt sich hierbei um ein Magnetogramm, also die Darstellung einer Registrierung von kleinsten Abweichungen des Erdmagnetfeldes vom Standardwert, bedingt durch die natürlichen und anthropogenen Bodenstörungen (Aushub und späteres Wiedereinschwemmen des Bodens, Pfostenlöcher etc., Kapitel 3).

Für diese Bodendenkmäler bestimmte Becker die folgenden Azimute (nur gesicherte Werte, auf volle Grad gerundet), siehe Tabelle 5.2.

Zwei Dinge verdienen darüber hinaus erwähnt zu werden. Zum ersten sind Kreisgrabenanlagen wiederholt umgebaut worden. Man gewinnt den Eindruck, daß dadurch Azimutkorrekturen an den Toren durchgeführt wurden, so wie es im Falle des Kreisgrabens um die Stonehenge-Megalithen ebenfalls nachgewiesen wurde (siehe unten). Den Grund kennen wir nicht. Wir dürfen aber vermutlich ausschließen, daß die Erbauer sich einfach vermessen haben und nach Fertigstellung des Bauwerks feststellen mußten, daß die Sonne leider nicht an der gewünschten Stelle aufging. Dazu machen die Kreisanlagen einen zu professionellen Eindruck. Es wäre aber denkbar, daß während der über Jahrhunderte gehenden Nutzung die Festtage sich geändert haben und so eine Neujustierung erforderlich machten.

Sodann fällt auf, daß in unmittelbarer Nähe der Kreisgräben andere Bauten aus späterer Zeit vorhanden sind, die möglicherweise bzw. mit Sicherheit Sakralbauten sind. Es sind dies

a) eine hallstattzeitliche Vierecksanlage bei Osterhofen-Schmiedorf, die den Kreisgraben berührt,

b) eine ähnliche Anlage unbekannter Zeitstellung bei Eching-Viecht,

c) die spätromanische Filialkirche St. Simon und Judas, nur einen Ringgrabendurchmesser von der Anlage Oberpöring-Gneiding entfernt.

Objekte mit vermuteter astronomischer Funktion

Tab. 5.2 Torazimute der niederbayerischen Kreisgrabenanlagen. Man beachte, daß in dieser Tabelle die Azimute von Norden über Osten gezählt werden. Im einzelnen ergeben sich die folgenden Koinzidenzen (referierte Azimute unterstrichen):
Künzing-Unternberg: Orientierung Sonnenaufgang Wintersonnenwende (128°).
Wallerfing-Ramsdorf: Nordrichtung (0°), Sonnenuntergang Wintersonnenwende (228° bei 2° Elevation).
Oberpöring-Gneiding: Sonnenaufgang Wintersonnenwende (128°).
Osterhofen-Schmiedorf I: Nord-Süd-Richtung (0, 180°), Sonnenaufgang Wintersonnenwende (128°).
Landau-Kothingeichendorf: Gute Ost-West-Orientierung (90, 270°); mäßig gute Nord-Süd-Ausrichtung (0, 180°).
Landau-Meisternthal: Ost-West-Richtung (90, 270°). Bestimmt man die Brennpunkte des elliptischen Kreisgrabens, so ergibt sich der überraschende Sachverhalt, daß von ihnen aus betrachtet die beiden Tore nach den Sonnenauf- und -untergängen zu den Sommer- und Wintersonnenwenden hin orientiert sind. Mit der Ost-West-Richtung (Äquinoktien) enthält dieser Kreisgraben also die Azimute sämtlicher Sonnenstationen des Jahres.

Fundort	Azimut der Torachsen		
	Osthälfte	Meridian	Westhälfte
Künzing-Unternberg	<u>127°</u>		307°
Wallerfing-Ramsdorf		<u>1°</u>	217°
			224°
			<u>228°</u>
Oberpöring-Gneiding	<u>127°</u>		301°
Osterhofen-Schmiedorf I	107°	<u>1°</u>	286°
	<u>127°</u>	182°	305°
Landau-Kothingeichendorf	<u>89°</u>	<u>351°</u>	<u>269°</u>
		172°	
Landau-Meisternthal	<u>91°</u>		<u>271°</u>

Kreisgrabenanlage von Bochum-Harpen

Diese Anlage stammt aus der Zeit der Rössener Kultur (ca. 4600 v. Chr.) und befand sich im Bochumer Stadtgebiet. Sie wurde 1966 zufällig entdeckt, fachmännisch ausgegraben, vermessen und publiziert (Brandt 1967, Günther 1973). Ihr Schicksal war besiegelt, als im Zuge des Ausbaues der Autobahn A 43 genau an dieser Stelle ein Autobahnkreuz angelegt wurde. Heute ist keine Spur der Anlage mehr vorhanden.

Dabei hätte dieser Kreisgraben ein besseres Los verdient. Er ist in seiner Art einzigartig für Nordrhein-Westfalen und wäre mit seinem Durchmesser von knapp fünfzig Metern ein interessantes archäologisches Denkmal. Wie die niederbayerischen Objekte war er an einer sehr flachen Hügelkuppe gelegen. Untersuchungen des Bodens im Inneren des Kreisgrabens haben keinen überhöhten Gehalt an Phosphat ergeben. Er wurde also nicht als Viehpferch oder dergleichen genutzt. Der Archäologe K. Brandt, der ihn ausgrub, vermutete in seinem Grabungsbericht bereits eine zeremoniale Funktion.

Der Bochum-Harpener Kreisgraben bestand aus nur einem Graben mit innengelegenem Wall, hatte aber eine größere Anzahl von Erdbrücken. In Abb 5.4 sind die wesent-

Kreisgrabenanlage in Bochum-Harpen

lichen Details dieses Bodendenkmals dargestellt. Man erkennt, daß sich die Durchlässe zwanglos auffälligen Sonnenazimuten zuordnen lassen. Weiterhin folgt der Graben mit bemerkenswerter Genauigkeit der idealen Kreisform. Nach Abb. 5.5 liegen die Abweichungen im allgemeinen um 2%, was auf eine saubere Konstruktion mit Pflock und Seil schließen läßt. Im Inneren der Anlage befanden sich einige Gruben mit Ascheresten – Indizien für vorzeitliche Feuer.

Der Ringgraben ist nicht das einzige bemerkenswerte Objekt in dieser Gegend. 500 Meter östlich davon kam bereits Anfang der fünfziger Jahre ein Bodendenkmal in Form eines Ellipsenquadranten zum Vorschein. Rekonstruiert man danach die vollständige Ellipse, so muß ihr größter Durchmesser etwa 58 m und ihr kleinster 42 m betragen haben. Soweit man erkennen konnte, waren die Achsen der Ellipse nach den Haupthimmelsrichtungen orientiert. Der Ellipsenquadrant hatte im Südwesten einen Durchlaß. Vom Mittelpunkt der Ellipse aus gesehen schien die untergehende Sonne zur Wintersonnenwende durch diese Öffnung. Es scheint hier also eine ähnlich geschickte Ausnutzung der geometrischen Eigenschaften einer Ellipse stattgefunden zu haben wie im Falle des Kreisgrabens von Landau-Meisternthal (siehe oben). Leider war dieses Denkmal ungleich schlechter erhalten, da es inmitten eines bebauten Areals lag.

Das Kapitel über den Kreis und die Ellipse in Bochum-Harpen soll nicht beendet wer-

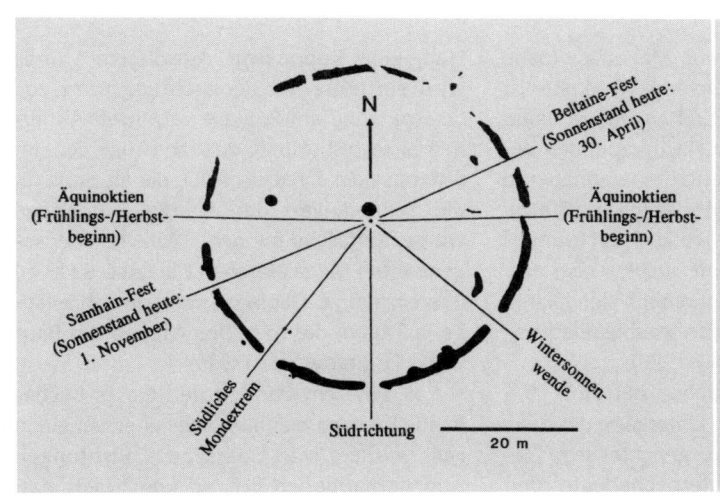

Abb. 5.4 Der Kreisgraben von Bochum-Harpen (vereinfacht nach Günther 1973). Zusätzlich eingezeichnet sind die Sonnenstände zu herausragenden Jahreszeitpunkten, die mit den Erdbrücken zwischen den einzelnen Teilgräben zusammenfallen. Der Nordwestteil des Monuments war stark zerstört, so daß zum Beispiel über eine Sommersonnenwendorientierung keine Feststellung mehr möglich ist.

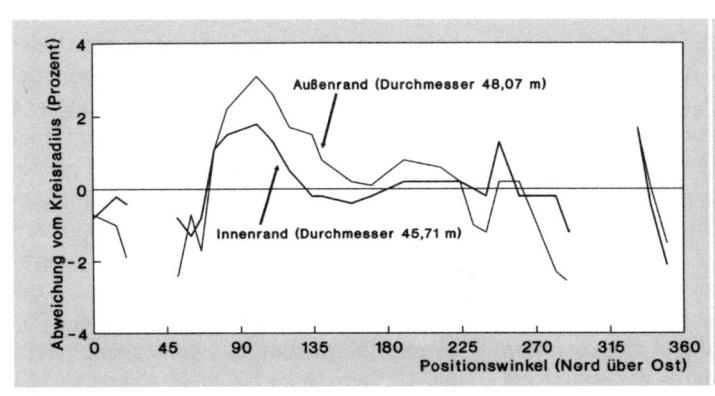

Abb. 5.5 Kreisgrabenanlagen folgen recht präzise der geometrischen Grundform. Im Falle des Harpener Kreisgrabens (Abb. 5.4) liegen die Abweichungen von der idealen Kreisform bei maximal drei Prozent.

den, ohne auf einen bemerkenswerten örtlichen Zusammenhang zwischen diesen vorgeschichtlichen Denkmälern und einem der ältesten Stadtfeste Deutschlands hinzuweisen. Der Ursprung des *Bochumer Maiabendfestes von 1388* liegt im Dunkeln; seine Stiftung im Jahr 1388 ist urkundlich nicht belegbar (Bornhold 1988). Es kann aber kaum ein Zweifel bestehen, daß es wie alle Maienfeste in vorchristliche Zeiten zurückreicht. Noch heute startet alljährlich der Beginn des Maiabendfestes am 30. April in unmittelbarer Nähe des Harpener Ringes, der – wie Abb. 5.4 ausweist – dieses Datum mit einem Durchlaß markiert.

Möglicherweise deutet sich hier (wie auch in den drei oben aufgeführten Beispielen der niederbayerischen Ringgräben) eine Kontinuität von „sakralen Orten" an, die allen Wechseln der Religion, ja sogar der ethnischen Struktur der Bevölkerung zum Trotz über 3000, 5000 oder wie im vorliegenden Falle über 6500 Jahre hinweg zu verfolgen ist. Weitere Hinweise auf eine solche Kontinuität sind sehr erwünscht, zumal derartige Forschungen nicht an irgendeiner Universität konzipiert, sondern nur von geschichtsinteressierten Bürgern vor Ort angeregt werden können.

Makotřasy – eine quadratische Anlage der Trichterbecherkultur

Die Befestigungsanlage von Makotřasy (nahe Prag) aus der Zeit der Trichterbecherkultur ist durch archäologische Grabungen im Jahre 1961 und durch spätere Nachgrabungen bekannt geworden. Sie besitzt eine annähernd quadratische Form mit Seitenlängen von 300 m. Dieses Bodendenkmal wurde auch auf astronomische Ausrichtungen untersucht, wobei man verschiedene archäoastronomisch signifikante Orientierungen festzustellen glaubte (Pleslová-Štiková et al. 1980, Horský 1980).

So sollte die Grundachse der Abb. 5.6 oben (Punkte A–B) zum Untergang des Sternes Beteigeuze (α Ori) ausgerichtet sein. Danach hätten die Trichterbecherleute den Punkt C durch die pythagoreischen Dreiecke ABD und ACD bestimmt. Die Linie C–A soll zum Mondaufgang in seinem nördlichen Extrem zeigen, und „die Punkte E und G wurden wahrscheinlich aufgrund der direkten Beobachtung der Sonnenwenden an den Senkrechten zu der Mittelparallele AB des Quadrats in den Punkten A und B festgelegt" (Horský 1980).

In den zitierten Artikeln wird gleichzeitig auf das Problem hingewiesen, daß es im Gelände keinen Sichtkontakt zwischen den postulierten Punkten gibt, da die Anlage am Hang einer Kuppe liegt. Aus diesem Grunde wird ein hölzerner Beobachtungsturm von 13,5 m Höhe am Punkt A vermutet. Außerdem wird festgestellt, daß die Länge der Hypotenuse des Dreiecks ABD, die als Basis für die Seitenlängen der Anlage genommen wurde, auffallend mit dem 365fachen der sogenannten Megalithischen Elle (zu 0,8219 m) übereinstimmt. Das wäre dann die Jahreslänge in Tagen, die so in den Maßen des Bauwerks kodiert worden wäre.

Aus der Sicht der Autoren dieses Buches handelt es sich hier allerdings eher um einen Fall, bei dem man „passende" Richtungen zum vorhandenen Befund konstruiert hat. Wie oben erwähnt, soll die Hauptachse der Anlage (A–B) zum Untergangspunkt des zweithellsten Sternes im Sternbild Orion, der Beteigeuze, gerichtet sein. Bei Ausrichtungen nach Fixsternen ist aber eine genaue Datierung des untersuchten Objekts von großer Wichtigkeit (siehe Tab. 4.1). Radiokarbonbestimmungen an einigen Knochen aus den Abfallgruben im Inneren datieren die Befestigung in die Zeit um 3500 v.Chr., was in der Tat mit dem Untergangsazimut dieses Fixsternes übereinstimmt. Überwiegende Teile der Grabenanlage wurden allerdings gar

Makotřasy – Anlage der Trichterbecherkultur

nicht ausgegraben, sondern durch magnetische Prospektion nachgewiesen. Im Bereich des vermuteten Nordosteinganges (Punkt A) zeichneten sich keine scharf abgegrenzten Anomalien ab. Um die Frage nach der Existenz eines Einganges bei A endgültig zu klären, wurden Nachgrabungen durchgeführt. Das Ergebnis war überraschend: Der Graben verlief an dieser Stelle ohne Unterbrechung, hatte also keine Erdbrücke, die auf einen damals bestehenden Eingang hingewiesen hätte (Pleslová-Štiková 1982). Es gab also offensichtlich gar kein Tor bei Punkt A. Um die archäoastronomische Deutung zu stützen, wird bei A ein flaches Pfostenloch an der Innenseite des Grabens als Standort zumindest eines Pfahles vorgeschlagen. Man beachte jedoch, daß im Inneren der Anlage eine Anzahl von Abfallgruben und Pfostenlöchern freigelegt wurden (im unteren Teil der Abb. 5.6 beispielsweise in der Straßentrasse rechts unten).

Bei der Anlage von C (Mondlinie C – A, siehe oben) wird auch von Horský auf die Problematik einer direkten Beobachtung im Gelände hingewiesen. Der Mond erscheint nämlich bei diesem Azimut nur in größeren zeitlichen Abständen (alle 18,6 Jahre); er verweilt hier nur kurz, und die Beobachtung kann zum Beispiel durch Schlechtwetter behindert werden. Eine Bestimmung der Sonnenwendlinien über E – B und G – A hätte – ähnlich wie beim Mondextremum über C – A – eine ca. elf Meter hohe Holzkonstruktion oder einen entsprechend hohen Pfahl sowohl bei A als auch bei E notwendig gemacht. A und E liegen nämlich gute zehn Meter tiefer am Hang als B, C oder G (Abb 5.6 unten).

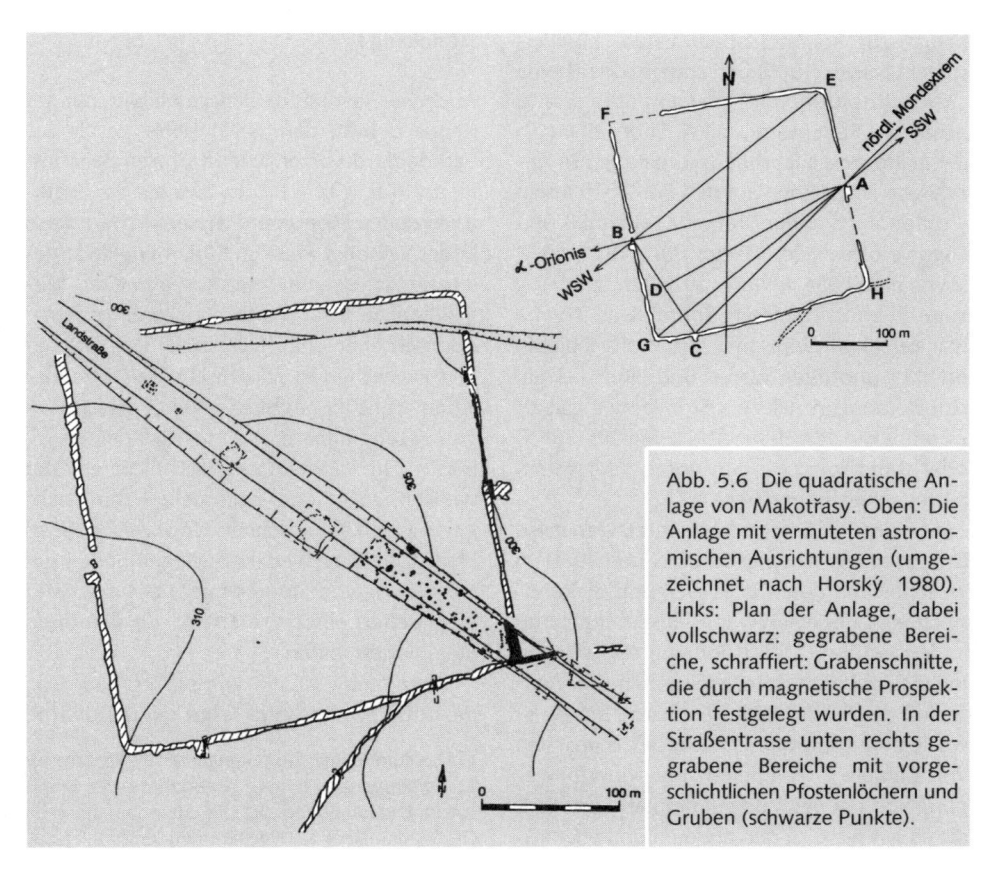

Abb. 5.6 Die quadratische Anlage von Makotřasy. Oben: Die Anlage mit vermuteten astronomischen Ausrichtungen (umgezeichnet nach Horský 1980). Links: Plan der Anlage, dabei vollschwarz: gegrabene Bereiche, schraffiert: Grabenschnitte, die durch magnetische Prospektion festgelegt wurden. In der Straßentrasse unten rechts gegrabene Bereiche mit vorgeschichtlichen Pfostenlöchern und Gruben (schwarze Punkte).

Objekte mit vermuteter astronomischer Funktion

Denkmäler der Megalithzeit

Wie schon im Kapitel 1 erwähnt, galt ein Großteil der bisherigen Forschungsarbeiten zur vorgeschichtlichen Astronomie den Megalithen. Prähistorische Astronomie und Megalithastronomie gelten gemeinhin als synonym, und viele überrascht es, wenn Archäoastronomen sich auch mit anderen Objekten als mit Steinringen und Hünengräbern beschäftigen. Diese weitgehende Fixierung auf einen nicht allzu großen Zeitbereich der Vorgeschichte ist sicher mitbedingt durch die in der Landschaft so auffälligen Steinsetzungen. Sie sind die wenigen auch dem Laien erkennbaren Denkmäler der Vorzeit.

Die Megalithe wurden schon seit langem mit der Astronomie in Verbindung gebracht. Im achtzehnten Jahrhundert war es Stukeley (1740), der auf die Orientierung von Stonehenge zur Sommersonnenwende hinwies, später Lockyer (1909) und andere. Das Thema „Megalithastronomie" gewann aber erst so richtig an Bedeutung, als A. Thom etwa ab der Mitte dieses Jahrhunderts eine große Anzahl von Megalithen auf den Britischen Inseln – später auch in der Bretagne – vermaß und dann veröffentlichte (Thom 1967, 1971, 1978 sowie eine Fülle weiterer Arbeiten, zum Teil zusammen mit seinem Sohn). Das Thema war publikumswirksam, zumal die Objekte oft sehr photogen waren und eine Vielzahl von Deutungen zuließen. Stonehenge galt als „Computer der Steinzeit" (Hawkins 1965) oder stand sogar für den Anfang der Astronomie schlechthin (Hoyle 1972).

Aus der Rückschau betrachtet war diese Diskussion zwischen etwa 1965 und 1980 im wesentlichen durch zwei Elemente gekennzeichnet. Zum einen war es eine weitgehend isoliert geführte Diskussion von Astronomen mit Astronomen unter weitgehendem Ausschluß der Prähistoriker. Es wurde beispielsweise eine profunde Einsicht der Menschen von damals in Feinheiten der Mondbewegung von nur neun Bogenminuten postuliert, die so gar nicht zu den anderen und eher bescheidenen Lebensäußerungen dieser Zeit paßte. Zum anderen wurde nicht hinreichend bedacht, daß viele der Steine gar nicht mehr in ihrer ursprünglichen Position zu rekonstruieren sind. Schließlich wurde in unrealistischer Weise von einer Idealatmosphäre mit unveränderlicher Strahlenbrechung ausgegangen, die gerade bei den extrem nördlichen Mondpositionen in diesen Breiten zu Fehlschlüssen führen mußte. Mit der Oxforder Konferenz im Jahre 1981 (unter Archäoastronomen auch als *Oxford I* bekannt; Heggie 1982) begann – nicht zuletzt unter dem Druck der Prähistoriker – eine realistischere Bewertung der astronomischen Kenntnisse und Möglichkeiten vorzeitlicher Kulturen.

Stonehenge

Auch wer sich mit der Vorgeschichte nur am Rande befaßt, dem ist Stonehenge als *das* Paradepferd vorzeitlicher Kulturen bekannt. In der Tat gibt es kein zweites so beeindruckendes Monument dieser Art wie diese in der Salisbury Plain im Süden Englands gelegene Steinsetzung, mit Ausnahme der Megalithanlagen auf Malta, die allerdings astronomisch eher unauffällig sind. Der Ort hat den Menschen in seinem Umkreis offenbar lange als heilig gegolten. Wie Untersuchungen gezeigt haben, ist dieses Gelände bis ca. 500 n. Chr. landwirtschaftlich nicht genutzt worden, 3500 Jahre nach dem ersten nachgewiesenen Bauabschnitt. Und wer heute im Herbst die verschiedenen Megalithen in der Umgebung von Stonehenge*) besucht, wird nicht selten einen Erntedank auf den alten Steinplatten finden.

Stonehenge ist ein komplexes Bauwerk, das rund zweitausend Jahre genutzt wurde

---

*) Das Innere von Stonehenge ist seit langem für Touristen gesperrt; eine Maßnahme der englischen Denkmalbehörde, die auch bei unseren Großdenkmälern zur Nachahmung empfohlen sei.

und durch glückliche Umstände bis in unsere Zeit erhalten blieb. Die ältesten erhaltenen Zeichnungen stammen aus dem 14. Jahrhundert v. Chr. Die frühen Altertumsforscher schrieben Stonehenge erst den Römern, dann den vorrömischen Druiden zu. Wie oben bereits angemerkt, hat erstmals Stukeley auf die Orientierung des hufeisenförmigen Inneren zum Sonnenaufgang bei der Sommersonnenwende hingewiesen. Über die Archäologie von Stonehenge informiert Atkinson (1978, 1979), der dort selbst gegraben hat. Eine populäre Darstellung der Forschungsgeschichte, besonders aber der Vermutungen bezüglich der astronomischen Ausrichtungen gibt Krupp (1980). Newham (1964, 1970) und die bereits zitierten Autoren Hoyle und Hawkins haben diese Visuren ausführlich behandelt; Autoren wie sie haben Stonehenge als „prähistorisches Observatorium" in breiten Kreisen populär gemacht. Nach ihren Ansichten gibt es praktisch keine Himmelserscheinung, seien es Tag- oder Nachtgleichen, Sonnen- oder Mondwenden, Auf- oder Untergangsrichtungen, die in dieser Steinsetzung nicht manifest sind. Hawkins und Hoyle haben sogar die Möglichkeit durchgespielt, daß Mondfinsternisse mittels der 56 sogenannten Aubrey-Gruben berechnet werden konnten. Was sie jedoch nicht beachteten: Nach dem archäologischen Befund waren diese Gruben nur in der ersten Bauphase vorhanden, als es noch gar kein Stonehenge im heutigen Sinne gab. Beim nächsten großen Umbau wurden sie verfüllt.

Die Baugeschichte von Stonehenge
In den vier Hauptbauphasen dieser megalithischen Anlage wurden die folgenden architektonischen Elemente errichtet, umgestaltet oder wieder abgebaut (Abb. 5.7). Die Radiokarbondatierung der verschiedenen Bauabschnitte zeigt Abb. 5.8. Im einzelnen ergibt sich das folgende Bild (Clarke et al. 1985):

Phase I: Um 3000 v. Chr. wurde ein ringförmiger Graben mit 90 m Durchmesser ausgehoben und auf seiner Innenseite das Aushubmaterial zu einem rund 1,8 m hohen Wall aufgeschüttet. Innen, entlang des Walles, grub man 56 etwa äquidistante Löcher (nach ihrem Entdecker J. Aubrey benannt). In einigen dieser einen Meter tiefen und einen Meter im Durchmesser messenden Aubrey-Gruben fanden sich Brandbestattungen. Wall und Graben waren nicht durchgehend; es gab eine Lücke (Erdbrücke) nach Nordosten. Außerdem wurden vier große Steine so aufgestellt, daß sie ein Rechteck bildeten (Hauptansatzpunkt vieler astronomisch gedeuteter Richtungen). Die Aubrey-Gruben wurden dann wieder verfüllt. Außerhalb des Kreises, jedoch nicht in seiner Achse, wurde der Heelstone (Fersenstein) aufgerichtet. Wie neuere Forschungen ergeben haben, hatte dieser Heelstone einen Zwilling zu seiner Linken (vom Zentrum aus gesehen). Der Durchblick zwischen beiden Steinen koinzidierte mit der Sonnenwendrichtung (Ruggles, persönliche Mitteilung).

Phase II: Um 2100 v. Chr. wurde der Eingang umgebaut und die dadurch definierte Achse der Anlage um 3° in Richtung der aufgehenden Sonne zur Sommersonnenwende gedreht. Weiterhin wurde eine – von Graben und Wall begleitete – mehr als 500 m lange „Prozessionsstraße" errichtet. Diese Prozessionsstraße ist innerhalb von ca. 5 Bogenminuten zum Sonnenaufgang bei Sommersonnenwende orientiert und stellt das stärkste Indiz für eine astronomische Nutzung von Stonehenge dar. Im Inneren der Anlage begann man einen Doppelkreis aus einer vulkanischen Gesteinsart zu bauen (*Bluestones*). Als dreiviertel der Arbeit getan war, wurden die Arbeiten abgebrochen, die Steine entfernt und ihre Standgruben verfüllt. Um den Fersenstein hob man einen Graben aus.

Phase III-a: Um 2000 v. Chr. baute man innen einen geschlossenen Kreis aus großen Sandsteinblöcken (*Sarsen*), die in engen Abständen zueinander standen. Auf diesen lagen oben

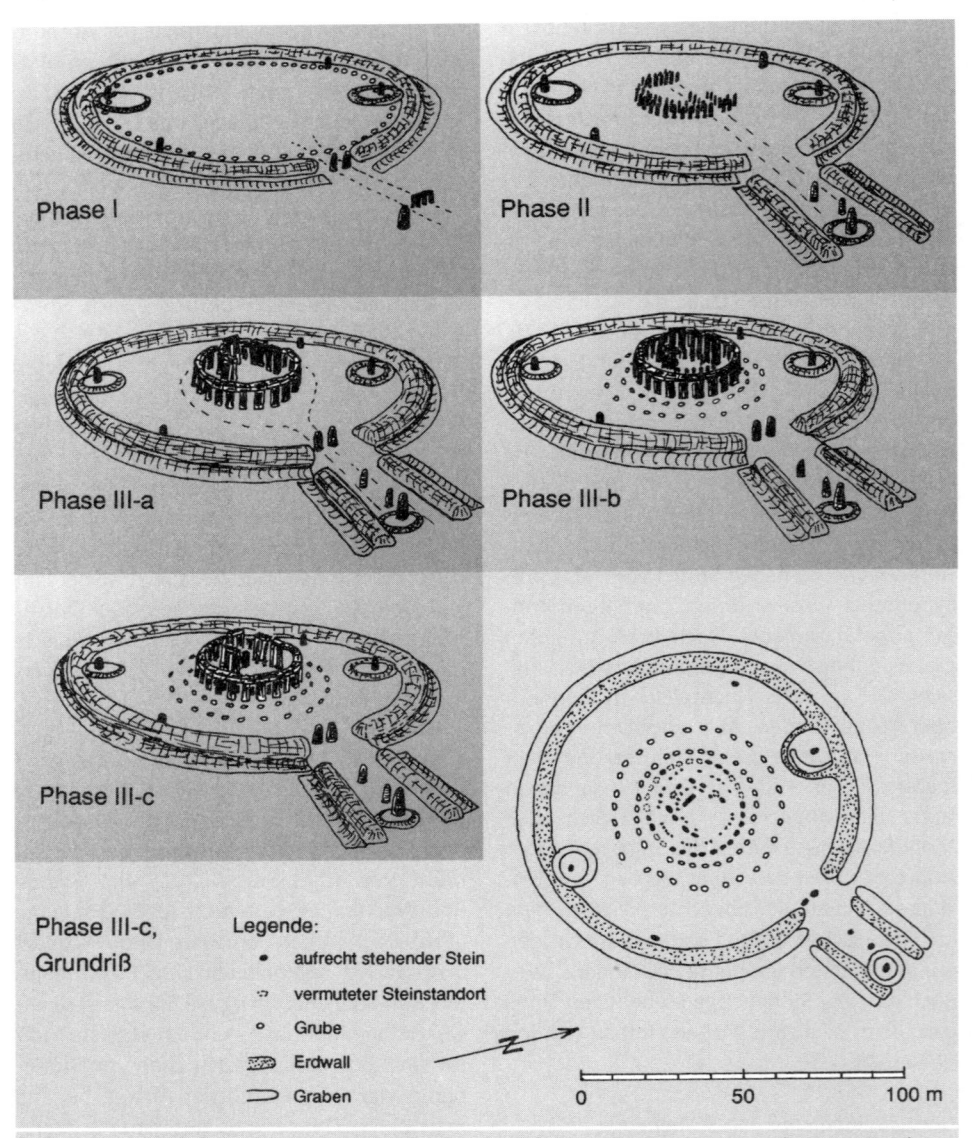

Objekte mit vermuteter astronomischer Funktion

Abb. 5.7 Die drei Hauptbauphasen von Stonehenge zwischen 3000 und 1500 v. Chr. (umgezeichnet nach Clarke et al. 1985).

abschließend andere Sandsteinquader. Im Inneren dieses Kreises stellte man hufeisenförmig fünf Trilithe auf (zwei stehende Blöcke, abgeschlossen durch einen oben aufliegenden Block). Das Abrutschen der oberen Blöcke wurde durch eine Zapfen- und Lochkonstruktion verhindert. Das Hufeisen zeigt mit seinem offenen Ende in Richtung der Prozessionsstraße (ist selbst aber viel zu grob gestaltet, um astronomisch verwertbar zu sein).

Phase III-b: Um 1500 v. Chr. wurden im Inneren des Hufeisens etwa zwanzig Blausteine aufgerichtet. Außerhalb des geschlossenen

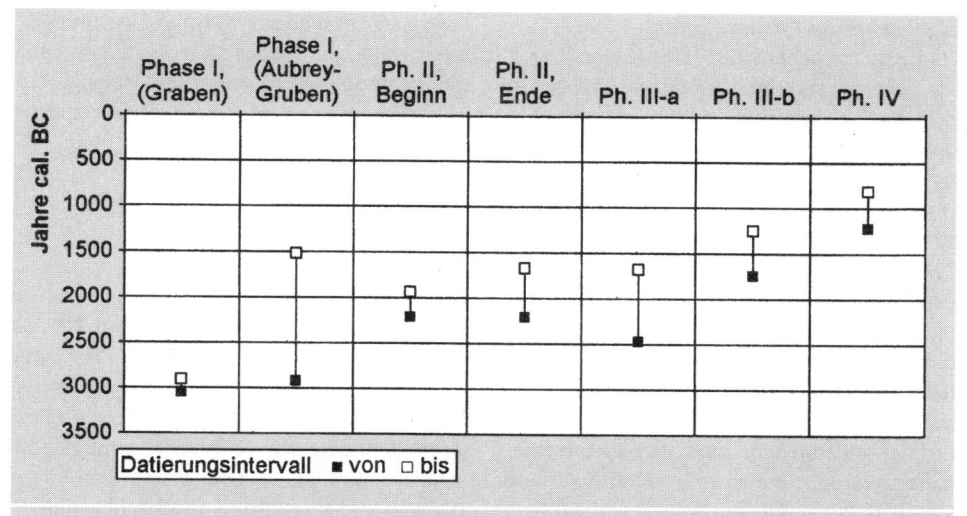

Abb. 5.8 Radiokarbondatierungen der Bauphasen von Stonehenge (Daten aus Clarke et al. 1985). Die Ordinatenbeschriftung bedeutet *de facto* „vor Christus". Die Spannweiten der Datierungen sind durch die Quadrate dargestellt. Es handelt sich dabei um sogenannte 2σ-Grenzen, innerhalb deren die wahre Errichtungszeit mit einer Wahrscheinlichkeit von 95,5% liegen sollte. Zur Definition und Bedeutung von σ siehe Anhang B (dort als σ_M bezeichnet).

Tab. 5.3 Datierung der Bauphasen von Stonehenge zwischen 1970 und 1990 (teilweise Sekundärliteratur) (alle Angaben v. Chr., ggf. über Unterteilungen der Bauphasen gemittelt).	Bauphase nach Clarke et al. (1985)	nach Müller (1970)	nach Krupp (1980)	nach Hamel (1981)	nach Drößler (1990)
	I: 3000	1900	2220	1900	2800
	II: 2010	1750	2130	–	2050
	III: 1790	1600	2075	1600	1780
	IV: 1020	–	–	–	1100

Sandsteinblockes konstruierte man zwei Kreise, die aus Gruben bestanden. Möglicherweise sollten auch hier Blausteine aufgestellt werden. Ausgeführt wurde dieser Plan jedenfalls nicht.

Phase III-c: Zum Schluß wurde der innere Ring der *Bluestones* aufgelöst (leider stehen zu diesem Bauabschnitt keine Radiokarbondaten zur Verfügung). Die Steine wurden mit weiteren 40 anderen zwischen den Trilithen und dem Sarsenring aufgestellt.

Phase IV: Jahrhunderte später, um das Jahr 1000 v. Chr., verlängerte man die Prozessionsstraße. Sie wurde jedoch nicht weiter geradeaus geführt (Richtung Sommersonnenwende nach Nordosten), sondern erst in Richtung Osten und dann weiter nach Südsüdost, bis fast an den Fluß Avon.

Stonehenge bietet ein gutes Beispiel, wie sich die Datierung in den letzten zwei Jahrzehnten verändert hat (siehe auch Kapitel 4). In Tabelle 5.3 ist dieser Trend nachgezeichnet. Die graphische Darstellung der derzeit akzeptierten Datierung der unterschiedlichen Bauphasen von Stonehenge zeigt Abb. 5.8 (nach Clarke et al. 1985).

Objekte mit vermuteter astronomischer Funktion

Stonehenge als Observatorium
Eine ausgesprochene Ost-West-Orientierung ist nicht zu erkennen, und zwar weder in dem recht chaotischen Innenbereich noch in dem Wall-Graben-Gebiet. Damit entfallen die Äquinoktialpunkte. Die Ausrichtung des Hufeisens, besonders aber der Prozessionsstraße zur Sommersonnenwende, ist ohne Zweifel Realität. Dies kennzeichnet Stonehenge als Sakralbauwerk, nicht als Kalenderbauwerk (wie keines der sonnenwendorientierten prähistorischen Denkmäler). Außerhalb der Anlage liegende Pfostenlöcher mögen auch Mondextreme markiert haben. Auf der anderen Seite muß aber auch festgehalten werden: Bei einer solchen Fülle von Steinbettungen, Pfostenlöchern und Gruben, die ihre Entstehung (und gelegentlich auch Verfüllung) mehreren Jahrtausenden zu verdanken haben, ist die Wahrscheinlichkeit nicht klein, daß eine 'passende' Richtung zwischen zwei Punkten immer gefunden werden kann. Jeder Gegenstand aus einer größeren Zahl von Einzelkomponenten liefert stets Zahlenverhältnisse, die kosmisch oder auch anders gedeutet werden können.

Ein schönes Beispiel ist das „paranormale Fahrrad" des niederländischen Astrophysikers C. de Jager (in: von Randow 1993). Hier lieferte sein schlichtes holländisches Fahrrad Zahlenverhältnisse, die einen Pyramidenmystiker oder Steinringfan begeistern könnten – ihn aber eher ernüchtern sollten.

Stonehenge als Kultplatz
Auffällig an der Baugeschichte von Stonehenge sind die häufigen Umbauten und die Bauunterbrechungen. Man vermutet, daß sich hinter allen Umbauten ein Wechsel des lokalen „Machtapparates" manifestiert: Neue Machthaber wollten etwas Eigenes zur Gestaltung des Kultplatzes beitragen. Stonehenge ist auch keineswegs isoliert. In seiner Umgebung befinden sich einige Langhügel, über 300 Rundhügel, das Erdwerk Durrington Walls mit Kultplätzen (sogenannte *Woodhenges*). Die namensgebende Anlage Woodhenge ist ein weiterer Kultplatz in unmittelbarer Nähe, der jedoch statt aus Steinen aus dicken und aufrecht stehenden Holzpfosten in konzentrisch angelegten Kreisen konstruiert wurde.

New Grange

Das megalithische Denkmal New Grange (auch: Newgrange) befindet sich im Tal des Flusses Boyne nahe der irischen Ostküste, rund 50 km nordnordwestlich von Dublin. Es liegt oberhalb einer Flußbiegung. In diesem Areal befinden sich noch weitere megalithische Denkmäler, so zwei große Grabhügel (Dowth und Knowth), eine Anzahl kleinerer Lang- und Rundhügel, zwei Menhire und fünf Ringwallanlagen. New Grange gehört zu den sogenannten Ganggräbern (Abb. 5.9).

Das Monument ist erstmals gegen Ende des siebzehnten Jahrhunderts schriftlich erwähnt worden; es war eine Beschreibung der Freilegung des Einganges und einer Begehung des Grabes. Der anwesende Altertumsforscher datierte die Anlage in die „altirische Zeit", da er die Gravierungen auf den Steinen als „grob und barbarisch" einstufte. Er hätte sie auch jünger einordnen können, denn auf dem Hügel wurde eine römische Münze gefunden.

Im Grab selber fanden sich außer einigen Knochen der Teil eines „Hirschschädels" und „andere Dinge". Leider wurde nicht näher darauf eingegangen. Seit dieser Zeit haben ungezählte Gelehrte und Laien die Grabstätte besucht und beschrieben. Kleinere und größere Grabungen fanden um den und am Hügel statt, die letzten Anfang dieses Jahrhunderts sowie in den 30er, 60er und 80er Jahren.

Danach datiert die Anlage gegen das Ende des Neolithikums (vor oder um 3000 v. Chr.), wobei die Kleinregion noch bis in die Bronzezeit als Nekropole genutzt wurde. Heute ist New Grange ein irisches Nationaldenkmal.

Die Grabkammer besteht aus drei Nebenkammern und ist mit einem Kraggewölbe

Denkmäler der Megalithzeit

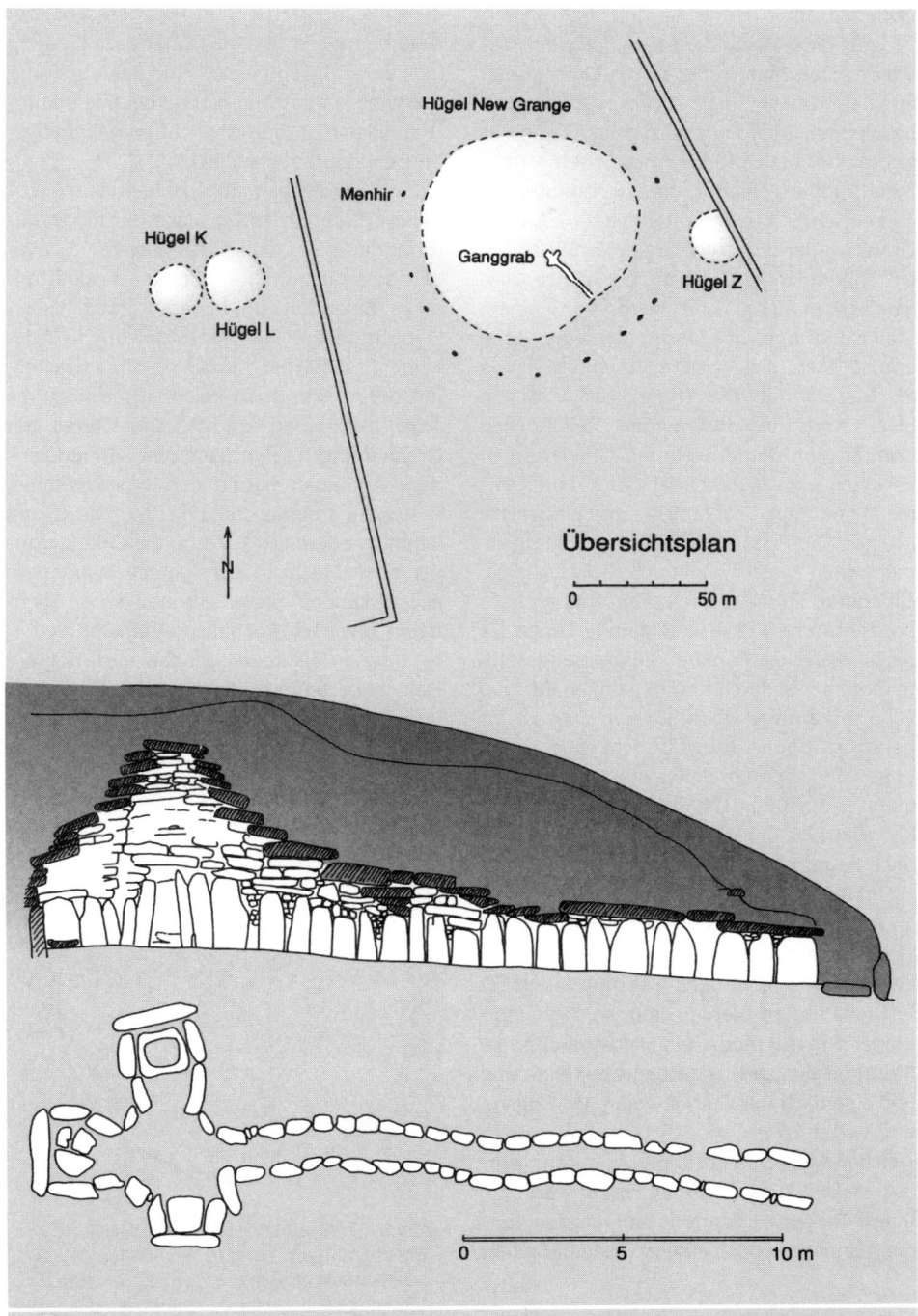

Abb. 5.9 Grundriß und Schnitt durch die Grabkammer von New Grange (umgezeichnet nach O'Ríordáin und Daniel 1964).

Objekte mit vermuteter astronomischer Funktion

versehen. Ihre Höhe beträgt 5,9 Meter. Wegen dieses sogenannten „falschen Gewölbes" hat man früher solche Grabformen auch als *Tholoi* (Sing.: *Tholos* = gr. Kuppel) bezeichnet. Allerdings wird dieser Terminus heute eher bei Gräbern im östlichen Mittelmeerraum angewandt, die als Vorläufer der mykenischen Kuppelgräber gelten. An die Grabkammer von New Grange schließt sich ein 18,9 m langer Gang an. Das ganze Grab ist 23,8 m lang und wird von einem Steine-Erdhügel überdeckt, der eine Höhe von 12 Metern bei einem Durchmesser von 85 Metern hat. Die Hügelbasis wird von einem Kreis aus rund hundert Steinblöcken umfaßt, von denen viele mit Gravierungen versehen sind. Mehrere der Gang- und Kammersteine tragen eingepickte und eingeritzte Muster. Die Palette dieser vorwiegend geometrischen Muster reicht von Zickzacklinien, Girlanden, Spiralen, Dreiecken, Rauten über konzentrische Kreise und gerade Linien bis hin zu einfachen Punkten. Zusammengesetzte Ornamente durch Kombinationen der o. a. Figuren kommen ebenfalls vor. Dies ist für herausgehobene Megalithdenkmäler nicht ungewöhnlich, man denke etwa an den Formenreichtum von Gavrinis in der Bretagne. Konzentrisch um den Hügel verteilt stehen noch heute zwölf Menhire.

Um die Wintersonnenwende herum erhellt an mehreren Tagen bei Sonnenaufgang ein Lichtbündel den Gang und dringt kurz in die hintere Grabnische ein. Allerdings verdient festgehalten zu werden, daß solche Ganggräber von der Iberischen Halbinsel über die Bretagne bis nach Schottland bekannt sind und eigentlich nur Gräber waren. Ihr Eingang war verschlossen, so daß Lichtspiele gleich welcher Art nicht stattfinden konnten. Insofern stellt sich natürlich die Frage, warum in Irland Gräber zu Sonnenobservatorien werden konnten. Jedoch stimmt auch, daß unter diesen Ganggräbern unseres Wissens nur New Grange einen Spalt über dem Eingang hat, der möglicherweise eine Ausleuchtung des Grabes zur Wintersonnenwende erlaubte (unklarer Grabungsbericht zum Eingangsbereich, heute restauriert).

Zu dieser Problematik erschien eine Publikation (Brennan 1983), nach der die Denkmäler dieser Region im allgemeinen und einige Ganggräber im besonderen ein prähistorisches Kalenderwerk bildeten. Nach seiner Hypothese sind die Hügel des Boyne-Tales keine Grabstätten, sondern Sonnenwarten, mit deren Hilfe man kalendarisch wichtige Tage bestimmen konnte. Die Gänge der Grabkammern seien nach den Sonnenwenden, Äquinoktien und den (vor)keltischen Festtagen Imbolc, Beltaine, Lugnasad und Samhain orientiert*). Wenn die Orientierungen einmal nicht so recht paßten, wurden sie als „Ankünder" dieser astronomischen Stichdaten gewertet. Auch die Ornamente deutete Brennan als kosmisch. Ob nun mehrere Halbkreise unterschiedlichen Durchmessers und Spiralen als „Sonnenbahn" angesehen werden oder drei Punkte in einer Ellipse als

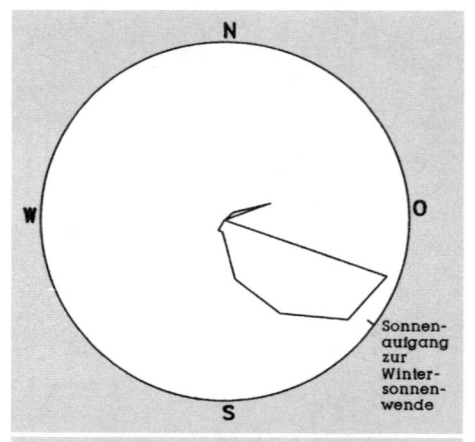

Abb 5.10 Azimutale Häufigkeitsverteilung von 48 Ganggräbern bei Carnac (Frankreich). Das Diagramm ist ähnlich wie Abb. 5.2 zu lesen. Die Achsen der Ganggräber sind annähernd in Richtung Sonnenaufgang zur Wintersonnenwende orientiert (nach Hänel 1991).

---

*) In der Reihenfolge der aufgeführten Festtage: Anfang Februar, Anfang Mai, Anfang August und Anfang November.

das Dreigestirn Sonne – Venus – Mond gelten, erscheint jedoch nicht so wichtig. Wenn aus den alten Grabungsberichten einwandfrei nachgewiesen werden könnte, daß die Toten in der Grabkammer von New Grange durch den oberen Spalt des südöstlich verlaufenden Einganges vom Licht der wiedergeborenen Sonne (21.12.) getroffen wurden, so wäre New Grange auch ohne die o. a. Extras ein archäoastronomisches Musterbeispiel ersten Ranges. Allerdings wird auch die Möglichkeit diskutiert (Lynch 1973), daß diese Öffnung ein Schall-Loch war, welches die Kommunikation zwischen den Lebenden und den Toten ermöglichen sollte (Orakel). Ohne Klärung dieser Deutungen (Schall-Loch/kultische Lichtöffnung) reiht sich New Grange in eine Reihe wintersonnenwendorientierter Ganggräber ein, wie sie etwa Hänel (1991) für die Umgebung von Carnac/Bretagne beschreibt (Abb. 5.10).

Das North-Mull-Projekt

Wie in der Einleitung zu diesem Abschnitt dargestellt wurde, hat sich in den letzten Jahren die Sichtweise der Wissenschaftler (speziell auch der Astronomen) im Hinblick auf die megalithischen Anlagen geändert. Himmelskundliche Kenntnisse werden stärker als früher im Kontext zu den anderen kulturellen Äußerungen des damaligen Menschen gesehen. Auch die Landschaftmale am Horizont werden in die Diskussion mit einbezogen. Im folgenden wird diese gewandelte Blickweise der Archäoastronomie exemplarisch am *North-Mull-Project* demonstriert (Ruggles und Martlew 1993). Im Norden der Insel Mull vor der schottischen Westküste (56,6° n. Br.) befinden sich die Überreste von acht kurzen Steinreihen. Sechs davon sind isoliert (Quinish, Maol Mor, Dervaig Nord, Dervaig Süd, Balliscate sowie – rekonstruiert – Glengorm); zwei treten zusammen auf (Ardnacross) und sind von Grabhügeln begleitet. Im Laufe der Forschungsarbeiten ergab sich das interessante Resultat, daß offenbar auch herausragende Berge in die Lage und auch Orientierung der prähistorischen Monumente einbezogen sind. Abb. 5.11 zeigt die Verteilung der Deklinationen*) der Berge in Projektion vom Fundort an den Horizont. Der am häufigsten angepeilte Berg ist der Ben More, mit 968 m die höchste Erhebung der Insel Mull. Alle Fundorte, von denen aus Ben More sichtbar ist, haben diesen in astronomisch signifikanter Position im Horizont. Von Balliscate und Ardnacross aus ist dieser Berg nicht sichtbar. Für diese Orte nehmen die Berge Speinne Mór und Beinn Talaidh eine vergleichbare Funktion ein.

Das Diagramm 5.11 zeigt das Ergebnis der Untersuchung. Bevorzugt treten Deklinationen um ±30° (Mondextreme) und ±22° (Sonnenwenden) auf. Die Gestirnspositionen werden brauchbar, aber nicht gradgenau wiedergegeben. Eine Steinreihe kann auf den Berg gerichtet sein (Glengorm); sie kann aber auch deutlich davon abweichen. Für Balliscate beobachtet man den Untergang des Mondes in seinem Extrem entlang der Steinreihe, nachdem er über dem Speinne Mór aufgegangen ist.

Neben der Ausrichtung der Steinreihen und ihrer Orientierung bezüglich auffälliger Berge am Horizont ist auch ihre lokale Position von Interesse. Für jeden der Fundorte Glengorm, Quinish, Maol Mor, Dervaig Nord und Dervaig Süd beobachtet man folgendes Phänomen: Tritt man nur wenige Meter neben das Monument, so versperrt die lokale Topographie den Blick auf Ben More. Damit wird natürlich die Bedeutung dieses heiligen Berges einmal mehr betont – ein vorzeitlicher Beleg für all die Olymps und Fudschijamas späterer Zeiten.

---

*) Gemessen werden natürlich zunächst die Azimute der Berge. Für eine gegebene Breite lassen sich diese in Deklinationen umrechnen, zum Beispiel über die Diagramme A14 – A20. Eine Angabe der Deklination hat den Vorteil, Orientierungen unterschiedlicher Fundorte bezüglich ihrer astronomischen Signifikanz sofort miteinander vergleichen zu können.

Objekte mit vermuteter astronomischer Funktion

Offensichtlich war die Einbeziehung auffälliger Berge nicht nur auf die Britischen Inseln beschränkt. Auch im übrigen Europa gibt es ähnliche Erscheinungen. In diesem Zusammenhang sei das *Steinkammergrab von Züschen* (Gemeinde Fritzlar) erwähnt (Tafel IV). Dieses megalithische Denkmal (ca. 2500 v. Chr.) wurde 1894 ausgegraben. Mit etwa 20 m Länge ist es keineswegs besonders groß; überhaupt nicht zu vergleichen mit Megalithen wie etwa dem *Visbeker Bräutigam* (115 m) und den anderen Objekten in der Ahlhorner Heide. Die begrenzenden Steinplatten wirken jedoch weit weniger klobig und enthalten Reste alter Verzierungen. Man erkennt auch abstrakte Darstellungen von Rindergespannen. Die abgebildeten Wagen (frühestens drittes Jahrtausend vor Christus) sind die ältesten Wagendarstellungen in Europa überhaupt (Kappel 1978). Diese Bilder bäuerlichen Lebens ähneln denen von *Valcamonica* und *Monte Bego* in Italien. Was die Anlage von Züschen jedoch heraushebt, ist das „Seelenloch" am schmalen Nordostende des Rechtecks. Nimmt man diese ca. 30 cm große Öffnung als bestimmende Richtung für das Steinkammergrab, so weist dieses zum fünf Kilometer entfernten Wartberg. Die Richtung stimmt präzise, und es kann kaum einen Zweifel geben, daß dieser isoliert gelegene Berg von den Erbauern auch als Peilpunkt angestrebt wurde (Schünemann 1995). Ob auch eine astronomische Ortung beabsichtigt wurde, sei dahingestellt. Das Azimut von 114° (von Süd) weist in Richtung der Sonnendeklination $\delta = +16°$, was dem Beltaine-Fest entspricht (siehe oben). Eine zweite ähnliche Grabanlage (Calden II) in dieser Gegend weist ebenfalls zu einem isolierten Berg. Die Orientierung des Steinkammergrabes von Züschen ist in Abb. 5.11 als Kreuz eingetragen.

Kreisförmige Öffnungen in Steinkammergräbern sind als Befunde bekannt. Daß sie auch in christlichen Kirchen gelegentlich vorkommen, wird in Kapitel 6 genauer ausgeführt.

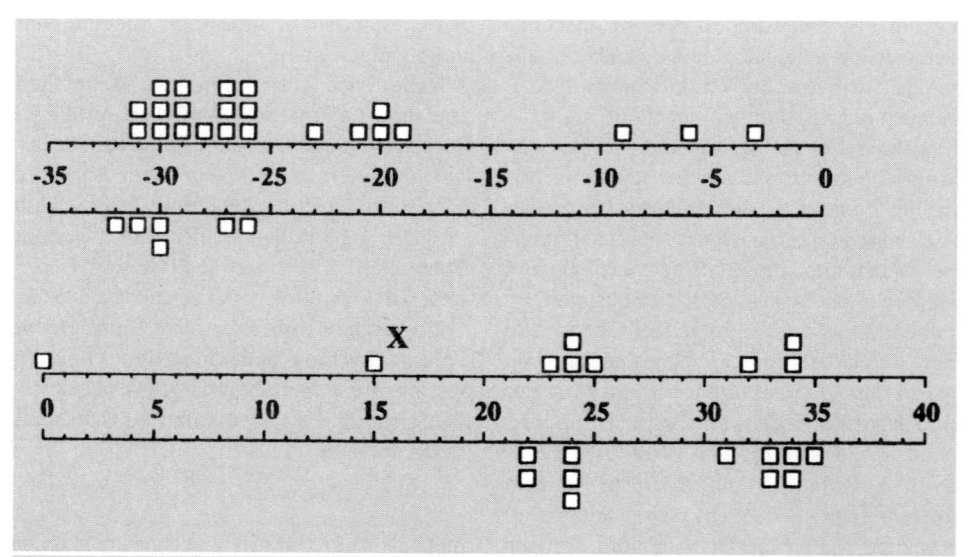

Abb. 5.11 Deklinationswerte auffälliger Berggipfel, gesehen von den Fundplätzen megalithischer Anlagen auf der britischen Insel Mull. Die Kästchen geben die Anzahl der Objekte pro Grad Deklination an. Östliche Orientierungen sind nach oben aufgetragen, westliche nach unten (nach Ruggles und Martlew 1993). Zusätzlich eingetragen (Kreuz) ist die Bergorientierung des Züschener Galeriegrabes (Schünemann 1995).

Die Megalithanlage von Tustrup (Dänemark)

Die frühe Geschichte Dänemarks wird, wie die Skandinaviens überhaupt, eher mit den Relikten der Wikingerzeit in Verbindung gebracht als mit prähistorischen Kulturen. Daß es neben den frühmittelalterlichen Runen- und Bautasteinen sowie den Schiffsgräbern auch sehr viel ältere Zeugnisse der dänischen Vorgeschichte gibt, ist bereits in Abb. 5.2 anhand der Funde der spätmesolithischen Ertebølle-Kultur erwähnt worden.

Dänemark besitzt aber auch eine größere Zahl megalithischer Steinsetzungen. Besonders interessant ist das megalithische Ensemble von Tustrup (in Djursland an der Ostküste Jütlands, 56,5° n. Br.). Vier zusammengehörige Objekte auf einer Fläche von etwa 50 m x 70 m sind nach den Aufgangspunkten der Sonne zur Sommer- und Wintersonnenwende hin ausgerichtet. Einen Grundriß der Anlage zeigt Abb. 5.12, etwas vereinfacht nach der Arbeit von Jørgensen (1994).

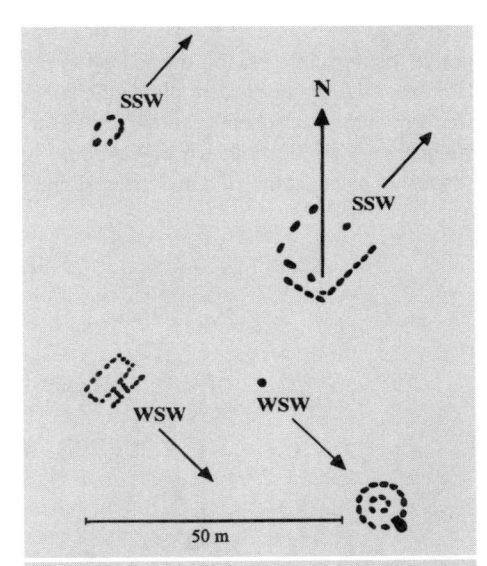

Abb. 5.12 Plan des megalithischen Ensembles von Tustrup (Dänemark). Jedes der vier Einzelobjekte ist sonnenwendorientiert (SSW = Sommersonnenwende, WSW = Wintersonnenwende) (vereinfacht nach Jørgensen 1994).

Felsnäpfe, Schalensteine und Sternbilder

Die sogenannten „Steinschalen" und „Schalensteine" stellen eine besondere Kategorie der prähistorischen Denkmäler dar. Als Schalenstein werden ein Stein oder eine Felsplatte bezeichnet, auf denen sich meist runde Eintiefungen – Schalen – unterschiedlicher Anzahl und Größe befinden. Man muß bei diesen Denkmälern zunächst zwischen natürlichen und anthropogenen Schalen unterscheiden. Die ersteren entstehen durch die natürliche Erosion in unterschiedlichen Felsgesteinen, sowohl in den klastischen Sedimenten als auch in kristallinen Gesteinen. Ihr Durchmesser kann zwischen 10 cm und einigen Metern variieren. In der deutschen geologischen Fachterminologie werden sie als „Felsnapf" oder „Opferkessel" bezeichnet, da man sie früher als von Menschen geschaffene Objekte betrachtet hatte. In anderen Sprachen werden sie schlicht „weather pit" oder „bowl" (engl.), „fosette" oder „cuvette de solution" (frz.) genannt. Ihre natürliche Entstehung steht außer Frage; sie werden von Laienforschern jedoch oft in die Klasse der anthropogenen Schalen eingereiht.

In die zweite Klasse gehören Schalensteine und Felsnäpfe, die offensichtlich anthropogenen Ursprungs sind. Die Schälchen können sich auf isolierten Findlingen, auf großen Felsplatten oder auf Einzelsteinen befinden; ihre Anzahl variiert zwischen eins und mehreren Dutzend. In den Dimensionen sind sie oft kleiner als die natürlich entstandenen, ihr Durchmesser beträgt rund ein bis zwanzig Zentimeter, selten mehr. Ihre Datierung ist unsicher; sie fällt in der Regel in die Bronze- oder Eisenzeit, aber auch in andere Epochen, und kann im Regelfalle nur indirekt bestimmt werden.

Objekte mit vermuteter astronomischer Funktion

Diese zweite Klasse ist für die Archäoastronomie insofern interessant, da sich oft in der Literatur Deutungen finden, die die Schalensteine mit prähistorischen Kalendern oder Darstellungen von Sternbildern in Verbindung setzen. In einer Studie zu den Schalensteinen (Bleuer 1985) werden zuerst die vielen Deutungsmöglichkeiten aufgelistet: Opfergefäße, Totenlichterstandorte, Fruchtbarkeitssymbole, Wegzeichen, Ortspläne, Sternbilddarstellungen, Mörser, Feuerbohrstellen, Gesteinsstaubentnahmestellen für Heilzwecke und

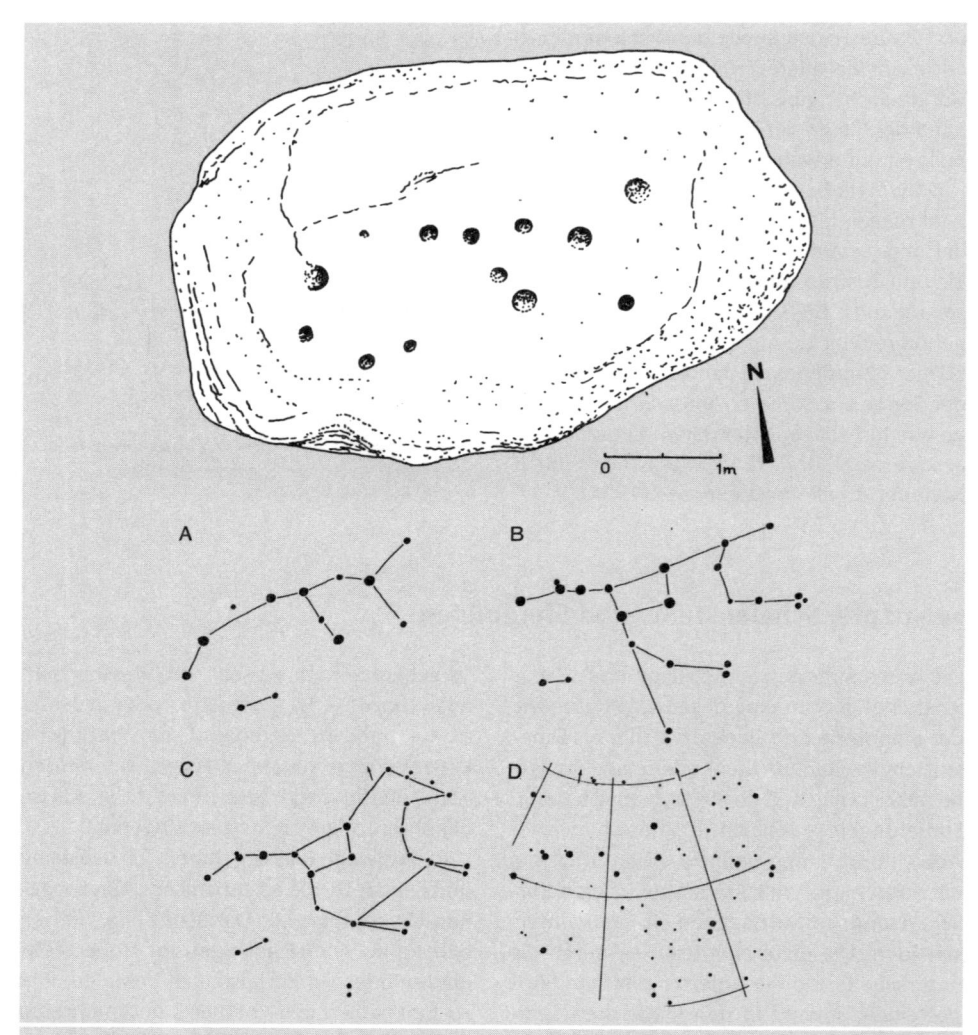

Abb. 5.13 Schalenstein von Serso (Norditalien). Die obere Abbildung zeigt den Schalenstein (umgezeichnet nach Dalmeri 1980). Darunter befinden sich (A) eine Umzeichnung des zitierten Autors und (B) seine Interpretation der Anordnung der Schalen als Sternbild des Großen Bären. Auf der Teilabbildung C ist die übliche Zuordnung der Sterne dieser Himmelsregion zur Konstellation Ursa Major dargestellt. D zeigt dieses Himmelsareal mit den Helligkeiten der Sterne, jedoch ohne Verbindungslinien. Eine Ähnlichkeit mit der Anordnung der Schalen auf dem Stein ist so direkt jedenfalls nicht zu erkennen.

aus Zeitvertreib entstandene Gebilde. Außerdem sind aus dem Bereich Montanarchäologie zahlreiche sog. Amboßsteine bekannt, auf denen man das Erz oder Schlacke mit Hilfe von Klopfsteinen zerkleinert hat. Werden solche Ambosse von der Oberfläche, d. h. als Einzelfunde, aufgesammelt und wird der Zusammenhang mit einer prähistorischen Aufbereitungsstelle nicht erkannt, kann es durchaus passieren, daß sie in einem Museumsbestand als „Schalensteine" geführt werden.

Zu den Deutungen als Sternbilderdarstellungen soll hier stellvertretend für viele ein Beispiel gebracht werden. Von Dalmeri (1980) wird ein 5,6 m x 3,6 m großer Schalenstein aus den norditalienischen Alpen (Trentino) beschrieben. Er weist 13 Schalen auf, deren Anordnung als Sternbilddarstellung des Großen Bären interpretiert wird. Auf der Abb. 5.13 sind der Schalenstein selbst, die Umzeichnung (A) und die Interpretation (B) Dalmeris dargestellt. Ein aus einem Taschenatlas der Sternbilder (Dausien Verlag, Hanau 1968) umgezeichnetes Sternbild des Großen Bären (Ursa Major) zeigt schon kaum Ähnlichkeiten mit dem Schalenstein (Abb. 5.13, C). Wenn man die Hilfslinien wegläßt (D), wird eine solche Interpretation aus unserer Sicht nicht vertretbar.

Die Autoren dieses Buches wollen durch die hier vorgetragene Kritik einer astronomischen Interpretation nicht generell von solchen Untersuchungen abraten. Es ist jedoch zu beobachten, daß die als Hypothesen formulierten Schlußfolgerungen der Orginalarbeiten in der Sekundärliteratur oft als Belege für eine bildliche Darstellung des Sternenhimmels gelten und der Hypothesencharakter nicht mehr durchscheint.

Allgemein fällt auf, daß klare und überzeugende Abbildungen auffälliger Sternbilder in den Schälchenkonstellationen nicht zu entdecken sind, geschweige denn von einer häufigen und stets gleichartigen Darstellung der hellsten Sternbilder wie etwa des Großen Wagens und des Orion.

Die Externsteine

Die Externsteine sind eine Felsgruppe im Teutoburger Wald in der Nähe von Detmold. Vier etwa 30 m hohe Felstürme bilden eines der bemerkenswertesten Natur- und Kulturdenkmäler Deutschlands (Tafel V). Rund eine halbe Million Touristen besuchen jährlich dieses Denkmal im Lipper Land. Ein Hauptanziehungspunkt ist zweifelsohne das berühmte Kreuzabnahmerelief aus dem frühen Mittelalter, das größte seiner Art nördlich der Alpen. Kunsthistorische Untersuchungen deuten auf eine Entstehungszeit aus dem neunten Jahrhundert. Es sollte allerdings angemerkt werden, daß Sonne und Mond, die das Kreuzabnahmerelief oben begrenzen, oft auf Kreuzabnahmedarstellungen zu finden sind und für sich allein keinen Hinweis auf dort früher geübte Sonnen- und Mondbeobachtungen geben.

Heftigst umstritten und seit über hundert Jahren diskutiert ist jedoch die Frage, ob an den Externsteinen auch vorchristliche Spuren nachzuweisen sind, und wenn ja, dann wo und aus welcher Zeit. Eine Antwort auf diese Frage ist auch für die Archäoastronomie wichtig, denn seit G. O. von Bennigsen im Jahre 1823 werden Teile dieser Anlage mit der Bestimmung astronomisch-kalendarischer Stichdaten in Verbindung gebracht.

Die Felsen der Externsteine zeigen eine Unzahl von Bearbeitungen. Balkenlager und Treppenaufgänge, abgesprengte Felspartien und ausgehauene Kammern beträchtlicher Dimension ergeben ein verwirrendes Bild. Leider sind die meisten Bearbeitungsspuren getilgt. Der normale Touristenstrom, aber auch der um sich greifende Vandalismus haben fast alles vernichtet, was in unmittel-

Objekte mit vermuteter astronomischer Funktion

barer Reichweite liegt. Hat man bergsteigerische Qualitäten oder – besser noch – bedient man sich einer 30-m-Drehleiter der Feuerwehr, so erblickt man Spuren früherer Zeiten. An den unzugänglichen Stellen der Felsen werden bearbeitete Flächen sichtbar, die mit einfachen Werkzeugen aus Stein*) geschaffen wurden (Niedhorn 1993). Ein Beispiel ist das berühmte Sonnenloch in der Höhenkammer von Fels II. Millionen von Besucherfingern haben im inneren zugänglichen Bereich der Höhenkammer fast alles blankpoliert, was auf die Zeit seiner Herstellung schließen läßt. Von außen zeigt das Sonnenloch archaische Bearbeitungsspuren mit einer steinernen Picke. Solche Spuren findet man auch an anderen Stellen.

Es stellt sich natürlich die Frage, ob es auch naturwissenschaftlich begründbare Hinweise auf vorchristliche Arbeiten gibt. An den Externsteinen wurde verschiedentlich gegraben; die letzte größere Grabung begann 1934 unter der Leitung des Archäologen Julius Andree. Ein mystisches Dunkel umhüllt die dabei zutagegetretenen Funde. „In den Kriegswirren verschollen" lautet eine Information; „teilweise noch vorhanden" eine andere. Das ist bedauerlich, befand sich doch unter dem Fundmaterial auch eine erhebliche Menge Holzkohle, die heute mit der Radiokarbon-Methode hätte datiert werden können.

Inzwischen ist die Wissenschaft jedoch weiter fortgeschritten, und neue Datierungsmethoden sind im Einsatz. In diesem Zusammenhang war die Entdeckung von U. Niedhorn bedeutsam, daß die sogenannte Kuppelgrotte im Inneren der Externsteine ihre auffällige Form und Färbung dem Wirken intensiver Feuer zu verdanken hat. Deren Hitze hat den Fels mehr als einen Dezimeter tief beeinflußt (Rotverfärbung des an sich eher gelblichen Sandsteins).

---

*) Die Verwendung eines Steinwerkzeuges ist kein Beweis für einen steinzeitlichen Ursprung; es ist jedoch ein Mosaikstein im Gesamtbild. Ein Gegenbeispiel aus der heutigen Zeit: Das olympische Feuer wird nicht mit dem zeitgemäßen Feuerzeug entflammt, sondern mit Sonnenlicht.

Hitzegeschädigtes Quarzgestein ermöglicht den Einsatz des Thermolumineszenz-Verfahrens (Kapitel 3). Einer der Autoren (W. S.) veranlaßte bei der Forschungsstelle Archäometrie (Max-Planck-Institut für Kernphysik/Heidelberger Akademie der Wissenschaften) die Entnahme von drei Proben aus dem Kammersystem, um einen Anhaltspunkt über den Zeitpunkt dieser Feuer sowie die Erhitzungtemperatur der Gesteinsoberfläche zu gewinnen. Die Analyse ergab, daß die letzten Feuer im ersten Jahrtausend vor Christus erloschen sein müssen, wobei Wandtemperaturen um 400 °C auftraten (Lorenz et al. 1991). Setzt man diese Alterszuweisung in Relation zu den übrigen Feststellungen (Werkzeugspuren etc.), so muß das letzte dieser intensiven Feuer in der jüngeren Eisenzeit erloschen sein.

Mit dieser Beobachtung gewinnt auch die seit über 170 Jahren vermutete astronomisch-kalendarische Nutzung der Externsteine an Bedeutung. Für die Zeit nach der Christianisierung (ab 772 durch Karl den Großen) ist eine solche Verwendung undenkbar. Praktiken dieser Art wurden mit der Todesstrafe geahndet. Im folgenden werden einige archäoastronomisch bemerkenswerte Einzelheiten der Externsteine besprochen. Die Numerierung der Felsen und die Bezeichnung der einzelnen Objekte folgt der gängigen Namensgebung, ohne daß der Name zugleich auch die korrekte Beschreibung der ursprünglichen Funktion wiedergeben muß.

Sargstein
(vor Fels I, an der aufgestauten Wiembeke)
Der Sargstein hat auf seiner Oberseite ein etwa 45 cm x 50 cm messendes Podest. Dieses war früher durch zwei Treppen erreichbar (mit Spitzeisen bearbeitet, Niedhorn 1993; darauf beruhen auch die weiteren steinbildhauerischen Befunde in diesem Abschnitt), die allerdings inzwischen weitgehend zerstört sind. Das Podest wird auf seiner Südostseite durch eine kleine dreieckige Felsspitze abgeschlossen. Wie praktische Tests im Jahre 1988 ergeben haben, kann von dieser Stand-

fläche aus der Termin der Tagundnachtgleichen bestimmt werden, und zwar auf den Tag genau. Am 21. März und 23. September läuft von dort aus gesehen die Sonne auf einer Rampe von Fels III entlang. Anders als bei den Wenden ist bei den Äquinoktien der Sonnenlauf über die Jahrtausende unverändert, so daß sich heute noch das gleiche Schauspiel darbietet wie in alter Zeit.

Kanzel (vor Fels II)
Die Kanzel befindet sich vor dem Turmfelsen II, und zwar genau unterhalb des Sonnenloches. Auch hier sind die Zerstörungen unübersehbar (Zugangstreppe), bedingt im wesentlichen wohl durch den Absturz gewaltiger Gesteinsmassen von Fels II in historischer Zeit. Auch dem Laien fällt die frische gelbliche Farbe des Osning-Sandsteines der Felswand oberhalb der Kanzel auf, die so ganz anders aussieht als die alt-grauen Oberflächen der Felsen sonst. Wozu auch immer diese Kanzel gedient haben mag, die annähernd rechteckige Standfläche auf ihrer Oberseite ist jedenfalls zum Sonnenaufgang während der Sommersonnenwende hin orientiert.

Höhenkammer mit Sonnenloch (Fels II)
Die Höhenkammer (auch Sazellum genannt) ist zweifelsohne die Hauptattraktion der Externsteine. Allein der Gang über die gewölbte Brücke und der Ausblick vom Sazellum über das Lipper Land rechtfertigen einen Besuch dieses Denkmals. Schon früh wurde über eine astronomische Bedeutung dieser Höhenkammer und natürlich des Sonnenloches spekuliert. Eines ist allerdings klar: Die Längsachse des Sazellums ist keineswegs exakt zur Sonnenaufgangsrichtung am 21. Juni hin ausgerichtet. Sie weicht um etwa 7° nach Norden ab. Wer das gewaltige Zerstörungswerk in dieser Höhenkammer berücksichtigt (die gesamte Südostwand und ein großer Teil der Decke fehlen), wird nicht überrascht sein, daß im Inneren der Höhenkammer nichts mehr so ist, wie es einmal war. Trotz der Kritzeleien an den Wänden kann man die hochmittelalterlichen „Beilungen" noch erkennen, eine Riffelung der Gesteinsoberfläche, die erkennen läßt, wie stark hier umgebaut wurde.

Das Sonnenloch bewahrt *per se* eine Erinnerung an seine älteste Zeit. Seine sorgfältig gestaltete Innenwandung zeigt die alte konische (= kegelstumpfartige) Form. Das Azimut der Achse dieser Öffnung weist nun nicht in Richtung der heutigen Höhenkammer, sondern zur Sonnenaufgangsrichtung Sommersonnenwende um das Jahr 0 (Schlosser 1991). Dabei sei angemerkt, daß diese Achslage keine scharfe Datierung ermöglicht (siehe auch Kapitel 4).

Von außen und unerreichbar für Besucher zeigt das Sonnenloch sein hohes Alter (Tafel VI). Die Arbeitsspuren (aufgenommen im Herbst 1988 aus dem Korb einer 30-m-Drehleiter der Feuerwehr) belegen den Einsatz von Steinwerkzeugen, die – mit der Einschränkung der Fußnote auf Seite 94 – als frühgeschichtlich einzuordnen sind. Parallelen dazu findet man beispielsweise in der Bearbeitung des abgestürzten Felsen vor der Südwestwand der Steine.

Erwähnt sei abschließend, daß eine weitergehende Analyse der geometrisch-astronomischen Eigenschaften des Sonnenloches auch eine Bestimmung des Nördlichen Mondextrems nicht ausschließt.

Sitzschalen (Fels XI)
Die Felsen I – IV definieren die Felsgruppe der Externsteine. Darüber hinaus gibt es aber noch weitere Felstürme, die entweder nordwestlich davon anschließen (Bärenstein) oder südöstlich (Knickenhagen). Sie wirken allerdings etwas weniger spektakulär, da ihre unteren Teile im Verwitterungsschutt verborgen sind und sie außerdem von hohen Bäumen umgeben sind. Der höchste Felsturm absolut gerechnet ist der Falkenstein im Knickenhagen, Fels XI in der üblichen Zählung. Auf seiner Spitze befinden sich mehrere Sitzschalen. Bisher ist ihre Orientierung astronomisch nicht untersucht worden.

Objekte mit vermuteter astronomischer Funktion

Prähistorische Elemente in der Astronomie rezenter Kulturen

Himmelskundliche Kenntnisse der australischen Ureinwohner

Obwohl dieses Buch die archäoastronomischen Zeugnisse Europas behandelt, soll wenigstens ein kurzer Abschnitt den himmelskundlichen Kenntnissen der australischen Ureinwohner gewidmet sein. Der Grund dafür liegt in der einmaligen geographischen Situation des fünften Kontinents. Früh abgeschnitten vom Rest der Welt, konnte sich hier nicht nur eine archaische Tier- und Pflanzenwelt behaupten; auch die Ureinwohner standen bis zur europäischen Besiedlung in nur gelegentlichem Kontakt mit der übrigen Welt. So darf man erwarten, daß ihre steinzeitliche Lebensweise auch auf ebenso alte himmelskundliche Kenntnisse und Deutungen schließen läßt; wir also daraus – unter allem Vorbehalt – den Stand astronomischen Wissens im paläo- und mesolithischen Europa abschätzen können. Kurz: Der Astronomiegeschichtler kann Australien ebensowenig außer acht lassen wie der Botaniker oder Zoologe.

Die Besiedlung Australiens dürfte vor 40 000 Jahren begonnen haben. In Europa entspricht dies dem Ende der mittleren Altsteinzeit, speziell dem ausgehenden Moustérien (Abb. 3.2). Während also die ersten Menschen von Asien her den fünften Kontinent betraten (weitgehend trockenen Fußes über Landbrücken, denn es herrschte die letzte Eiszeit, und der Meeresspiegel war um hundert Meter oder mehr abgesenkt), lebten in Europa noch die letzten Neandertaler. Von da ab entwickelte sich die einmalige Kultur der Aborigines. Die Menschen lebten in kleinen Gruppen, die kaum größer als eine Familie waren. Die australischen Ureinwohner waren Jäger und Sammler; Landwirtschaft und Viehzucht kannten sie nicht. Die Gruppengröße war daher der Lebensweise in dem doch recht kargen Erdteil angemessen. Auf der anderen Seite hielten sie Kontakt zu entfernteren Gruppen, ja hatten sogar ein kontinentüberspannendes Netz aufgebaut, in dem auf traditionellen Pfaden Handelsgüter und Ideen ausgetauscht wurden. Keine Gruppe konnte isoliert leben: Komplizierte Heiratsregelungen (Verbot der Endogamie) wie auch die Existenz von Totem-Clans*) sorgten für einen ständigen Austausch. So entstand bei allen Unterschieden im Detail eine Einheitlichkeit der Kultur auf dem gesamten australischen Kontinent, die einmalig in der Völkerkunde ist. Die Vorzeit lebt als „Traumzeit" in den Erzählungen der Ureinwohner weiter. Es war die Zeit der Erschaffung der Welt, die Zeit der Festlegung aller Regeln der zwischenmenschlichen Beziehungen und des Umganges mit der Natur. Sie ist dem Australier aber nicht abgeschlossene Vergangenheit, sondern wird in Traum und Ekstase stets wieder Gegenwart.

Im Rest der Welt schritt die Zeit jedoch fort. Um etwa 3000 v. Chr. war die Schiffahrt auf den benachbarten indonesischen Inseln soweit entwickelt, daß es zu neuen Kontakten Australiens mit der Außenwelt kam. Dies war wohl auch die Zeit, als der Dingo in Australien heimisch wurde. Ursprünglich Haushund der frühen Seefahrer, hat er sich über die Jahrtausende wieder zum Wildtier zurückentwickelt.

Die Himmelskunde der australischen Ureinwohner stellt die früheste uns bekannte Form der Astronomie dar. Im wesentlichen galten der Sternenhimmel mit seinen jahreszeitlichen Änderungen, die Erscheinungen des Mondes und der Planeten als das große Lehrbuch der Stammestradition, in dem die Taten der Vorfahren aufgeschrieben waren. Zentrales Element waren Warnungen vor sozialschädlichem Verhalten, denn ein Zerfall der Gruppe mußte deren Mitglieder auf das

---

*) Endogamie: Heirat innerhalb einer Gruppe. Totem-Clans: Überterritoriale und überstammliche Verbände, die sich einem gemeinsamen Totem verpflichtet fühlten, zum Beispiel einem speziellen Tier, das sie weder jagen noch essen durften.

äußerste gefährden (dies und das folgende zitiert nach Haynes 1990).

Unter den vielen Sternmythen sei hier die Geschichte des Jägers aufgeführt, der eine Gruppe junger Mädchen verfolgt. Eines davon stirbt. Der Jäger ist hierbei der Orion, die Mädchen sind die Plejaden. In der griechischen Mythologie wird ganz ähnlich berichtet: Der große Jäger Orion verfolgte die Plejaden – Töchter des Atlas – sieben Jahre lang durch Böotien, bis Zeus sie an den Himmel versetzte. Auch im alten Griechenland erhielt einer der Plejadensterne eine Extrageschichte: Einst kam Orion nach Chios und warb um eine gewisse Merope (= Plejadenstern). Die Geschichte ging für Orion übel aus, denn er wurde geblendet.

Bei allem Vorbehalt einer Gleichsetzung australischer und griechischer Sternmythen ist die Ähnlichkeit doch so groß, daß nicht ausgeschlossen werden kann, daß hier ein weit in die Altsteinzeit zurückreichendes Motiv tradiert wurde. Es ist auch überhaupt nicht einzusehen, warum Jagdwaffen, Feuernutzung und (Höhlen-)Malereien altsteinzeitliche Universalien der Menschheit darstellen, die Deutung der an jedem Ort der Welt und zu allen Zeiten gleich erscheinenden Sternbilder aber nicht. Im übrigen bleibt die Frage unbeantwortet, warum einer der Plejadensterne in beiden Geschichten eine Sonderrolle einnimmt. Heute gibt es keinen Grund dafür, denn Merope ist mit einer visuellen Helligkeit von $V = 4{,}18^m$ weder der hellste noch der schwächste Stern des Siebengestirns. Allerdings ist Merope dessen zweitschwächster Stern, und wenn – wofür es Hinweise gibt – der derzeit schwächste Stern Pleione ($V = 5{,}09^m$) früher einmal heller war, so wäre die Sonderrolle der Merope zu verstehen.

Neben ihrer Funktion als Kristallisationspunkt der Stammesmythen erfüllten die Sterne bzw. Sternbilder aber auch praktische Bedürfnisse als Jahreszeitenanzeiger. Die Tabelle 5.4 faßt die kalendarischen Funktionen nach der zitierten Arbeit von Haynes zusammen und kommentiert die astronomischen Beobachtungsbedingungen.

Vierzigtausend Jahre australischer Vorgeschichte entsprechen eineinhalb Durchläufen des Frühlingspunktes durch den Tierkreis (Präzession, Kapitel 4). So haben nicht zu allen Zeiten die Sterne ν und λ im Skorpion das Ende der Regenzeit angezeigt. Etwa alle zweitausend Jahre koinzidierte ein anderes Sternbild mit dieser Jahreszeit, und so werden diese Kalenderregeln vielfach umgearbeitet worden sein. Wenn man nicht von der Annahme ausgehen will, daß die Äquivalenzen der Tabelle 5.4 erst in den letzten 5% der australischen Vorgeschichte aufgestellt wurden, so müssen die *Aborigines* die Wirkung der Präzession gekannt und darauf reagiert haben.

Darüber hinaus waren den australischen Eingeborenen natürlich noch weitere himmlische Objekte bekannt, so die Sterne des Südlichen Kreuzes, α und β Centauri, die Hyaden, die Milchstraße, die Venus, Meteore, als „negative Konstellation" sozusagen die Dunkelwolke des Kohlensacks und vieles andere mehr. Der Mond spielte eine bedeutendere Rolle als die Sonne. Unter anderem hatten die Bewohner der nördlichen Küstenregionen (Yirrkalla in Arnhem-Land und auf der Insel Groote Eylandt im Golf von Carpentaria) erkannt, daß der Mond maßgeblich die Gezeiten verursacht.

Damit scheinen aber auch die Grenzen ihrer himmelskundlichen Kenntnisse aufgezeigt. Es gab keine Verbindung zwischen der Astronomie und der Mathematik oder Geographie. Eine Bevölkerung, die nur die Zahlen Eins und Zwei kannte, konnte auch keinerlei Zuordnung zwischen der Astronomie und der Mathematik herstellen. Zwar waren die Ost- und Westhälften des Himmels bekannt, denn diese wurden mit dem Leben und dem Tod verbunden; es gibt aber keinen Hinweis darauf, daß diese bereits zu den Kardinalrichtungen abstrahiert wurden, wie dies bei uns spätestens in der Jungsteinzeit geschah. Entsprechend gab es auch keine Notwendigkeit zur Errichtung astronomisch orientierter Anlagen.

So geben die himmelskundlichen Kenntnisse der australischen Ureinwohner vielleicht

Objekte mit vermuteter astronomischer Funktion

Tab. 5.4 Kalendarische Funktionen kosmischer Objekte bei den australischen Ureinwohnern

Monat/ Jahreszeit	Sterne/kosmische Objekte (Gebiet, geographische Breite)	Kalendarische Funktion nach Haynes (1990)	Kommentar
April	υ, λ Scorpii am Abendhimmel (Arnhem-Land, ~ 13° s. Br)	Ende der Regenzeit, Beginn der warmen Südostwinde	Im April steht der Skorpion am Morgenhimmel, in der Dämmerung ca. 60° hoch
August/ September	Arktur (Victoria, ~ 37° s. Br)	Sammeln von Ameisenpuppen, dem Hauptnahrungsmittel in dieser Jahreszeit	Ende September verschwindet Arktur in der Abendröte
(Nord-)Herbst	Plejaden in der Morgendämmerung (South Australia, ~ 27° s. Br)	Zeremonien für einen erfolgreichen Fang von Dingo-Welpen	Plejaden werden am Morgenhimmel erstmals wieder Mitte Juni sichtbar
Oktober	Wega (Victoria, ~ 37° s. Br)	Sammeln der Eier des Malleeflöters (drosselartiger Vogel), einem wichtigen Nahrungsmittel zu dieser Jahreszeit	Wega am Abendhimmel bis etwa Ende Oktober sichtbar
November bis März	Sichtbarkeit der beiden Magellanschen Wolken (Arnhem-Land, ~ 13° s. Br)	Sammeln der Jam-Knollen während der Regenzeit in Nordaustralien	Ende Oktober stehen die beiden Magellanschen Wolken um Ortsmitternacht am höchsten
Dezember	Skorpion am Morgenhimmel (Arnhem-Land, ~ 13° s. Br)	Ankunft der malaiischen Fischer, die Seegurken fischten (getrocknet als *trepang* eine asiatische Delikatesse)	Skorpion ist etwa ab Ende Dezember am Morgenhimmel sichtbar
(Nord-) Winter	Arktur am Morgenhimmel (Arnhem-Land, ~ 13° s. Br)	Sammeln einer Binsenart, die zur Fertigung von Fischfanggeräten und Körben geeignet war	Arktur ab Ende November am Morgenhimmel

einen Hinweis darauf, wie es bei uns im Europa der Alt- und Mittelsteinzeit aussah. Die große Bedeutung der Fixsterne, ihrer heliakischen und akronychischen Auf- und Untergänge, ist bei uns mangels jeglicher Dokumentierung als Schrift- oder sonstiges Denkmal untergegangen. Man darf vermuten, daß erst die Jungsteinzeit bei uns die Wende brachte. Die Fixsternstellungen wurden durch die wesentlich genaueren Sonnenazimute ersetzt. Diese erlaubten das bäuerliche Jahr feiner einzuteilen, als es zur Zeit der Sammler und Jäger notwendig war.

Astronomie der Guanchen (Kanarische Inseln)

Im fünfzehnten Jahrhundert eroberten die Spanier die vor der nordwestlichen Küste Afrikas liegenden Kanarischen Inseln. Damit geriet ein Volk in Kontakt mit den Europäern, das nach Meinung der meisten Forscher lange (spätestens seit dem ersten vorchristlichen Jahrtausend) vom Rest der Welt isoliert und somit von hochkulturellen Einflüssen abgeschlossen war. Offensichtlich waren die Guanchen mit den Berbern verwandt; ihre Sprache ähnelte der der Tuareg. Aufgrund der geographischen Gegebenheiten ist es klar, daß die Guanchen per Boot vom afrikanischen Festland auf die Kanarischen Inseln gekommen sein müssen. Bemerkenswerterweise haben sie dann aber die Schiffahrt verlernt, so daß ihnen zur Zeit der spanischen *Conquista* ein Verkehr selbst zwischen den Kanarischen Inseln unmöglich war. Eine Folge davon war eine starke Differenzierung der Lebensumstände. Die Bewohner von Gomera und Palma lebten relativ primitiv, während auf Gran Canaria und Teneriffa eine bereits entwickeltere Gesellschaft anzutreffen war. Auf Teneriffa lebten die damals 40 000 bis 60 000 Einwohner straff organisiert in neun „Königreichen" (= Stammesverbänden), die *menceyatos* hießen. Ein Charakteristikum der Guanchen war ihre Pfeifsprache. Damit konnte man Nachrichten über größere Entfernungen austauschen als durch Rufen. Wenn man so will, sind die Guanchen auf kleinerem Maßstab für Europa bzw. Afrika das, was die Australier für Asien waren: eine lange isolierte Volksgruppe, in der sich archaische Lebensformen – darunter auch urtümliche himmelskundliche Kenntnisse – bis in die Neuzeit erhielten.

Lange vor der spanischen Eroberung ereignete sich auf Teneriffa ein bemerkenswerter Vorfall. Irgendwann im dreizehnten Jahrhundert wurde an der Küste von Güímar eine hölzerne Skulptur angetrieben, die eine Kerze in der linken Hand hielt und einen Knaben mit einem Vogel in der rechten. Diese katholische Marienfigur soll bei den damals noch nichtchristlichen Guanchen einige Wunder bewirkt haben. Sie adoptierten die Figur daher für ihre Religion und verwahrten sie in der Höhle von *Chinguaro*, später in der von *Achbinico* an der Küste von Güímar. Das Fest dieser heidnisch transponierten und dann rechristianisierten *Nuestra Señora de Candelaria* wird auf Teneriffa noch heute gefeiert, und zwar am 15. August. Der kanarische Mathematiker und Astronom J. Barrios García (1996), auf dessen Veröffentlichung dieser Abschnitt beruht, führt aus, daß nach den vorliegenden Kompaßmessungen der Sonnenaufgang im August mit der Längsausrichtung der Höhle von Achbinico koinzidiert.

Zwei astronomische Daten korrespondieren mit diesem 15. August und damit der Ausrichtung der Höhle von Achbinico. Zum einen haben die Guanchen diese Statue mit einem hellen Stern in Zusammenhang gebracht (so eine Quelle aus dem Jahre 1604), der aufgrund astronomischer Rückrechnung als Canopus (α Carinae) zu identifizieren ist. Dieser Fixstern, der zweithellste des Himmels, hatte seinen heliakischen Aufgang zur Zeit der spanischen *Conquista* und davor Mitte August. In diesem Zusammenhang erwähnt Barrios García, daß die – entfernt verwandten – Tuareg von Adrar den Stern Canopus als *Rouchchet* bezeichnen, was „August" bedeutet.

Zum anderen aber hatten die Guanchen nicht nur einen Sonnenkalender mit dem Jahresbeginn im August, sondern auch einen Mondkalender. Hier stellte sich das uralte Problem der Angleichung beider Kalender, denn zwölf (synodische) Mondmonate sind rund elf Tage kürzer als das Jahr der Jahreszeiten (das tropische Jahr). Barrios García stellt bei einer Bewertung der historischen Quellen eine vollständige Übereinstimmung darüber fest, daß der gebräuchliche Kalender der kanarischen Ureinwohner ein Mondkalender war. Er zitiert den kanarischen Arzt Tomás Marín de Cubas (1643–1704), der mündliche und schriftliche Quellen seiner Zeit für zwei Manuskripte über die Geschichte der Kanarischen Inseln und die Gebräuche ihrer Einwohner zusammentrug, wie folgt: „Sie zählten ihr Jahr nach den Saaten und nannten es ‚Ära'. Sie führten Buch darüber, indem sie die ‚Ären' auf Tafeln festhielten." Die junge Mondsichel im (oder nahe) August bestimmte den Beginn einer solchen Ära.

Objekte mit vermuteter astronomischer Funktion

Den soeben begonnenen Monat nannte man *Beñasmer* (ein knapp hundert Jahre früher lebender italienischer Zeuge mit anderem Ohr und anderer Schreibweise: *Begnesmet*). Bis zum darauf folgenden Vollmond wurde gefeiert; man besuchte die (mumifizierten) Toten bei Fackelschein oder Kerzenlicht in ihren Gräbern und Höhlen und richtete Festmahle aus.

Die Kalenderregelung der Guanchen (mittelalterlich nach unserer Zeitrechnung, aber steinzeitlich nach ihrer Kultur) umfaßte alle Elemente, die die Kalenderrechnung bis in unsere Tage bestimmt: den übergeordneten Sonnenkalender der festen Abfolge der Jahreszeiten (hier: über die heliakischen Aufgänge des Canopus) in Übereinstimmung zu bringen mit dem für die praktische Zeitzählung viel geeigneteren Mondkalender.

Bulgarische Felsdenkmäler

Die klassischen Autoren erwähnen auf dem Gebiet des heutigen Bulgarien vor allem die indoeuropäischen Thraker, deren unabhängige Kultur in der zweiten Hälfte des ersten vorchristlichen Jahrtausends erlosch (über die den Thrakern zuzurechnenden Daker siehe den nächsten Abschnitt). Der bekannteste Thraker ist ohne Zweifel der Sänger Orpheus, Mitglied der Argonauten-Mannschaft, Freund der Tiere und – vor allem – Gründer des orphischen Mysterienkultes. Von ihm wird berichtet, daß er jeden Morgen den Berg Pangäus bestieg, um auf dessen Gipfel der aufgehenden Sonne seine Reverenz zu erweisen. In der Tat findet man in Thrakien Hunderte von Sonnensymbolen. Die älteste datierbare Fundstelle ist der Komplex von Paleocastro (Anfang zweites Jahrtausend vor Christus), wo 160 Sonnensymbole auf Felsflächen eingearbeitet oder reliefartig herausgearbeitet sind. Diese Symbole sind der aufgehenden Sonne zugewandt und befinden sich in einem Gestein, dessen hoher Anteil an Glimmer die Felsen im morgendlichen Sonnenlicht hell aufleuchten läßt. Andere Sonnensymbole befinden sich an Höhlenwänden, so der Magura-Höhle in Nordbulgarien und des Höhlensystems von Bajlowo (wohl ab dem dritten Jahrtausend vor Christus). Hier allerdings wurde der Fels nicht bearbeitet, sondern es wurde der Örtlichkeit entsprechend mit Fledermausdung gemalt.

Von besonderem Interesse für die Archäoastronomie sind die Felsdenkmäler in Bulgarien, deren Erforschung nunmehr verstärkt in Angriff genommen wird*). Von den vielen Sanktuarien wurden bisher erst drei ansatzweise bearbeitet (Radoslavova 1993). Auch hier findet man die Standardorientierungen Nord-Süd/Ost-West sowie nach den Sonnenwenden. Das thrakische Felsdenkmal von Kabile nahe der Stadt Jambol (Abb. 5.14) zeigt

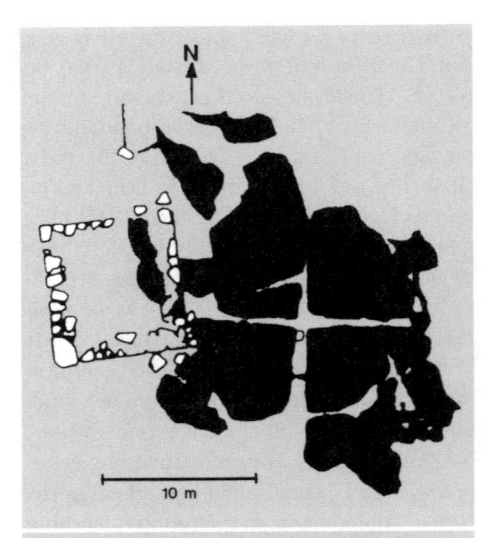

Abb. 5.14 Plan des thrakischen Felsheiligtums von Kabile nahe Jambol (Bulgarien). Die natürliche Anordnung der Felsblöcke folgt bereits annähernd den Kardinalrichtungen und wurde durch das rechteckige Bauwerk vom Menschen im gleichen Sinne ergänzt (umgezeichnet nach Radoslavova 1993).

*) Im ehemaligen Ostblock befindet sich eine große Anzahl interessanter archäologischer Stätten, die bei uns kaum bekannt und bisher auch wenig erforscht sind. Einige davon werden in diesem und den folgenden Abschnitten vorgestellt.

eine Orientierung nach den Kardinallinien, die durch die Felsanordnung bereits vorgegeben ist. Diese natürliche Ausrichtung wurde durch ein gleichartig orientiertes Bauwerk ergänzt. Mehr läßt sich zur Zeit zu diesem Monument nicht sagen. Die Erforschung des bekanntesten bulgarischen Felsdenkmals von Wesselinowo wird derzeit durch eine internationale Forschergruppe im Auftrage der Bulgarischen Akademie der Wissenschaften vorbereitet.

Dakische Sonnenwarten (Rumänien)

Es gibt einige bemerkenswerte archäoastronomische Objekte in Rumänien, die aus dakischer Zeit stammen. Die Daker (griechisch auch: Geten) hatten seit der Bronzezeit außer der Landwirtschaft auch beträchtlichen Erzbergbau betrieben. Herodot erwähnt ihre geistige Verwandschaft mit den Pythagoreern. So soll der dakische Kulturbringer Salmoxis ein freigelassener Sklave des Pythagoras gewesen sein. Herodot fügt aber hinzu – und das ist typisch für seinen unabhängigen Geist –, daß dieser seiner Meinung nach schon lange vor Pythagoras gelebt habe.

Spätere Geschichtsschreiber wie etwa Strabo belegen auch die Beschäftigung der Daker mit der Astronomie. Interessant ist die Anmerkung des Jordanes in seiner Gotengeschichte (551 n. Chr.), daß die Daker im ersten vorchristlichen Jahrhundert nicht nur den Lauf von Sonne, Mond und Sternen verfolgten, sondern auch wußten, daß die Sonne größer als die Erde war. Wir haben hier (neben dem des Vorsokratikers Aristarch) einen weiteren Beleg für die Akzeptanz des heliozentrischen Weltsystems in der Antike vor uns – mehr als ein Jahrtausend vor Kopernikus! Außerdem berichtet Jordanes, daß die Daker 346 Sterne gekannt hätten. Bei diesem Interesse der Daker an den himmlischen Objekten überrascht es nicht, daß in Rumänien zahlreiche Denkmäler mit deutlichem archäoastronomischen Bezug vorhanden sind.

Sarmizegetusa Regia
Sarmizegetusa war die Hauptstadt des Reiches der Daker, bevor dieses zu Beginn des zweiten nachchristlichen Jahrhunderts von den Römern erobert wurde. Sie liegt im Orăştie-Gebirge südlich von Hunedoara auf 45,7° n. Br. und ist noch heute eine Sehenswürdigkeit. Neben der eigentlichen Siedlung befindet sich im Osten ein mehrere Hektar großer Sakralbezirk (Tafel VII). Einzigartig ist eine runde Steinfläche aus Andesit, die sieben Meter Durchmesser hat (der kleinste Kreis auf der Tafel). Der Zweck dieser auch „Andesit-Sonne" genannten Fläche erschließt sich aus einer Anordnung von Steinplatten, die in radialer Richtung zehn Meter weit von der Peripherie genau nach Norden verlaufen (nach Stánescu und Kerek [1996], auf die sich diese und die folgenden Ausführungen über dakische Denkmäler stützen). Vermutlich stand auf der Steinfläche ein Gnomon, dessen mittäglicher Schatten auf dem Steinstrahl den Höchststand der Sonne wie auch die Jahreszeit anzeigte. Mit vergleichbarer Präzision war das sogenannte „Kleine Sanktuar" ebenfalls nach Norden ausgerichtet.

Während dieses Denkmal einen durchaus antiken Eindruck macht – vergleichbar mit einer provinziellen Variante der berühmten „Sonnenuhr des Augustus" in Rom –, erscheint die auf Tafel VII ebenfalls erkennbare hufeisenförmige Anlage im Kreis archaischer. Nach Lage der Dinge ist sie frühgeschichtlich, den europäischen Parallelen zufolge möglicherweise vorgeschichtlich. Wie Abb. 5.15 zeigt, öffnet sich das Hufeisen nach Südosten (um 32° von Ost nach Süd). Dies ist innerhalb von zwei Grad das Aufgangsazimut der Sonne zur Wintersonnenwende um das Jahr 0 bei freiem Horizont (siehe Abb. A 4). In Richtung dieses Sonnenaufganges liegt auch eine gefaßte Feuerstelle. Der Grabungsplan von Sarmizegetusa enthält darüber hinaus noch rechtwinklige Plattensetzungen, deren große Achsen um den gleichen Winkel von Ost nach Nord weisen. Hier bietet sich eine Deutung als Sommersonnenwendrichtung an.

Objekte mit vermuteter astronomischer Funktion

Sarmizegetusa Regia

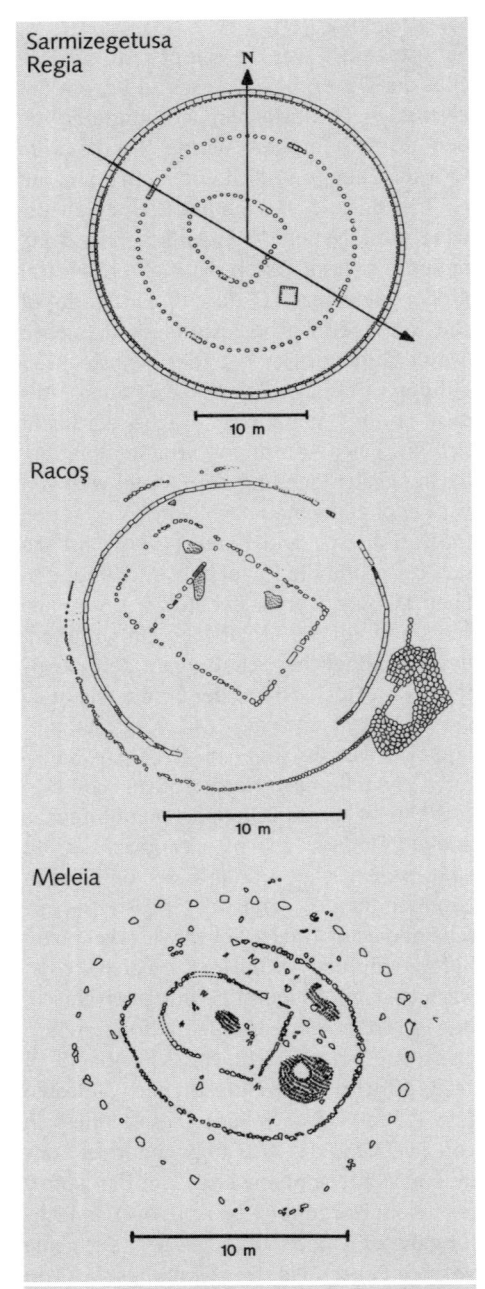

Racoş

Meleia

Abb. 5.15 Dakische Apsisformen von Sarmizegetusa Regia, Racoş und Meleia (Rumänien). Alle drei Bauwerke sind orientiert in Richtung des Sonnenaufganges zur Wintersonnenwende (umgezeichnet nach Stánescu und Kerek 1996).

Zwei weitere Plattensetzungen zeigen mit ihren Längsachsen auf Horizontpunkte, die weder für die Sonne noch den Mond erreichbar sind.

Weitere dakische Denkmäler
Die typische Hufeisen- oder Apsisform tritt in Dakien häufiger auf. Untersucht wurden Apsisformen der Fundorte Racoş und Meleia (Abb. 5.15). Beide sind wie das Hufeisen von Sarmizegetusa zur Wintersonnenwende orientiert. Für eine ähnliche Apsis bei Feţele Albe kann eine einfache astronomische Erklärung nicht gegeben werden.

Litauische Ethno- und Archäoastronomie

Litauen trat erst spät in die europäische Geschichte ein. Während die Christianisierung im Westen und in der Mitte*) Europas in den ersten Jahrhunderten nach Christus begann, war dies in Litauen erst im hohen bzw. ausgehenden Mittelalter der Fall. Damit war das Christentum aber keineswegs gefestigt, sondern die alte Religion hielt sich noch lange. Man darf daher erwarten, daß Elemente des alten Volksglaubens in Litauen länger fortdauerten. Hinzu kommt, daß die litauische Sprache – obschon zur indoeuropäischen Sprachfamilie gehörig – keine direkte Verwandtschaft mit slawischen oder germanischen Sprachen aufweist und so die eigenständige Tradition weiter begünstigte.

Von großer Bedeutung für die Landwirtschaft waren die Plejaden (im folgenden zitiert nach J. Vaiškūnas 1996). Ganz ähnlich wie im vorsokratischen Griechenland (Kapitel 4) galt

– die letzte Sichtbarkeit der Plejaden in der Abenddämmerung als Beginn des Pflügens der Äcker und dann des Ausbringens der Frühjahrssaat,

*) Tatsächlich liegt die geographische Mitte Europas in Litauen, auch wenn dies zunächst überraschen mag.

- die Südstellung der Plejaden vor Sonnenaufgang als Beginn der Roggensaat,
- die Stellung der Plejaden vor Sonnenaufgang als Beginn der Kartoffelernte,
- im September während der Dreschzeit die Südoststellung der Plejaden als Ende der Nachtruhe.

Auch aus den Sternbildern des Orion und des Großen Wagens wurden derartige Stichdaten abgeleitet. Eine interessante Parallele zu Bezeichnungen in anderen Teilen Europas und Asiens zeigt die Benennung des Großen Wagens, der einerseits *Arklys* (= Pferd), zum anderen aber *Grižulas* (= Reitbahn, Kreis zum Zureiten der Pferde) heißt. Auch die Römer sahen in der Zirkumpolarregion einen Dreschplatz mit sieben umlaufenden Stieren (= *Septemtriones*). Bei den Mongolen war dies die „zentrale geheime Umzäunung".

Bei den Planeten fällt auf, daß Morgen- und Abendstern noch als verschiedene Gestirne galten. Die Bezeichnung *aušros žvaigždė* (= Morgendämmerungsstern) ist natürlich urverwandt mit dem lateinischen *aurora* oder griechischen *eos* (= Morgenröte). Im übrigen waren die Planeten „Tiersterne", die unter den anderen Sternen herumwanderten. Hieraus erhellt sich einmal mehr die Bezeichnung „Tierkreis" für die Ekliptikalregion, die ja aus den klassischen Konstellationen so ohne weiteres nicht hervorgeht (nur die Hälfte unserer Tierkreissternbilder stellt Tiere dar).

Soviel in Kürze zur altlitauischen Sternkunde, die natürlich auf Nachbargebiete wie etwa Ostpreußen übertragbar war. S. Lovčikas (1996) ergänzt diese Beobachtungstechniken und Namensgebungen aus der Neuzeit durch die folgenden archäologischen Befunde.

An erster Stelle standen Steinidole oder -altäre, die sich an schwer zugänglichen Plätzen befanden. Noch in der Neuzeit wurden sie verehrt, und zwar zur Neumondzeit. Einen Fels mit Sonne, Mond und Stern aus der Gegend von Karališkės zeigt Tafel VIII. Gelegentlich wurden derartige Steine „Sonnen" genannt. Auch Solstitiallinien zwischen Steinen werden angegeben, so für die Sommersonnenwende in der Nähe des Ortes Noreikiškės und bei Memel. Um diese Steine ranken sich natürlich Legenden, die denen in der Bretagne oft bis aufs Haar gleichen. Hierzu eine Parallele.

Zwischen den Ortschaften Marcinkonys und Mančiagirė befindet sich eine Gruppe von Steinen, von denen man sich folgendes erzählt: Ein Kriegsherr und Zauberer wurde einmal von einer großen feindlichen Armee angegriffen. Als er seine Niederlage kommen sah, verwandelte er sich und seine Soldaten in Steine.

Über die Steinreihen bei Carnac in der Bretagne lautet der Bericht ähnlich: Der hl. Cornelius (ca. 250 n. Chr.) wurde von heidnischen Soldaten aus Rom vertrieben. Sie folgten ihm bis an die bretonische Küste bei Carnac, wo er schließlich mit dem Rücken zum Meer stand. Da verwandelte er die feindlichen Soldaten in Steine.

Dieses „Soldaten zu Steine"-Motiv tritt in der Bretagne häufiger auf. Sicherlich handelt es sich um christliche Umdeutungen alter Mythen (der heidnische Zauberer und seine ungläubige Schar unterliegen), deren Vorformen in megalithischer Zeit wohl in ganz Europa erzählt wurden.

Steinkreise oder deren Überreste gibt es in Litauen ebenfalls. Ein Ring aus sechs Steinen mit Zentralstein befindet sich bei dem Ort Imbarė, ein anderer – inzwischen zerstörter – stand nahe Mackėnai.

Im vierzehnten und fünfzehnten Jahrhundert wurde nahe Polangen/Palanga an der Ostsee ein Hügelheiligtum errichtet, gekennzeichnet durch eine größere Anzahl von Holzpfählen in Hufeisenform (Abb. 5.16). Die Achse dieses Hufeisens weist in Richtung des Sonnenuntergangs am 23. April. Zu dieser Zeit kamen dort die kurischen Stämme zu ihrer Frühjahrsfeier zusammen. Es überrascht daher nicht, daß später die Kirchen an solchen Orten dem hl. Georg geweiht wurden, dessen Festtag der 23. April ist. Nachfolgend zwei Strophen aus litauischen Volksliedern,

Objekte mit vermuteter astronomischer Funktion

Abb. 5.16 Plan des Hügeltempels von Polangen/Palanga (Litauen). Auf dem sich hufeisenförmig zur Ostsee hin öffnenden Hügel Birutė (Höhenlinien) wurde bei archäologischen Ausgrabungen eine größere Anzahl von Pfostenlöchern entdeckt (ausgefüllte Kreise). Die zentrale Pfostenkonstruktion (gestrichelt verbunden, ursprünglich wohl überdacht) ist zum Sonnenuntergang am 23. April ausgerichtet, dem kurischen Frühjahrsfest (umgezeichnet nach Lovčikas 1996, unter Verwendung von Daten von V. Žulkus und L. Klimka; ohne Maßstab).

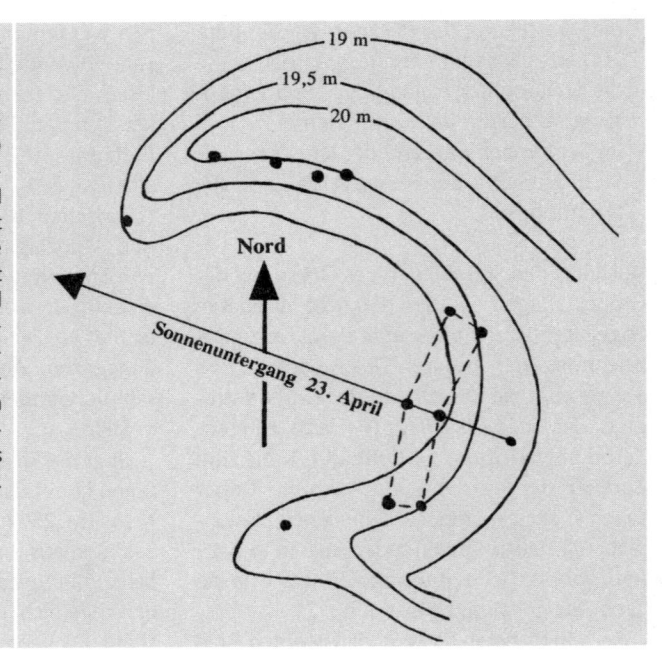

die die alten Beobachtungstechniken beschreiben (mitgeteilt von S. Lovčikas, übertragen von W. S.):

Dai aš nueisiu ant aukšto kalno,
Dai pamatysiu tėvulio dvarą.
Tėvulio dvare treji varteliai.
Vienuos varteliuos Saulutė teka,
Kituos varteliuos Mėnulis leidžias.

Zum hohen Hügel will ich gehn,
Um meines Vaters Schloß zu sehn.
Drei Tore tun sich vor mir auf,
In einem steigt die Sonn' hinauf,
Der Mond im andern nieder.

Dies ist eine gute Beschreibung der Funktion des Hügelheiligtums von Polangen (oder eines ähnlichen), zumal die litauischen Wissenschaftler über die in Abb. 5.16 aufgeführte Sonnenrichtung noch Mondstationen über anderen Pfosten diskutieren (Lunisolar-Anlage). Doch was hat es mit dem dritten Tor auf sich? Eine zweite Variante dieses Liedes ergänzt: „Unsere Schwester, eine Braut, blickt zum dritten Tor hinaus." Eine Hochzeit und der sich ankündigende Wonnemonat Mai gehören eben auch in Litauen zusammen.

Eine reine Sonnenbeobachtung an der Ostsee dürfte dem folgenden Vers zugrunde gelegen haben:

Oi ant marių ant mėlynių
Da Saulalė stulpavojo.
Da an dzviej trijų stulpelių,
An devynių strėlalių.

Über dem Meer, dem blauen,
Die liebe Sonne auf dem Pfahle steht.
Auf zwei, drei kleinen Stützen,
Auf neun kleinen Pfeilen.

Insgesamt sind also zwölf oder dreizehn Sonnenpositionen durch Pfosten bzw. Pfeile abgedeckt. Diese beiden Strophen beschreiben in einmaliger Weise archaische (wenn auch nicht im eigentlichen Sinne vorgeschichtliche) Beobachtungsorte und Beobachtungsverfahren und stützen die stets indirekt erschlossenen astronomischen Funktionen prähistorischer Denkmäler. Sie belegen einmal mehr die Wichtigkeit der Einbeziehung volks- und völkerkundlichen Materials in die frühe Geschichte der Astronomie. Dieser Notwendigkeit haben die Wissenschaftler Litauens, Lettlands und Estlands dadurch Ausdruck verliehen, indem sie die Kombination aus Ethno- und Archäoastronomie als *Paläoastronomie* bezeichnen.

Auf dem Weg in die Moderne – Elemente heutiger Astronomie in der Vergangenheit

Die Beobachtung astronomischer Phänomene in der Vergangenheit hatte vor allem eine Aufgabe: die Orientierung in Raum und Zeit anhand der *Positionen* von Sonne, Mond und Sternen. In der Sprache der heutigen Astronomie würde man diese Richtung als Astrometrie bezeichnen, die Wissenschaft von der Vermessung der Positionen der Gestirne. Bis zum letzten Drittel des neunzehnten Jahrhunderts waren Astronomie und Astrometrie ebenso gleichbedeutend wie heute Astronomie und Astrophysik. Es war die große Leistung von Kirchhoff und Bunsen, die – angeregt durch die Farbenspiele eines festlichen Feuerwerks über der Ruine des Heidelberger Schlosses – die Möglichkeit erkannten, anhand (spektro)physikalischer Techniken dieser Wissenschaft ein neues Gebiet zu eröffnen, eben das der Astrophysik.

Wie stark die Astronomen bis weit ins neunzehnte Jahrhundert auf die Astrometrie fixiert waren, zeigt der bekannte Ausspruch eines der größten Astronomen dieser Zeit. Friedrich Wilhelm Bessel (1784–1846) bemerkte einst, es sei die alleinige Aufgabe der Astronomie, Regeln für die Bewegung jedes Gestirns zu finden, aus welchen sein Ort für jede beliebige Zeit bestimmt werden könne. Alles andere „sei zwar der Aufmerksamkeit nicht unwert", aber nicht von eigentlich astronomischem Interesse. Dabei hat Bessel der sich später entfaltenden Astrophysik durchaus Vorschub geleistet. Er war der erste, der eine Fixsternentfernung bestimmte (im Jahre 1838 für den Stern 61 Cygni), schloß 1844 aus gewissen Bewegungsanomalien von Sirius und Prokyon auf die Existenz damals noch nicht sichtbarer Begleitsterne und machte Beobachtungen zur Taumelbewegung des Kerns des Halleyschen Kometen. Diese sind – trotz einer Flotte von Raumsonden 1986 zu diesem Kometen – noch heute von Bedeutung. Ohne die Forscherpersönlichkeit Bessels herabsetzen zu wollen, darf man aber die oben zitierte Äußerung im Sinne dieses Buches als „steinzeitlich" bezeichnen.

Eine ganz andere Art von Astronomie vertrat Johann Zöllner (1834–1882). Er konstruierte (nach mehreren Vorgängern) im Jahre 1861 ein Photometer mit dem ersten brauchbaren Kolorimeter, welches Sternhelligkeiten und Sternfarben zu messen gestattete. Das Zöllnersche Kolorimeter ist der Vorläufer aller Farbmessungen der Astrophysik, die heute, auf wesentlich verbesserter Basis, das Alter von Sternen, ihre chemische Zusammensetzung, die Einflußnahme vorgelagerten interstellaren Staubes und dergleichen festzustellen gestatten. Inzwischen ist der Begriff der „Farbe eines Sternes" natürlich verfeinert worden. Wir verstehen heute darunter das Verhältnis der Lichtintensitäten in genau festgelegten Wellenlängenbereichen und setzen nicht mehr das Auge als Sensor ein, sondern einen elektronischen Empfänger.

Es ist bemerkenswert, daß es möglicherweise bereits in der Antike einen einigermaßen definierten Farbbegriff gab, der sogar einen Anschluß an das heutige Standardsystem der Astronomie erlaubt. Dazu mehr im nächsten Abschnitt.

Ein anderer Schwerpunkt der heutigen Astrophysik ist die Beschäftigung mit ausgedehnten, flächenhaften Objekten. Dazu gehören die Milchstraße und ihre Schwestersysteme, die Galaxien, aber auch die berühmte Hintergrundstrahlung. Die klassische Astronomie dagegen (siehe Bessel) war im wesentlichen an den punktförmigen Sternen interessiert. Diese allein haben scharf definierte Positionen am Himmel, die man mit den

Objekte mit vermuteter astronomischer Funktion

ständig verfeinerten Methoden der Mathematik im Rahmen der sogenannten Himmelsmechanik analysieren konnte. Demgegenüber sind ausgedehnte und diffuse Objekte wie etwa das Zodiakallicht, Kometen, die Milchstraße oder Spiralnebel erst in diesem Jahrhundert so recht „greifbar" geworden. Der Grund liegt im wesentlichen an der Verfügbarkeit objektiver und vor allem quantifizierbarer Registrierverfahren. Viele der interessantesten Entdeckungen dieses Jahrhunderts betreffen solche diffusen Strukturen. Erwähnt seien die bereits oben aufgeführte Mikrowellen-Hintergrundstrahlung als Hinweis auf den Urknall, die berühmte 21-cm-Strahlung unserer Milchstraße und die Gammastrahlung ausgedehnter Dunkelwolken.

Diese zwei Schwerpunkte der heutigen Astrophysik, nämlich die spektrale Analyse der Sternstrahlung („Sternfarben") wie auch die Kartographierung ausgedehnter Objekte („Milchstraße") haben durchaus Wurzeln, die bis in die Antike zurückreichen. Sie finden sich in astronomischen und astrologischen Werken der Zeitenwende und wurden offensichtlich bis ins Mittelalter weiter tradiert bzw. fortentwickelt. Doch zunächst zu diesen Werken selbst.

Das umfangreichste Werk der klassischen antiken Astronomie ist ohne Zweifel der *Almagest* des Claudius Ptolemäus. Entstanden etwa um das Jahr 140 n. Chr., war er bis ins Mittelalter schlechthin *das* Lehrbuch der Astronomie. Als Original ist der Almagest nicht mehr vorhanden. Es existieren aber eine Fülle von Abschriften, die in islamischer Zeit gesammelt wurden (darunter von dem berühmten Kalifen Harun al Raschid). Der Versuch einer Rekonstruktion des Originals ist primär natürlich eine Aufgabe für den Philologen – nicht des Astronomen –, der versucht, die durchaus unterschiedlich überlieferten Versionen zu vergleichen, Spreu von Weizen zu trennen und so eine der ursprünglichen Intention des Verfassers möglichst nahekommende Version zu kompilieren. Ganz wird dies natürlich nie gelingen.

Der Almagest ist eine bemerkenswerte Mischung aus Empirie und Theorie. Die theoretischen Elemente, etwa die auf sechs Dezimalstellen (!) genauen „Sinus"-Tafeln*), seine leistungsstarke Planetentheorie mit ihren Epizykeln und Deferenten und sein vergebliches Bemühen um die sphärische Trigonometrie, sollen hier nicht weiter erörtert werden. Interessanter im Rahmen dieser Ausführungen ist der Sternkatalog mit den Positionen von 1025 Sternen. Ursprünglich wohl auf den drei Jahrhunderte früher lebenden Astronomen Hipparch zurückgehend, gibt er für einige Sterne neben den Positionen am Himmel auch deren Farben an. Weiterhin enthält er eine genaue Beschreibung der Umrißlinien der Milchstraße. Wesentlich genauere Farbbeobachtungen enthält jedoch das ebenfalls von Claudius Ptolemäus verfaßte astrologische Schwesterwerk Tetrabiblos. Die Beschreibung des Verlaufs der Milchstraße (Almagest) und die der Sternfarben (Tetrabiblos) sind insofern archaisch, als sie nicht mit Hilfe von Instrumenten, sondern mit dem bloßen Auge gewonnen werden mußten. Anders als die Sternpositionen sind diese beiden Beobachtungen auch dadurch ausgezeichnet, daß

– es während der Überlieferungsphase keinerlei meßtechnische Kontrollmöglichkeit gab und
– sie erst im zwanzigsten Jahrhundert korrekt bewertet werden können.

Sternfarben

Heute sind Astronomie und Astrologie völlig getrennte Welten. In der Antike war diese Differenzierung aber keineswegs so scharf. Es gab noch keine statistischen Testverfahren; zufällige Treffer wurden als Bestätigung der Astrologie angesehen. In dieser Zeit lebte Claudius Ptolemäus. Es spricht für seinen kritischen Geist, daß er – obwohl Verfasser eines

---

*) Die Ingenieure und Techniker des Römischen Reiches benutzten statt des ihnen noch nicht bekannten Sinus die sehr ähnliche Corda-Funktion (crd). Es gilt: $\operatorname{crd} \alpha = 2 \cdot \sin(\alpha/2)$.

Astrologiekompendiums – den Almagest von astrologischen Einflüssen völlig freihielt. In der Tetrabiblos ordnet Ptolemäus die Sterne den fünf Planeten seiner Zeit zu. Diese Verbindung von Fixsternen und Planeten hielt sich bis ins Mittelalter. Alfons X. von Kastilien (genannt der Weise, 1252–1282) gibt in seinem Werk *Libros del Saber* eine Liste von Fixsternen mit dieser Eigenschaft (natura), die der des Ptolemäus weitgehend entspricht. Bemerkenswert ist die Feststellung, daß sich in dieser natura die Farben der Fixsterne zu verbergen scheinen, denn auch Planeten zeigen Farbunterschiede. Ein rötlicher Fixstern beispielsweise wird stets mit einem rötlichen Planeten (etwa dem Mars) verglichen. Geht man von dieser Entsprechung einmal aus, so kann man aus der „natura" eines Fixsterns mit Hilfe der astrophysikalisch bestimmten Planetenfarben einen Farbwert (mit der international vereinbarten Farbkenngröße B-V) berechnen. In Abb. 5.17 sind die so ermittelten Werte mit den modernen Bestimmungen verglichen (Schlosser und Bergmann, in Vorbereitung). Drei Sachverhalte verdienen festgehalten zu werden:

– es besteht eine deutliche Beziehung zwischen den antiken und modernen Farbwerten B-V,

– der antike Farbwert liegt bei weißen Sternen (links unten in Abb. 5.17) systematisch um etwa 0,9 Einheiten zu hoch gegenüber modernen Werten,

– ein solches klares Diagramm läßt sich nur mit den hellsten Sternen erzielen (bis zur Helligkeit von 1,25 Größenklassen). Nimmt man schwächere Sterne hinzu, so ist keinerlei Ordnung im Diagramm mehr zu erkennen.

Der letzte Punkt ist ohne weiteres verständlich. Das menschliche Auge vermag bei schwächeren Sternen kaum mehr nach Farben zu differenzieren. Überraschend ist jedoch die zweite Feststellung. Da die Planeten und die hellsten Fixsterne vergleichbare Helligkeiten besitzen, sollte man auch eine ähnliche Farbbewertung erwarten. Eine befriedigende Deutung dieser Diskrepanz steht noch aus.

Abb 5.17 Vergleich zwischen den astrophysikalisch bestimmten Farben der hellsten Sterne bis zur Größenklasse 1,25 in den *Libros del Saber* (Abszisse) mit den Farbwerten der ihnen zugeordneten Planeten (Ordinate). Es besteht eine deutliche Beziehung zwischen beiden Größen. Sirius wurde in das Diagramm nicht mit einbezogen, da er als zu rot herausfällt (wie so oft bei alten Siriusbeobachtungen) (nach Schlosser und Bergmann, in Vorbereitung).

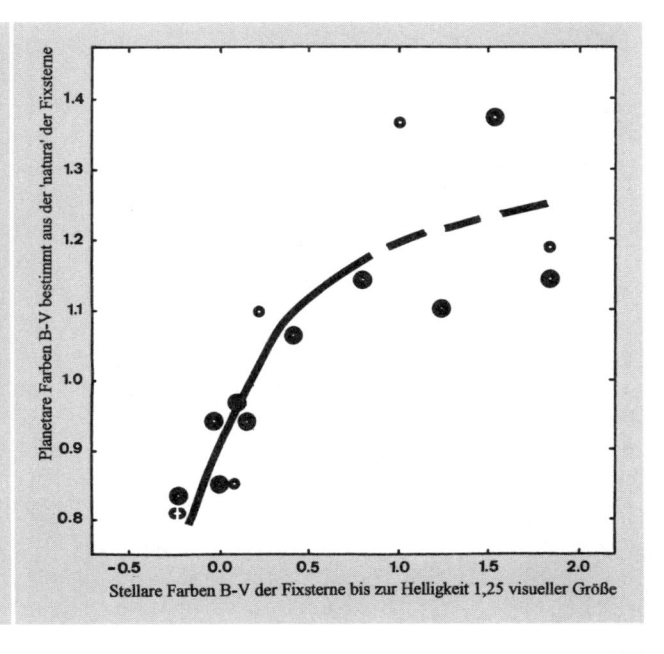

Objekte mit vermuteter astronomischer Funktion

Flächenhelligkeit der Milchstraße

Im achten Buch seines Almagest beschreibt Ptolemäus die Umrißlinien des Milchstraßenbandes, indem er die begrenzenden Sterne aufführt. Nun hat die Milchstraße aber keine scharfe Grenze, sondern dünnt mit wachsendem Abstand vom galaktischen Äquator immer mehr aus. Was Ptolemäus wirklich sah – und was weder er noch seine Kompilatoren des Mittelalters wissen konnten –, war dies: Ptolemäus beschrieb in Wirklichkeit nicht die Milchstraße, sondern die Kontrasterkennungsfähigkeit des menschlichen Auges am Nachthimmel. Die Milchstraße ist zwar die dominierende Quelle der Nachthimmelshelligkeit. Sie muß sich aber gegen das Zodiakallicht durchsetzen, vor allem jedoch gegen das Eigenleuchten der nächtlichen Atmosphäre. Erst wenn sie um einen bestimmten Faktor heller ist als die konkurrierenden Objekte, registriert sie der Mensch als „Milchstraße".

Die Helligkeit der Milchstraße, des Zodiakallichtes und der Erdatmosphäre sind erst seit wenigen Jahrzehnten mit hinreichender Genauigkeit bekannt. Daher ist es erst jetzt möglich, diese Passagen im Almagest zu bewerten. Ein interessantes Nebenergebnis einer Studie zu diesen Beobachtungen des Ptolemäus ist die Festellung, von welcher geographischen Breite aus diese Milchstraßenbeobachtungen durchgeführt wurden (Schlosser, Hoffmann 1993). Es ergibt sich die Breite von Oberägypten. Nun ist bekannt, daß Ptolemäus in Alexandrien weilte, denn er war Bibliothekar an der damals weltberühmten Bibliothek zu Alexandria. Die Milchstraßenbeobachtungen wird er (oder seine Gewährsleute) wohl auf Reisen nilaufwärts angestellt haben.

6. Kontinuität archaischer Sonnen-beobachtungstechniken in historischer Zeit

Die in Kapitel 5 vorgestellten Verfahren zur Beobachtung von Sonne, Mond und Sternen und ihre astronomisch-kalendarische Nutzung von der Steinzeit bis in unser Jahrhundert sollten die Vielfalt der angewandten Techniken demonstrieren. Von der Bestimmung der Jahreszeit mittels heliakischer Sternaufgänge bis hin zur Abstrahierung der Kardinalrichtungen im jungsteinzeitlichen Totenkult ist so ziemlich alles vertreten, was derzeit auf archäoastronomischen Fachkonferenzen und in den einschlägigen Journalen diskutiert wird. Es fragt sich, ob diesem Nebeneinander der verschiedensten Verfahren auch ein Nacheinander einer bestimmten Beobachtungstechnik zugeordnet werden kann, welche kontinuierlich über die Jahrtausende zu verfolgen und deren Übernahme durch andere Kulturen mehr oder weniger nahtlos nachweisbar ist. Eine solche Tradition wäre eine Stütze beispielsweise der für die Jungsteinzeit vermuteten Kontinuität der Ausrichtung der Toten nach den Haupthimmelsrichtungen. Nach den Ausführungen in Kapitel 3 dauerte die Jungsteinzeit gut dreieinhalb Jahrtausende. Wenn vergleichsweise die letzten Auswirkungen einer solchen Tradition noch bis in dieses Jahrhundert hinein zu beobachten wären, so hätte ihr Anfang um 1500 v. Chr. liegen müssen.

Eine solche Tradition gibt es in der Tat. Es handelt sich dabei um Sonnenbeobachtungen zur Bestimmung des Neujahrsfestes und anderer Stichdaten, die weit in vorchristlicher Zeit im indo-iranischen Raum begannen, sich dann mit der Ausbreitung des Mithraskultes in den abendländisch-römischen Kulturkreis verlagerten und schließlich auch im Christentum nachweisbar sind. Man darf die Anfänge dieser Tradition in der iranischen Vorgeschichte (ab 3000 v. Chr.) vermuten. Greifbar werden sie jedoch erst bei den Achämeniden (erstes Jahrtausend v. Chr.), als der persische Großkönig selbst die aufgehende Sonne zum Jahresbeginn begrüßte. Die hier vorgestellte Sequenz ist sicher nicht die einzig mögliche. Sie knüpft an Arbeiten an, die der Hamburger Iranist W. Lentz in Zentralasien vor über sechzig Jahren begonnen hatte und die dann in Zusammenarbeit mit dem Deutschen Archäologischen Institut Teheran fortgeführt wurden (Persepolis). Im Jahre 1967 schließlich stieß einer der Autoren dieses Buches (W. S.) dazu, der seit seiner Studentenzeit eine Anzahl afrikanischer, vorder- und mittelasiatischer Fundorte durchwandert hatte und mit Kompaß und Kamera seinen Beitrag zu diesem Thema liefern konnte. Insofern ist dieses Kapitel auch ein Teil persönlicher Geschichte, aber welches Buch ist frei davon?

Iranische Vorgeschichte

Bereits in der Frühzeit des späteren Weltreiches der Perser tritt mit dem sogenannten Stier-Löwe-Motiv ein Symbol auf, das zu astronomischen Spekulationen geradezu einlädt. Etwa ab dem Jahre 3000 v. Chr. werden Löwe und Stier – wechselseitig einander beherrschend – oft auf Rollsiegeln etc. dargestellt. Die Sternbilder Löwe und Stier liegen knapp sechs Rektaszensionsstunden auseinander (damals wie heute). Wie das Diagramm A12 belegt, sind Löwe und Stier in der Gegenwart markante Vertreter des Frühlings- und Winterhimmels. Vor 5000 Jahren bestimmten sie den Winter- bzw. Herbsthimmel. Ging der Löwe auf, so war der Stier nahe seiner Kulmination. Stand der Löwe für Persien nahe dem Zenit, so ging der Stier unter. Man konnte auch am Sternenhimmel die wechselseitige Dominanz der beiden Tierkreissternbilder beobachten. Auf der anderen Seite stand die Sonne im Sommer im Löwen, während der Stier den Frühlingspunkt markierte. So waren diese beiden Sternbilder Vertreter des Sonnenhöchststandes und des Äquinoktiums, also zweier ausgezeichneter Jahreszeitpunkte. Dies setzt allerdings voraus, daß der Tierkreis zu jener Zeit schon bekannt war.

Eine alternative Zuordnung ist die des Löwen zur Sonne und des Stieres zum Mond. Der Kampf der beiden Tiere wäre dann ein Finsternismythos. Besiegt der Stier den Löwen, dann wäre dies das Abbild einer Sonnenfinsternis, im anderen Falle Symbol für eine Mondfinsternis. Man erkennt jedoch, daß in dieser frühen Phase der iranischen Vorgeschichte noch keine hinreichende Sicherheit darüber zu erlangen ist, ob und wie dieses so häufig dokumentierte Stier-Löwe-Motiv zu deuten ist.

Persepolis

Bisher ist ungeklärt, aus welchem Grund der persische König Darius der Große um 520 v. Chr. die alten Residenzen Susa und Pasargadä (wohl: Perserlager) um die in der ausgedehnten Steppe nördlich von Schiraz befindliche Palastanlage Persepolis ergänzte. Wirtschaftliche und militärische Gründe lassen sich dafür kaum heranziehen. Eher darf das Gegenteil vermutet werden: Äußere und innere Sicherheit waren damals soweit gefestigt, daß andere, im weitesten Sinne wohl zeremoniell-religiöse Gründe ausschlaggebend gewesen sein könnten. War Persepolis als „Monument für die Ewigkeit" gedacht? Doch blicken wir einmal in die Frühzeit des iranischen Königtums zurück.

Der persische Dichter Firdausi, der um das Jahr 1000 n. Chr. sein Königsbuch (Schahname) schrieb, bemerkte über einen mythischen König Dschemschid aus der Frühzeit des Iran, dieser habe neben anderen Werken der Zivilisation auch den Neujahrstag eingerichtet. Kam er nach Aserbaidschan im Nordwesten des Landes, so trugen ihn die Leute auf ihren Schultern umher. Wenn der erste Strahl der Morgensonne auf ihn fiel, war Jahresbeginn. In diesem Zusammenhang ist die Tatsache bemerkenswert, daß die volkstümliche Bezeichnung der Ruinen von Persepolis *Tachte Dschemschid* (Thron des Dschemschid) lautet. Der Schriftsteller al-Beruni (gest. 1048) führte ergänzend aus, daß in den ältesten Zeiten der Jahresbeginn der Perser zur Sommersonnenwende gefeiert wurde.

Damit haben wir einen Hinweis, daß im alten Persien der König auch eine Funktion als „Kalendermann" innehatte. Ein spätes Echo darauf wird uns in einem späteren Abschnitt des Kapitels begegnen. Es gibt jedoch noch weitere Auffälligkeiten, die mit der Lokalität und der Gründungszeit von Persepolis zusammenhängen. Beginnen wir mit einem geographischen Umstand, der zufällig sein kann, der aber festgehalten zu werden verdient: Persepolis liegt fast exakt auf dem dreißigsten Breitengrad. Dieser Breitengrad beschreibt nicht nur eine runde Zahl; ein Ort auf ihm liegt auch genau zwischen der Äquatorebene der Erde und der Horizontebene durch den Nordpol. Natürlich soll damit keinesfalls behauptet werden, die Perser wären vom Äquator zum Nordpol gereist und hätten danach den Ort von Persepolis festgelegt. Es ist dies einfach eine Folge der Geometrie einer Kugel (oder eines Kreises) gleich welcher Größe. Allerdings würde eine solche Konstruktion nur dann einen Sinn ergeben, wenn damals bereits die Gestalt der Erde als Kugel erkannt worden wäre. Die Pyramiden von Gizeh liegen ebenfalls auf dem dreißigsten Breitengrad. Auch hier wären die Erbauer frei gewesen, einen anderen Bauplatz zu wählen, denn hier wie dort läßt das Gelände auch andere Breitengrade zu. Auffällig ist, daß die Orte der beiden Denkmäler ein wenig von 30° abweichen. Beide sind um einige Bogenminuten nach Süden versetzt. Eine solche Abweichung in der Richtung und auch dem Betrage nach ist zu erwarten, wenn beim Einmessen dieser Orte die Strahlenbrechung in der Atmosphäre nicht bekannt war (Kapitel 4). Daß die alten Ägypter sorgfältige Geometer waren, ist gut dokumentiert. Die Cheopspyramide ist mit gleicher Präzision nach den vier Haupthimmelsrichtungen orientiert. Form und Ausmaße der Erde waren im alten Ägypten wohlbekannt. Die Beziehungen zwischen Persien und Ägypten waren übrigens recht eng, da Persien zeitweilig Kolonialmacht in Ägypten war.

Auch aus einer zweiten kulturellen Hinterlassenschaft aus der Zeit Darius' des Großen können wir die Beschäftigung der Iraner mit mathematischen Ordnungsprinzipien erahnen. In der berühmten *Felsschrift von Behistun* beschreibt Darius einen versuchten Thronraub, den er in drei Sprachen mit unterschiedlichen Alphabeten anprangert. Ende der sechziger Jahre fiel dem Sprachforscher G. Windfuhr (Universität Ann Arbor, USA) erstmals auf, daß sich eines der drei Alphabete (das altpersische) deutlich von den beiden anderen unterscheidet. Auch dies ist ein Keilschriftalphabet; jedoch werden die beiden Grundzeichen Winkel und Strich nach einfachen Ordnungsprinzipien und in völlig systematischer Weise zur Bildung der einzelnen Buchstaben verwendet.

Es waren eben nicht nur die heute noch nachweisbaren Leistungen auf den Gebieten des Bauwesens oder der Metallurgie, die bewundernswert sind. Darüber hinaus gab es sicher bemerkenswerte Einsichten in viele Bereiche der Mathematik, Physik oder Heilkunde. Das Werk dieser frühen Gauße, da Vincis und Galens ist verweht. Nur wenige Felder wie das kleine Gebiet der Kalenderwissenschaft geben heute noch Kunde von den Kenntnissen unserer Vorvorfahren.

Doch kehren wir zurück zur Palastanlage von Persepolis. Die Astronomie kann auf zwei Aspekte aufmerksam machen, die den Zeitraum der Gründung und die Geometrie der Architektur betreffen.

Astronomische Erscheinungen zur Zeit der Gründung von Persepolis

Persepolis wurde um 520 v. Chr. gegründet. Am 10. Juni 521 v. Chr. fand im persischen Zentralland eine totale Sonnenfinsternis statt, und zwar kurz nach Sonnenaufgang. Die Sonne ging an diesem Morgen nicht hell und rund auf wie sonst immer. Statt dessen erhob sich eine schmale Sichel, die immer weiter abnahm. Die Helligkeit des kaum begonnenen Tages sank für kurze Zeit auf die einer Vollmondnacht herab, während eine geisterhaft glimmende Sonnenkorona das Land beleuchtete. Für die Menschen muß eine solche Finsternis als bedeutendes Omen erschienen sein, zumal sie nicht lange vor der Sommersonnenwende (damals am 29. Juni) eintrat.

Mit kaum weniger Aufmerksamkeit dürfte kurz zuvor ein anderes Ereignis am Nachthimmel verfolgt worden sein: eine Große Konjunktion der Planeten Jupiter und Saturn zwischen Herbst 523 und Frühling 522 v. Chr. Unter einer Konjunktion versteht man das Zusammentreffen oder enge Aneinandervorbeiziehen zweier Himmelskörper. Bedingt durch ihre Schleifenbewegung kann bei zwei Planeten eine Konjunktion sogar dreimal in kurzer Zeit zu beobachten sein. Man spricht dann von einer Großen Konjunktion. Solche auffälligen Planetenkonstellationen haben immer wieder das Interesse der Menschen erweckt, insbesondere wenn es sich dabei um die Planeten Jupiter und Saturn handelte.

Die berühmteste der Großen Konjunktionen von Jupiter und Saturn war die des Jahres 7 v. Chr., seit Johannes Kepler allgemein – wenn auch nicht unwidersprochen – als astronomische Grundlage des „Sterns von Bethlehem" gedeutet. Der österreichische Astronom K. Ferrari d'Occhieppo (1977) hat in seinem Buch „Der Stern der Weisen" die Argumente für diese Hypothese zusammengetragen, sie in Beziehung zu anderen Quellen des Vorderen Orients gesetzt und schließlich eine Übersetzung der entsprechenden Passagen des Matthäus-Evangeliums gebracht, die manche der uns vertrauten Stellen als astronomische Fachausdrücke der damaligen Zeit erklärt. Auch im Islam ist diese Konjunktion hoch bewertet worden, kündigte sie doch diese Religion an und erscheint daher unter der Nebenbezeichnung „Konjunktion der Religion".

Blicken wir nun von Christi Geburt 26 Konjunktionen dieser beiden Planeten zurück. Wir gelangen dann ins Jahr 523 v. Chr. Zu der ersten Begegnung der Planeten Jupiter und Saturn kam es Ende November. Sie fand am Morgenhimmel statt, etwas östlich des hellsten Sternes Spika in der Jungfrau, die damals (Diagramm A12) ein Frühlingssternbild war. Nach dieser ersten Begegnung entfernten sich die beiden Planeten wieder. Das zweite Zusammentreffen fand Mitte April 522 v. Chr. statt. Diesmal standen Jupiter und Saturn fast in Opposition zur Sonne, so daß dieses Schauspiel die ganze Nacht zu sehen war. Kurz vor der Sommersonnenwende des gleichen Jahres kam es zur dritten und letzten Begegnung, diesmal am Abendhimmel. Der Abstand der beiden Planeten betrug bei ihren engsten Annäherungen nur etwa 1,3°. Dies und die Nähe zum hellen Fixstern Spika muß der Großen Konjunktion einen besonderen Reiz verliehen haben. Ganz bestimmt wurde sie von den Sternkundigen mit nicht weniger Aufmerksamkeit verfolgt als von den Drei Weisen aus dem Morgenlande ein halbes Jahrtausend später.

Zur Geometrie der Architektur von Persepolis

Die Palastanlage von Persepolis ist nach einem festen Plan aufgebaut. Alle Paläste und anderen Gebäude orientieren sich an zwei senkrecht zueinander stehenden Hauptachsen, die merklich von den Haupthimmelsrichtungen abweichen. Keines der Gebäude fällt aus der Reihe (Tafel IX). Persepolis befindet sich in einem relativ ebenen Gelände. Dieses wird nach Nordosten von einem Hügelzug begrenzt, dem Kuh-i Rahmat (Berg der Gnade). Vom Palast aus gesehen hebt der langgestreckte Berg den Horizont um etwa zwölf Grad an. Der heutige Name für die Ruinenstätte Tachte Dschemschid – Thron des Königs Dschemschid – mag ein erster Hinweis auf das altpersische Neujahrsfest zur Sommersonnenwende sein (siehe oben). Und die Sommersonnenwende ist in der Tat mit der Architektur der Palastanlage eng verknüpft.

Ein herausragender Tag im altiranischen Kalender war der Neujahrstag. Die erhaltenen Basreliefs in Persepolis zeigen, daß der Großkönig an diesem Tag Abordnungen aus allen Teilen des damaligen Weltreiches empfing und ihre Abgaben entgegennahm. In jüngeren Zeiten war dies der Tag des Frühlingsbeginns, in den ältesten Zeiten der Tag der Sommersonnenwende. Wenn am längsten Tag des Jahres die Sonne über Persepolis aufgeht, dann fallen ihre Strahlen genau in Richtung der Achse des Gesamtkomplexes ein (Lentz, Schlosser 1969). Wie präzise dieser Sonneneinfall ist, zeigt Tafel X, die belegt, daß der Schatten einer Säule exakt auf die in gleicher Reihe stehende Säule trifft. Die zugrundeliegende Aufnahme stammt von G. Gropp (Deutsches Archäologisches Institut

Teheran), der auf Anregung der genannten Autoren zur Sommersonnenwende 1970 eine Serie von Aufnahmen machte. Diese Bilder erlauben aber noch einen weiteren interessanten Schluß (Lentz et al. 1971).

Wie bereits erwähnt, ist der Nordosthorizont um etwa 12° angehoben, weil die Sonne über einer Bergwand aufgeht*). Da diese aber nicht allzuweit vom Palast entfernt ist, hängt deren genaue Winkelhöhe etwas vom Standort des Beobachters innerhalb der Anlage ab. Oder anders ausgedrückt: Es gibt nur einen schmalen Bereich innerhalb von Persepolis, von dem aus betrachtet die Sonne genau in Richtung der Säulenalleen einfällt. Diese Zone geht nun durch ein Teilgebäude, dessen geringe Ausmaße kaum zu seinem Namen passen, dem Zentralsaal. Wie Gropp in einer früheren Arbeit (1971) nachgewiesen hat, gehört dieser Zentralsaal zum ältesten Komplex von Persepolis, mit ungestörtem Blick nach Nordosten. US-amerikanische Ausgrabungen hatten in ihm schon früher einen Stein mit Kreisgravierung zutage gefördert, der als *Zero-Stone* bekannt wurde und wohl eine Art von Beobachtungsmarkierung darstellte. Von hier aus also – so darf man vermuten – haben Darius und seine Nachfolger am Tag der Sommersonnenwende den Aufgang der Sonne verfolgt und daraufhin den Beginn eines neuen Jahres in alle Satrapien ihres Reiches verkünden lassen.

Der Mithraskult

Einer der bedeutendsten Kulte der Spätantike war der Mithraskult, ein Konkurrent des frühen Christentums. Seine Wurzeln weisen klar in den persischen Raum, auch wenn nicht ganz deutlich wird, wie diese östliche Religion in das römische Imperium gelangt ist. Der Lichtgott Mithras erscheint erstmals auf einer Urkunde des vierzehnten vorchristlichen Jahrhunderts. Er sollte einen Vertrag zwischen den Hethitern und ihren Nachbarn, den Mitanni, schützen. Das entspricht auch der Etymologie seines Namens, der „Vertrag" bedeutet und von „Maß" oder „den Vertrag abmessen" herrühren könnte.

Die Verehrung des Mithras erreichte ihren Höhepunkt im zweiten und dritten nachchristlichen Jahrhundert. Es waren besonders die Veteranen – ehemalige Soldaten der römischen Legionen –, die sich von der gradlinigen und gegenseitiges Vertrauen fordernden Religion angesprochen fühlten. Die aus dem Militärdienst Entlassenen wurden gern an den Grenzen des Imperiums angesiedelt.

So überrascht es nicht, daß wir die Orte ihres Gottesdienstes, die *Mithräen*, von London über Stockstadt am Main bis Dura Europos (Syrien) finden. Später wurden – wie so oft über heidnischen Heiligtümern – christliche Kirchen über den Mithräen errichtet.

Die Mithrasreligion weist unübersehbare Parallelen zum Christentum auf. Der bedeutendste Festtag der Mithrasgemeinde war der 25. Dezember, der Tag der Geburt des Mithras. Mithras wurde in einer Felshöhle geboren; er entstieg voll gerüstet der Felswand. Dabei waren Hirten seine Helfer. Seine größte Tat war die Tötung eines Stieres, die *Tauroktonie*, zentrales Bildwerk aller Mithräen. Weitere Szenen zeigen das gemeinsame Mahl von Mithras und dem Sonnengott Sol, das die Gemeinde nachvollzog. Die religiösen Formeln müssen denen des christlichen Gottesdienstes in vielen Punkten entsprochen haben. Eine (bereits auf Zarathustra zurückgehende) Formulierung lautete: „Wer nicht von meinem Leib essen und von meinem Blut trinken wird, ..., der wird das Heil nicht haben." Abgesehen von der doppelten Negation ist dies gleichlautend mit Joh. 6, 54.

---

*) Über die Vorzüge einer solchen Horizontanhebung für die praktische Beobachtung siehe Kapitel 4.

Kontinuität archaischer Sonnenbeobachtungstechniken

Nach Vollendung der Wundertaten erfolgt schließlich Mithras' Himmelfahrt (gekürzt nach Vermaseren 1965).

Während die astralen Elemente im Christentum eher implizit in Erscheinung treten (alle hohen Feiertage sind astronomisch bedingt: Weihnachten durch die Wintersonnenwende; die Karwoche, Ostern und Pfingsten durch den ersten Frühlingsvollmond), können im Mithraskult die astronomischen Bezüge viel direkter nachgewiesen werden. Dabei ist zu berücksichtigen, daß die Mithrasreligion zu den Mysterienkulten zählte. Deren Anhänger zeichneten sich nie durch eine besondere Mitteilungsbereitschaft gegenüber Außenstehenden aus, so daß die Quellenlage recht dürftig ist. Man ist im wesentlichen auf die Deutung der Bildnisse angewiesen, auf gelegentliche Graffiti in den Mithräen und natürlich auf die Kommentare christlicher Autoren über die Konkurrenz. Es überrascht nicht, daß in diesen Äußerungen Nächstenliebe, Toleranz und Ausgewogenheit nicht gerade die hervorstechenden Merkmale sind.

Mithras wurde zur Wintersonnenwende in einer Höhle geboren. Schon dies setzt ihn in Relation zur Sonne, und in der Tat gehen von seinem Kopf häufig Sonnenstrahlen aus. Aber auch die Felshöhle hat einen direkten Bezug zum Himmel. Fels- und Schädelhöhlen sind im indogermanischen Raum häufig Abbilder des Himmelsgewölbes; man denke an den Urzeitriesen Ymir, aus dessen Schädeldach der Himmel gebildet wurde. Die Herkunft des Wortes „Himmel" wird weiterhin als „steinüberdeckter Raum" gedeutet (Kluge, Mitzka 1967).

Mithras steht aber auch in Verbindung zum Mond. Jeweils der 16. eines Monats war ihm geweiht. Da die alte Tageszählung bei Neumond begann, war dies der Vollmondtag. Das Stiertötungsmotiv enthält ebenfalls eine Mondsymbolik, denn der Stier kann dem Mond zugeordnet werden (siehe oben). Schließlich war Mithras der Herr der Sterne. Sein wehender Mantel ist oft mit Sternen geschmückt, und Tierkreissymbole umgeben gelegentlich die Szene des Stieropfers.

Es fragt sich nun, ob diese reiche Astralsymbolik lediglich kultisches Beiwerk war, oder ob die Mithrasanhänger in Fortführung der altiranischen Beobachtungstechniken auch den Lauf von Sonne, Mond und Sternen verfolgten. Diese Frage muß mit großer Wahrscheinlichkeit bejaht werden. Bereits die Zeitgenossen der Mithrasjünger wunderten sich, warum die Mithräen, die ja der Verehrung eines Lichtgottes dienten, „wahre Festungen der Finsternis" waren. Und wirklich wird es in ihnen ohne künstliche Beleuchtung sehr dunkel gewesen sein. Die Ausgrabungen haben eine größere Anzahl von Objekten zutage gebracht, die ihre Wirkung auf die Gemeinde nur durch rückwärtige Beleuchtung o. ä. entfalten konnten – optische Illusionen der Antike sozusagen. Diese Tricks hätten die Gläubigen kaum beeindruckt, wenn es in den Mithräen nicht wesentlich dunkler gewesen wäre als in unseren ohnehin schon dämmerigen Kirchen.

Der Grund für die Abschottung gegen die Sonne dürfte eben gerade deren Verehrung und damit Beobachtung gewesen sein. Der Iranist W. Lentz (1975) hatte bei der Diskussion des *Mitreo Aldobrandini* in Ostia (Italien) und anderer Mithräen darauf aufmerksam gemacht, daß Löcher in den Decken und Wänden dieser Heiligtümer mit entsprechenden Zeichen auf den Fußböden in Verbindung zu bringen seien. Danach wäre ein Mithräum also – optisch gesprochen – eine Camera obscura gewesen, die der andachtsvoll harrenden Gemeinde durch den Sonneneinfall die kalendarischen Stichdaten ihrer Religion angezeigt hätte.

Der Mithraskult ging mit der Spätantike unter. Die Glaubensgrundlagen der neuen Religionen Christentum und Islam waren entweder ohne Bezug zur Astronomie oder aber richteten sich nach dem Mondkalender. So wichen die alten Sonnenbeobachtungstechniken in Randgebiete aus, in denen sie aber bis in unsere Zeit hinein praktiziert wurden.

Sonnenbeobachtungen im Hindukusch-Pamir-Gebiet

Im indo-iranischen Raum waren noch bis in dieses Jahrhundert hinein Sonnenbeobachtungstechniken im Einsatz, die denen der vorangegangenen Abschnitte entsprachen. Die Menschen dort, heute weitgehend islamisiert, hingen noch bis zum Ausgang des letzten Jahrhunderts ihrer alten und solar geprägten Religion an. Die Kalender wurden lokal festgelegt, von sogenannten Kalendermännern also für jedes Dorf getrennt bestimmt. Trotzdem waren diese Kalender so genau, daß bei überregionalen Festlichkeiten die Menschen alle am gleichen Tag zusammenkamen. Kurz vor der zwangsweisen Islamisierung bereiste ein englischer Oberst diese Gegenden. Ihm verdanken wir eine ungemein lebendige Schilderung von Land und Leuten, auch ihrer Zeitrechnung und Kalenderregulierung (Robertson 1896).

Knapp vier Jahrzehnte später finanzierte die Vorgängerin der heutigen *Deutschen Forschungsgemeinschaft* zwei Expeditionen nach Mittelasien (1928 und 1935). An beiden nahm der Sprachforscher W. Lentz teil, der dort auch kalendarische Feldforschung betrieb (Lentz 1978). Die ursprünglichen Kalender dieser Region waren im wesentlichen durch die Belange der Almwirtschaft geprägt. Eine Vielzahl von Steinsetzungen, Felsspalten und Berggipfeln erlaubte – unabhängig für jedes Dorf – die Feststellung landwirtschaftlicher, religiöser oder allgemein kalendarischer Stichdaten (siehe Tab. 6.1). Dabei waren die Sonnenwenden von ursprünglicher Bedeutung. Verantwortlich für das Kalenderwesen waren einige wenige Spezialisten, die oft für mehrere Dörfer zuständig waren. Sie galten als Respektspersonen und hatten meist gleichzeitig religiöse Pflichten zu erfüllen. Das Wissen ging vom Vater auf den Sohn über. Es ist bemerkenswert, daß dieser Doppelfunktion der Priester und Kalendermacher auch eine solche in ihrem Pantheon entsprach: Gab es doch sogar einen Gott, der für kalendarische Schaltungen zuständig war.

Vierzig Jahre nach der Islamisierung waren die Kalenderkenntnisse im Volk stark zurückgegangen. Man befragte dann Leute, die noch der alten Religion anhingen. So wurde beispielsweise der Frühlingsbeginn durch einen Felsspalt und einen Baum wie folgt festgelegt: „Wenn die Sonne des Morgens aufgeht und ihr Licht, durch einen Spalt der Felswand scheinend, einen Baum auf der anderen Talseite erreicht, so ist Neujahrsanfang (= Frühlingsäquinoktium)." Ein durchaus ähnliches Zitat aus dieser Gegend ist in Kapitel 4 aufgeführt. Diese Beispiele belegen, wie selbstverständlich es der naturverbundene Mensch noch in diesem Jahrhundert verstand, unter Heranziehung natürlicher oder künstlicher Peilpunkte kalendarische Stichdaten zu bestimmen. Wenn uns heutzutage eine derartige Kalenderregulierung fremd erscheint, dann sei umgekehrt jener Bergtadschike zitiert, der einen Forscher verwundert fragte, wie man denn in einer Stadt (Taschkent) das Datum wissen könne, da durch die Häuser doch nicht feststellbar sei, woher die Sonne komme und wohin sie wandere.

Die Bergvölker Zentralasiens beließen es jedoch nicht bei verbal tradierten Kalenderregeln. Einen schriftlich fixierten Kalender besitzen wir aus dem Hunza-Nagir-Gebiet (Lentz und Schlosser 1978). Abb. 6.1 (unten) zeigt die überlieferten Monatsnamen in der ersten und die zugehörigen Zeichen in der dritten Spalte. Diese können leicht als mittägliche Schatten eines Schattenwerfers (oben) gedeutet werden, die diesen je nach Jahreszeit mehr oder weniger vollständig auf den Boden projizierten. Die aus den astronomischen Verhältnissen errechneten Schattenformen zeigt Spalte 2, die Termine dafür Spalte 4.

Kontinuität archaischer Sonnenbeobachtungstechniken

Tabelle 6.1 Lokale Sonnenkalender im Hindukusch-Pamir-Gebiet

Termin	Ort	Technik	Peilpunkt	Empfänger-standort
Frühlings-Tagundnachtgleiche	Mirdesch	Visur	Bäume/Felsen	Stein im Dorf
	Papruk	Gnomon (?)	–	Kerben in Säulen
	Dren	Gnomon	Fenster etc.	Wand
	Balanguru	Gnomon	Spalt in Felswand	Baum auf anderer Talseite
	Kunisht	Gnomon	Wandloch	Zeichen auf Wand
Sommersonnenwende	Chindsch	Visur	–	Maulbeerbaum vor Moscheetür
	Pendschirtal	Gnomon	Fenster	Sonnenzeichen an Wand
	Bargromatal	–	Loch in Mauer	–
	Lener	Visur	Berge	Sitzplatz im Dorf
	Nilau	Visur	Mauer	–
Herbst-Tagundnachtgleiche	Mirdesch	Visur	Bäume/Felsen	Stein im Dorf
	Papruk	Gnomon (?)	–	Kerben in Säulen
	Dren	Gnomon	Fenster etc.	Wand
	Kunisht	Gnomon	Wandloch	Zeichen auf Wand
Wintersonnenwende	Chindsch	Visur	–	weißer Stein der Burg
	Pendschirtal	Gnomon	Fenster	Sonnenzeichen an Wand
	Bargromatal	–	Loch in Mauer	–
	Lener	Visur	Berge	Sitzplatz im Dorf
	Nilau	Visur	Mauer	–
Beginn der Frühjahrspflügung	Chitral	Visur	zwei Steinsäulen als Sonnenöffnung	–
Landwirtschaftliche Stichdaten	Gilgitbezirk	Visur	Steinaufbauten am Horizont	–
	Papruk	Visur	Berge	–
–	Gebiet der Pamirtadschiken	Gnomon	Fenster	Sonnenzeichen an Wand
–	Kurder	Gnomon	Säulen	lehmbeschmierte Wand
–	Kabul	Visur	Berge	Stadtgebiet

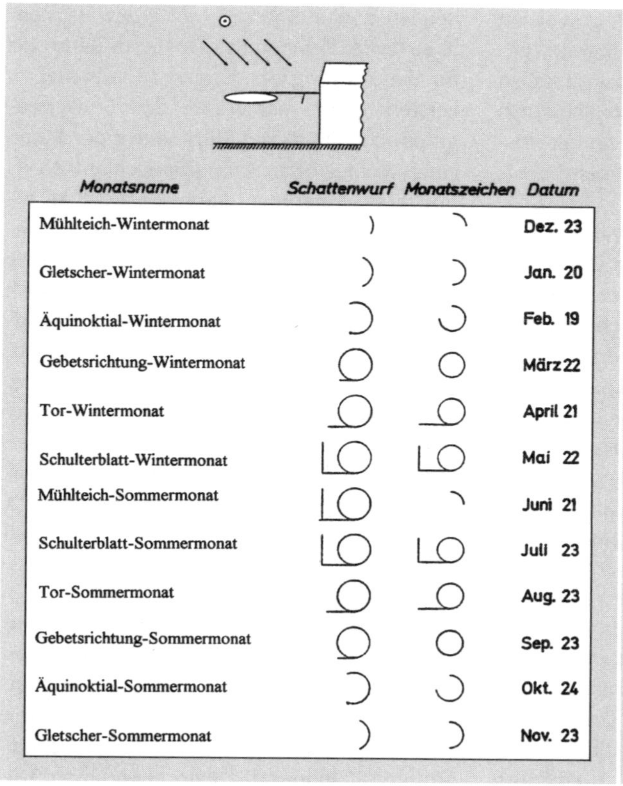

Archaische Sonnen- und Mondbeobachtungen

Monatsname	Schattenwurf	Monatszeichen	Datum
Mühlteich-Wintermonat	)	⌐	Dez. 23
Gletscher-Wintermonat	)	)	Jan. 20
Äquinoktial-Wintermonat	⊃	⊂	Feb. 19
Gebetsrichtung-Wintermonat	○	○	März 22
Tor-Wintermonat	○	○	April 21
Schulterblatt-Wintermonat	⌊○	⌊○	Mai 22
Mühlteich-Sommermonat	⌊○	⌐	Juni 21
Schulterblatt-Sommermonat	⌊○	⌊○	Juli 23
Tor-Sommermonat	○	○	Aug. 23
Gebetsrichtung-Sommermonat	○	○	Sep. 23
Äquinoktial-Sommermonat	⊃	⊂	Okt. 24
Gletscher-Sommermonat	)	)	Nov. 23

Abb. 6.1 Ein zentralasiatischer Kalender aus dem Hunza-Nagir-Gebiet (etwa Jahrhundertwende). In der ersten Spalte der Liste sind die zwölf Monatsnamen aufgeführt, in denen man gelegentlich Visuren nach Horizontmalen erkennt. Da die Sonne zweimal im Jahr die gleiche Aufgangsrichtung hat, wird folgerichtig nach Jahreshälften unterschieden. Diese werden mit den meteorologisch nicht ganz zutreffenden Präfixen „Winter" und „Sommer" bezeichnet. In der dritten Spalte sind die überlieferten Monatszeichen dargestellt. Diese können unschwer als Schattenbilder eines Gestells zur Mittagszeit rekonstruiert werden, welches über der Liste abgebildet ist. Das rekonstruierte Schattenbild führt Spalte 2 auf (Zeitpunkt der dazu passenden Termins in Spalte 4). Das Junizeichen ist mit Sicherheit falsch übermittelt worden. Man erkennt auch, daß die Monate annähernd gleich lang sind.

Archaische Sonnen- und Mondbeobachtungen in islamischer Zeit

Die Ausführungen über urtümliche astronomische Beobachtungstechniken im indo-iranischen Raum werden mit der Beschreibung eines Observatoriums abgeschlossen, das noch bis in die Mitte dieses Jahrhunderts im Einsatz war. Es gibt sogar noch einen Augenzeugen, der – im wahrsten Sinne dieses Wortes – gestützt auf die Schärfe seiner Augen damit Horizontsichtungen durchführte. Zweck dieser Aktion war das Auffinden der jungen Mondsichel am westlichen Abendhimmel kurz nach Neumond. Die erstmalige Sichtbarkeit der schmalen Mondsichel ist für Muslime von Bedeutung, da sie die Mondmonate generell und den Fastenmonat Ramadan im besonderen einleitet. Doch lassen wir den Beobachter, den kurdischen Arzt Jemal Nebez, selbst aus seiner Jugend berichten: „Bei diesem Mondobservatorium handelt es sich um ein aus Steinen und Lehm erbautes Türmchen von etwa einem Meter Durchmesser und anderthalb Metern Höhe. Es stand auf dem Berg Gilazarda westlich der Stadt Sulaimaniye (Irak). Die Wand dieses Türmchens war in ihrem oberen Teil an etwa sechzig Stellen durchlöchert. Der islamische Geistliche pflegte dort zu Beginn des letzten und dann wieder zu Anfang des nächsten islamischen Monats durch zwei gegenüberliegende Löcher den ersten Schein des Mondes festzustellen und damit Beginn und Ende des Fastenmonats zu bestimmen. Da die Augen

Kontinuität archaischer Sonnenbeobachtungstechniken

des alten Herren schon schwach geworden waren, leitete er mich in meiner Jugend (gegen 1950) des öfteren an, nach der schmalen Mondsichel zu forschen, indem er mich durch die Löcher schauen ließ" (Nebez und Schlosser 1972). Das Türmchen war damals bereits rund zweihundert Jahre alt.

Die Beobachtung des jungen Mondes kurz nach Neumond ist recht schwierig. Die Mondsichel ist dann schmal, lichtschwach, steht am aufgehellten Westhimmel und geht überdies kurz darauf unter. Religiöse Gründe erfordern aber eine möglichst frühe Sichtung. Es führt nämlich zu Spannungen, wenn in dem einen Dorf schon gefastet werden muß, während im benachbarten Dorf das Leben noch unverändert weitergeht, nur weil der dafür zuständige Mullah wegen seiner Sehschwäche den jungen Mond nicht rechtzeitig erblickt hat. Ähnliche Probleme gab es übrigens auch im Christentum mit dem Ostertermin (Ende der Fastenzeit). Dieser wurde im frühen Mittelalter regional durchaus unterschiedlich bestimmt, was aus den gleichen Gründen zu blutigen Auseinandersetzungen führte.

Den jungen Mond frühzeitig zu erblicken hieß also, die ungefähre Richtung zu kennen, die er am Abendhimmel hatte. Und dafür war dieses Türmchen da. Mit seinen sechzig Löchern war es eine Art Winkelmesser, der den Horizont in $360°/60 = 6°$ große Segmente aufteilte. Um den Einsatz dieses Bauwerks für die Sichtung der jungen Mondsichel zu verstehen, muß man wissen, daß für die geographische Breite von Sulaimaniye der Mond einen recht großen Azimutbereich am Westhorizont einnehmen kann (72°). Das erschwert natürlich das Auffinden. Auf der anderen Seite ist er aber nie sehr weit von der Untergangsrichtung der Sonne entfernt. Noch wichtiger ist, daß sich die Stellung der Mondsichel bezüglich der Sonne von Monat zu Monat nicht sehr ändert. Wurde der Mond im vergangenen Monat zwei Löcher links neben der Sonne gesehen, so gilt dies auch für den laufenden Monat (obwohl der Sonnenuntergang inzwischen ganz woanders stattfindet). Auf jeden Fall ist er aber plus/minus ein Loch von diesem Richtwert entfernt, kann also sicher geortet werden (Abb. 6.2).

Leider wurde dieses Kalenderbauwerk vor einigen Jahrzehnten ein Opfer der Auseinandersetzungen zwischen Arabern und Kurden. Aber auch ohne derartige Gewaltsamkeiten ist in unserer Zeit das Ende der vieltausendjährigen Kalenderpraktiken gekommen. Die rasche Entwicklung der Technik hat dafür gesorgt, daß Radios und Quarzuhren auch im hintersten Bergdorf jederzeit Stunde, Tag und Monat verkünden.

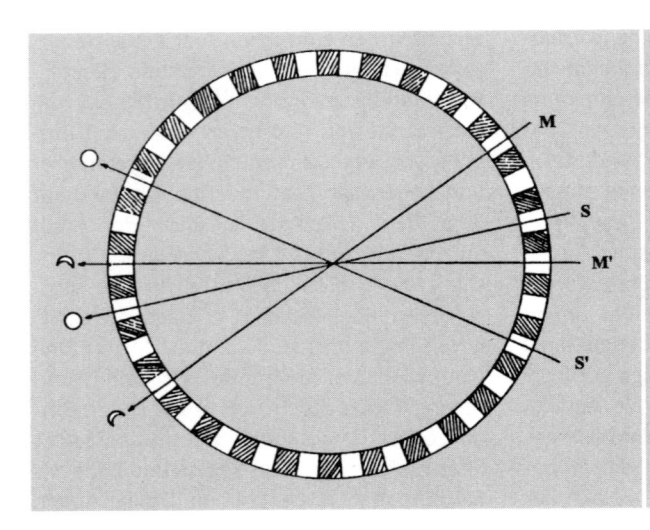

Abb. 6.2 Bauwerk zur Auffindung der jungen Mondsichel am westlichen Abendhimmel (Grundriß). Sonne und Mondsichel gehen nicht allzuweit entfernt unter (S, M) und behalten ihre gegenseitige Position auch im folgenden Monat (S', M') recht genau bei. So kann anhand der aktuellen Untergangsrichtung der Sonne S' und der Übernahme der Positionsdifferenz (M−S) vom vergangenen Monat das Azimut des zu sichtenden Mondes M' ~ S' + (M−S) abgeschätzt werden (unten).

Astronomische Elemente in der Architektur christlicher Kirchen

Astronomische Bezüge sind im Christentum eher in der Berechnung der kirchlichen Festtage als in der Plazierung oder Orientierung der Kirchen zu erkennen (siehe oben). Auf der anderen Seite wurde bereits erwähnt, daß frühe Kirchen oft über Mithräen erbaut wurden. Daß die Umwidmung älterer sakraler Orte durch das Christentum hochoffizielle Kirchenpolitik war, belegt die Anweisung Papst Gregors des Großen vom Jahre 601 an die Missionare, „man solle ... die Heiligtümer (der heidnischen Götter) keineswegs zerstören... Sie können glanzvoll aus einer Kultstätte der Dämonen in Orte umgewandelt werden, da man dem wahren Gott dient." Es ist daher zu erwarten, daß die Lage und Orientierung mancher alter Kirchen entsprechende Eigenschaften vorchristlicher Kultstätten gewissermaßen konserviert haben.

Lage christlicher Kirchen

Mittelalterliche Kirchenensembles wurden häufig in Kreuzform, als Kranz oder in ähnlicher geometrischer Weise arrangiert. Die Kreuzform (als Symbol natürlich genuin christlich) dürfte auf die vorchristlich-römische Stadtplanung zurückgehen. Wenn die Römer eine Stadt anlegten, so orientierte der zuständige *agrimensor* (Landvermesser) die Stadt nach zwei Hauptachsen, dem *cardo* und dem rechtwinklig dazu stehenden *decumanus*. Diese waren nicht notwendigerweise nach den Haupthimmelsrichtungen ausgerichtet, sondern durch heute oft nicht mehr nachvollziehbare Regeln bestimmt. Daß die Astronomie über die Sonnenaufgänge zu bestimmten wichtigen Tagen ihren Anteil daran hatte, ist sehr wahrscheinlich. Solche Kirchenkreuze findet man außer in Rom und anderen italienischen Städten auch nördlich der Alpen, unter anderem in Bamberg, Fulda, Goslar, Köln, Minden, Münster, Paderborn, Prag, Reims, Straßburg, Trier und Utrecht (Tichy 1994). Über die Ausrichtung frühchristlicher Sakralbauten in Graubünden berichten Coray und Voiret (1991). Sie erwähnen unter anderem eine Ost-West-Linie von neun Kilometern Länge, auf der die Kirchen von Siat, Ladir, Schluein, Sagogn (viertes Jahrhundert) und Valendas liegen. Ob dies auf die Existenz sogenannter „Heiliger Linien" hinweist (in England „leys" genannt), sei hier nicht weiter untersucht. Bei der Dichte an Kirchen und vorgeschichtlichen Denkmälern in Europa dürfte ein statistisch sauberes Herausarbeiten solcher geometrischer Systeme problematisch bis unmöglich sein. Auf der anderen Seite sind solche Linien, die ohne Rücksicht auf Berg und Tal kilometerweit schnurgerade verlaufen, in Peru noch heute für jedermann sichtbar (Kern 1975).

Die Ausrichtung christlicher Kirchen

Unsere Kirchen sind im allgemeinen west-östlich ausgerichtet, wobei der Altar im Osten liegt. Das gilt aber nicht durchgängig. Sind merkliche Abweichungen vorhanden*), kann man an eine Orientierung zum Sonnenaufgang an den Festtagen der jeweiligen Kirchenpatrone denken. So wies die österreichische Astronomin Firneis (1984) darauf hin, daß der Wiener Stephansdom zum Sonnenaufgang am Tage des hl. Stephan (26. Dezember) ausgerichtet ist, was also de facto einer Wintersonnenwendlage entspricht. Die Ausrichtung des Bamberger Doms geschah nach der Sommersonnenwende. Der heutige Dom (1237 geweiht) hält diese Richtung in-

---

*) Kleinere Abweichungen von dieser Kardinallinie können durch die Mißweisung der zur Ortung verwendeten Magnetnadel erklärt werden und sind bei englischen Kirchen auch zur Bestimmung der Veränderung dieser magnetischen Größe im Mittelalter herangezogen worden. Der Kompaß findet in Europa seit dem 13. Jahrhundert Verwendung.

Kontinuität archaischer Sonnenbeobachtungstechniken

nerhalb von zwei Grad ein; sein Vorgänger am gleichen Platz (der Heinrichsdom, Weihe 1012) zielte präzise zur Sommersonnenwende (Tichy 1994). Über ein Sonnenloch in diesem bemerkenswerten Bauwerk wird weiter unten berichtet.

Wären die von der Ost-West-Richtung abweichenden Ausrichtungen der Kirchen durch die Patroziniumsheiligen bedingt, so müßte die Verteilung ihrer Längsachsen durch ein Diagramm ähnlich dem der Abb. 5.3 (oben) gekennzeichnet sein. Das ist aber nicht zu beobachten. Abb. 6.3 zeigt die Verteilung von 519 europäischen Kirchen (Kestermann 1991). Das Maximum der Verteilung liegt recht genau in der Ostrichtung; es treten jedoch noch weitere Maxima auf. Diese Maxima korrespondieren mit den Eckwinkeln von regelmäßigen Polygonen, so zum Beispiel die Azimute bei 60° und 120° mit denen des regelmäßigen Sechsecks. Nun sind polygonale Kirchen in der Tat in der Frühzeit des europäischen Christentums gebaut worden. Das bekannteste Beispiel ist das der Aachener Pfalzkapelle, einem achteckigen Bau aus der Zeit Karls des Großen (siehe dazu auch den nächsten Abschnitt). Wenn nun, so vermutet Kestermann, diese ursprünglich polygonalen Kirchen später in rechteckige (langschiffige) Gotteshäuser umgebaut wurden, so lag es nahe, eine der Polygonseiten als Bezugsrichtung zu erhalten und so die alte Orientierung für die Zukunft zu konservieren.

Sonnenöffnungen in christlichen Kirchen

Aus der Vorzeit sind eine größere Zahl kreisförmiger Öffnungen bekannt, deren Achsen im allgemeinen horizontal liegen (Steinkammergrab von Züschen, Externsteine, siehe Kapitel 5) und für die – zumindest teilweise – eine astronomische Funktion geltend gemacht werden kann. Ähnliche Öffnungen gleicher Funktion für kalendarische Zwecke rezenter Kulturen wurden oben schon erwähnt. Es fragt sich, ob auch diese Tradition in unsere Zeit übergegangen ist, ob also auch in christlicher Zeit noch derartige Öffnungen angelegt wurden.

Drößler (1990) erwähnt in seinem Buch einige Beispiele. Sein ältester Fall ist die im achten Jahrhundert erbaute Krypta der Martinskapelle im Benediktinerkloster von Disentis (Graubünden), deren Sonnenloch in Verbindung gebracht wird mit der natürlich entstandenen Felsspalte „Martinsloch" im Tschingel-Berg nordöstlich davon. Dieses Martinsloch ist ein Äquinoktialanzeiger, da zu

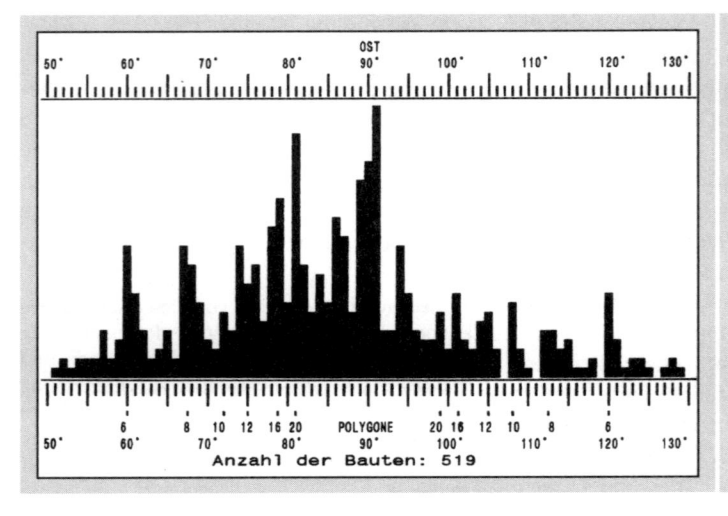

Abb 6.3 Ausrichtung von 519 mittelalterlichen Kirchen in Europa (nach Kestermann 1991). Näheres siehe Text.

Frühlings- und Herbstbeginn die Sonne durch diesen Spalt scheint. Ein weiteres Beispiel ist die Klosterkirche von Veßra in Thüringen (erbaut etwa 1210). In deren Gewölbekuppeln befinden sich zwei Röhren, die, bei einem Durchmesser von 29 cm, eine Länge von über 1,7 m besitzen. Die Achsen dieser beiden Röhren weisen nicht auf den Horizont, sondern sind um 16,8° bzw. 24,5° nach oben geneigt. Wegen des merklichen Öffnungswinkels – bei den gegebenen Maßen etwa 9° – kann der Einfall der Sonne nicht taggenau angegeben werden. Stellt man die Azimute der Rohrachsen in Rechnung, so schien die Sonne zur Sommersonnenwende durch die nördlichere der beiden Öffnungen. Die südlichere ist eher eine Äquinoktialvisur; der passende Tag ist der 25. März (Mariä Verkündigung), wenn man die Differenz zwischen dem julianischen und gregorianischen Kalender für das Errichtungsjahr 1210 zugrunde legt.

Als weiteres Beispiel wird die Michaelskapelle im ersten Obergeschoß des Nordturms des Erfurter Domes aufgeführt. Eine rundbogige Nische enthält eine röhrenartige, annähernd konische Öffnung mit außen gut 40 cm und innen 15 cm Durchmesser. Auf einem Altaraufsatz in dieser Nische thronte eine um 1160 geschaffene Madonnenfigur. Auf dieses Jahr bezogen beschien die Sonne am 14. April und 16. August diese Marienstatue. Als „geplanter Termin" darf daher der 15. August angenommen werden, der seit dem siebten Jahrhundert gefeierte Tag der „Aufnahme Mariens in den Himmel". Die Kombination aus Rundbogennische, Sonnenloch und Altaraufsatz erinnert an das Sazellum der Externsteine. Ein Sonnenloch besitzt auch der oben bereits erwähnte Bamberger Dom. Es befindet sich in der Mitte seiner Ostapsis. Bedingt durch Umbauten ist das Sonnenloch des Bamberger Domes zur Zeit nicht mehr funktionsfähig.

Der älteste Teil des Aachener Münsters, die karolinische Pfalzkapelle, wurde oben bereits als Beispiel eines polygonalen Gotteshauses erwähnt. Lichteffekte in ihm erwähnt Weisweiler (1981). Da jedoch die angeleuchteten Objekte entweder aus nachkarolingischer Zeit stammen oder aber ihr Standort für die karolingische Zeit nicht mehr sicher festzulegen ist, so sollte die erwähnte Arbeit als Anregung für genauere Untersuchungen zum Thema karolingischer Sonnensymbolik gelten, nicht aber als deren Beweis. In diesem Zusammenhang verdienen auch die Untersuchungen von Romano und Thomas (o. J.) Erwähnung, die für die Giotto-Kapelle in Padua eine Sonnenausleuchtung der Schenkungsszene am Tage Mariä Verkündigung nachweisen.

7. Praxis archäoastronomischer Feldarbeit

In den vorangegangenen Kapiteln wurden viele prähistorische Objekte vorgestellt, deren Ausrichtung astronomisch bestimmt war. Vielleicht begegnet der Leser in seiner Umgebung oder auf Reisen alten Bau- oder Bodendenkmälern, deren Orientierung er überprüfen möchte, um eine mögliche astronomische Funktion zu diskutieren*). Zweck dieses Kapitels ist es daher, einige praktische Hilfestellungen zu geben, die eine schnelle und trotzdem hinreichend genaue Beurteilung der Situation ermöglichen.

Orientierung

Die Verwendung eines Kompasses gibt im allgemeinen nur eine grobe Information über die Himmelsrichtung (das Azimut), es sei denn, man beachtet die Mißweisung der Magnetnadel (auf den topographischen Karten aufgeführt) und ist sicher, daß keine Beeinflussung des irdischen Magnetfeldes erfolgt — zum Beispiel durch die eigene Gürtelschnalle.

Besser ist stets die Festlegung beispielsweise einer Baufluchtlinie des Denkmals durch Koinzidenz mit einem Landschaftsmal. Dieses kann auf einer topographischen Karte identifiziert werden und erlaubt mit einem Winkelmesser die Bestimmung der Ausrichtung auf etwa ein Grad genau. Hierbei ist zu beachten, daß die Verbindungslinie Objekt – Landschaftsmal mindestens 30 mm messen sollte, da sonst die beschränkte Ablesegenauigkeit die Güte des Ergebnisses beeinflußt.

Ein sehr sicheres Verfahren, das bei klarem Wetter immer funktioniert und eine ausreichende Genauigkeit besitzt, ist die Festlegung der Südrichtung aus dem Sonnenstand zur Zeit des wahren Mittags (Ortsmittag). Zu diesem Zweck ist die Tabelle 7.1 angelegt, die den Südstand der Sonne für jeden Tag des Jahres angibt. Sie ist für 10 Grad östlicher Länge von Greenwich gültig. Liegt ein Ort x Grad westlich vom zehnten Längengrad, so muß man zur angegebenen Zeit $4 \cdot x$ Minuten addieren, bei einer östlichen Versetzung entsprechend $4 \cdot x$ Minuten subtrahieren. Hierzu ein Beispiel: Am 30. April 1989 wurde an den Externsteinen die Südrichtung bestimmt. Die Externsteine liegen bei einer Länge von 8,9 Grad östlich von Greenwich, mithin also $x = 1,1$ Grad westlich vom 10-Grad-Referenzmeridian, der der Tabelle 7.1 zugrunde liegt. Diese gibt für den 30. April einen Mittagszeitpunkt von 12:17 MEZ an. Es sind somit $4 \cdot 1,1 = 4$ Minuten (gerundet) zu addieren. Der Ortsmittag ergibt sich damit für die Externsteine zu

12:17 MEZ + 4 min = 12:21 MEZ.

Jeder Schatten eines vertikalen Stabes gibt zu diesem Zeitpunkt die Nord-Süd-Richtung an. Anzumerken bleibt, daß während der Gültigkeitsperiode der Sommerzeit eine Stunde hinzuzuzählen ist. Die Sonne kulminierte also um 13:21 Mitteleuropäischer Sommerzeit (MESZ).

---

*) An dieser Stelle sei auf die denkmalrechtlichen Bestimmungen hingewiesen, die jegliche eigenmächtigen Eingriffe in das Denkmal untersagen!

Praxis archäoastronomischer Feldarbeit

Tab. 7.1 Genauer Südstand der Sonne für 10° östlicher Länge (für andere Längen siehe Text)

Januar		Mai		September	
1. – 2.	$12^h 23^m$ MEZ	1. – 6.	$12^h 17^m$ MEZ	24. – 26.	$12^h 12^m$ MEZ
3. – 4.	$12^h 24^m$	7. – 20.	$12^h 16^m$	27. – 28.	$12^h 11^m$
5. – 6.	$12^h 25^m$	21. – 29.	$12^h 17^m$	29. – 30.	$12^h 10^m$
7. – 8.	$12^h 26^m$	30. – 31.	$12^h 18^m$	**Oktober**	
9. – 10.	$12^h 27^m$	**Juni**		1. – 2.	$12^h 10^m$
11. – 14.	$12^h 28^m$	1. – 5.	$12^h 18^m$	3. – 5.	$12^h 09^m$
15. – 17.	$12^h 29^m$	6. – 12.	$12^h 19^m$	6. – 9.	$12^h 08^m$
18. – 21.	$12^h 30^m$	13. – 15.	$12^h 20^m$	10. – 12.	$12^h 07^m$
22. – 24.	$12^h 31^m$	16. – 20.	$12^h 21^m$	13. – 16.	$12^h 06^m$
25. – 27.	$12^h 32^m$	21. – 25.	$12^h 22^m$	17. – 22.	$12^h 05^m$
28. – 31.	$12^h 33^m$	26. – 29.	$12^h 23^m$	23. – 31.	$12^h 04^m$
Februar		30.	$12^h 24^m$	**November**	
1. – 22.	$12^h 34^m$	**Juli**		1. – 13.	$12^h 04^m$
23. – 28.	$12^h 33^m$	1. – 5.	$12^h 24^m$	14. – 19.	$12^h 05^m$
März		6. – 11.	$12^h 25^m$	20. – 23.	$12^h 06^m$
1. – 5.	$12^h 32^m$	12. – 31.	$12^h 26^m$	24. – 26.	$12^h 07^m$
6. – 9.	$12^h 31^m$	**August**		27. – 29.	$12^h 08^m$
10. – 13.	$12^h 30^m$	1. – 8.	$12^h 26^m$	30.	$12^h 09^m$
14. – 16.	$12^h 29^m$	9. – 14.	$12^h 25^m$	**Dezember**	
17. – 19.	$12^h 28^m$	15. – 19.	$12^h 24^m$	1. – 3.	$12^h 09^m$
20. – 23.	$12^h 27^m$	20. – 23.	$12^h 23^m$	4. – 5.	$12^h 10^m$
24. – 26.	$12^h 26^m$	24. – 27.	$12^h 22^m$	6. – 7.	$12^h 11^m$
27. – 30.	$12^h 25^m$	28. – 30.	$12^h 21^m$	8. – 9.	$12^h 12^m$
31.	$12^h 24^m$	31.	$12^h 20^m$	10. – 11.	$12^h 13^m$
April		**September**		12. – 13.	$12^h 14^m$
1. – 5.	$12^h 23^m$	1. – 2.	$12^h 20^m$	14. – 15.	$12^h 15^m$
6. – 8.	$12^h 22^m$	3. – 5.	$12^h 19^m$	16. – 17.	$12^h 16^m$
9. – 13.	$12^h 21^m$	6. – 8.	$12^h 18^m$	18. – 19.	$12^h 17^m$
14. – 17.	$12^h 20^m$	9. – 11.	$12^h 17^m$	20. – 21.	$12^h 18^m$
18. – 22.	$12^h 19^m$	12. – 14.	$12^h 16^m$	22. – 23.	$12^h 19^m$
23. – 27.	$12^h 18^m$	15. – 17.	$12^h 15^m$	24. – 25.	$12^h 20^m$
28. – 30.	$12^h 17^m$	18. – 20.	$12^h 14^m$	26. – 27.	$12^h 21^m$
		21. – 23.	$12^h 13^m$	28. – 30.	$12^h 22^m$
				31.	$12^h 23^m$

Winkeldifferenzen

Winkeldifferenzen in azimutaler Richtung werden üblicherweise mit einem Theodoliten gemessen, in vertikaler Richtung auch mit einem Nivelliergerät. Derartige Apparate sind aber nicht in jedermanns Besitz und auch recht unhandlich in Mitführung und Anwendung. Einfacher ist die Bestimmung von Winkeldifferenzen durch Aufnahmen mit einer üblichen Kamera. Die Aufnahmen (zweckmäßigerweise Diapositive in Projektion) werden dann mit einem „Eichdiapositiv" verglichen, das die Abstände auf der Originalaufnahme in Grad auszumessen gestattet. Bei einer Kleinbildkamera mit 50 Millimeter Brennweite wird die folgende Vorgehensweise empfohlen: Stellen Sie die Kamera auf ein Stativ und richten Sie diese senkrecht auf eine exakt fünf Meter entfernte Wand. Die Entfernung wird dabei von der Mitte des Objektivs aus bestimmt. Dort befindet sich üblicherweise der Entfernungs- und Blendenring. In Höhe des Kameraobjektivs wird horizontal an der Wand ein zwei Meter langer Zollstock oder ein Maßband befestigt. An die Unterteilung des Zollstockes/Maßbandes bringen Sie die folgende Beschriftung an:

Zentimeter	Beschriftung
100	0 Grad
82,5 bzw. 117,5	2 Grad
65,0 bzw. 135,0	4 Grad
47,4 bzw. 152,6	6 Grad
29,7 bzw. 170,3	8 Grad
11,8 bzw. 188,2	10 Grad

In der Kamera sollte sich ein Diafilm befinden. Die Wand muß ausreichend beleuchtet sein, um Belichtungen mit Blende 22 (!) zuzulassen. Arbeiten Sie danach die folgende Checkliste ab:

– Entfernung auf unendlich einstellen (nicht auf fünf Meter!),
– Blende auf 22 stellen,
– Bildmitte im Sucher auf die Null-Grad-Marke richten,
– überprüfen, ob das Kameraobjektiv senkrecht auf die Wand blickt.

Machen Sie daraufhin mehrere Belichtungen mit Belichtungszeiten, die um den mittleren, vom Belichtungsmesser angegebenen Wert variieren.

Das bestbelichtete Diapositiv kann nun als Winkelreferenz für archäoastronomische Aufnahmen dienen, soweit diese mit der gleichen Kamera (einschließlich des gleichen Objektivs) gemacht wurden. Zwischenwerte können ohne weiteres aus den Marken interpoliert werden. Stets sollte aber der zu messende Winkel durch die Bildmitte gehen, so etwa der Horizont bei Azimutbestimmungen.

Eine vorläufige Abschätzung von Winkeldistanzen erlaubt auch die Ausnutzung von Körpermaßen. Es gilt Tabelle 7.2.

Man ist immer wieder überrascht, wie hilfreich solche einfachen Meßverfahren im Gelände sein können, um eine Vermutung sofort zu falsifizieren oder aber einer näheren Überprüfung für würdig zu erachten. Die Genauigkeit ist gar nicht so schlecht; die Streuung von Mensch zu Mensch liegt bei etwa zehn Prozent.

Tab. 7.2 Körpermaße zur genäherten Bestimmung von Winkeldifferenzen

Körpermaß	Winkelwert	Streuung bei verschiedenen Individuen
Durchmesser des Nagels des kleinen Fingers am ausgestreckten Arm	0,8°	0,1°
Abstand der Knöchel von Zeige- und Mittelfinger am ausgestreckten Arm	2,3°	0,2°
Breite der geballten Faust am ausgestreckten Arm	7,3°	0,8°
Sogenannter Daumensprung: Daumen senkrecht am ausgestreckten Arm nach oben weisend. Dann blickt das rechte Auge zum linken Daumenrand, anschließend das linke Auge zum rechten Daumenrand. Es gilt der Winkel zwischen den beiden Daumenrändern	7,8°	0,3°
Spitzen von Daumen und kleinem Finger gespreizt am ausgestreckten Arm	19,2°	1,5°

Höhenwinkel

Schwieriger als die oben beschriebene Ermittlung der Orientierung (des Azimuts) ist im Gelände die Bestimmung des Höhenwinkels, der Elevation. Das liegt vor allem daran, daß der sogenannte mathematische Horizont – also die Ebene durch den Beobachter senkrecht zur Richtung zum Erdmittelpunkt – als Bezugsebene der Messung nur selten direkt verfügbar ist. Nur am Meer ist der Horizont direkt zugänglich. Es bieten sich die folgenden Verfahren an.

Lotung
Viele Marschkompasse haben im Deckel ein Lot mit Winkelskala und Visiereinrichtung und erlauben so die Ermittlung von Höhenwinkeln. Bei freihändigem Einsatz schleift das Lot aber häufig auf der Skala und verfälscht so die Ablesung. Daher sollte die Bestimmung eines Höhenwinkels immer auf einem Stativ erfolgen, zumal dabei auch Pendelbewegungen des Lotes unterbleiben. Der Photohandel führt kleine Adapterelemente mit Stativgewinde, die – nach Prüfung ihrer magnetischen Unbedenklichkeit mit dem Kompaß – am Gehäuse festgeklebt werden können.

Geländemarken
Geländemarken, die die gleiche Höhe wie der Beobachter haben, liegen in dessen Horizont*). Die eigene Höhe wie auch die der interessierenden Geländemarken entnimmt man der topographischen Karte. Der Abstand sollte fünfhundert Meter nicht unterschreiten, um eine hinreichend genaue Festlegung des mathematischen Horizonts zu gewährleisten.

Es ist darauf zu achten, daß Baumbewuchs die Horizontlinie anhebt, und zwar ganz beträchtlich. Ein Wald in einem Kilometer Entfernung mit einer Baumhöhe von zehn Metern erhöht den scheinbaren Horizont um ein halbes Grad.

Horizontfestlegung
Von einem derart festgelegten Horizontpunkt mißt man die Höhe mit einem der oben beschriebenen Verfahren. Verwendet man eine Kamera, so kann aus mindestens zwei Horizontpunkten im Bild der mathematische Horizont festgelegt und damit der Verlauf der tatsächlichen, meist gewellten Horizontlinie bestimmt werden.

Ein abschließender Hinweis
Das Koordinatensystem aus Azimut und Elevation, das in der Astronomie auch als Horizontsystem bezeichnet wird, ist ein sogenanntes sphärisches Koordinatensystem. Ein solches Koordinatensystem unterscheidet sich erheblich von dem meist gebräuchlichen kartesischen System, wie es etwa durch ein Blatt Millimeterpapier repräsentiert wird. Deshalb ist es nicht zulässig, Höhen und Azimute ohne Genauigkeitsverlust in größere Entfernungen von den Referenzpunkten zu übertragen. Linien gleicher Azimute bzw. Höhen stehen keineswegs senkrecht aufeinander, wie dies etwa bei den Linien eines Millimeterpapiers der Fall ist. Sie sind vielmehr deutlich gekrümmt, und zwar um so mehr, je kürzer die Brennweite des Kameraobjektivs ist. Weitwinkelaufnahmen sollten daher für derartige Aufgaben nicht verwendet werden.

---

*) Dies gilt nicht für beliebige Entfernungen, recht genau jedoch für das Gebiet innerhalb einer 1:25000-Karte.

Ein Sonnenkompaß für korrekte Azimutbestimmungen

Wer etwas Freude am Basteln hat, kann anhand der Abb. 7.1 eine Art Sonnenuhr herstellen, die genaue Azimutbestimmungen ermöglicht (besser als ein Grad). Dieses kleine Gerät ist präziser als ein üblicher Kompaß und wird von zusätzlichen Magnetfeldern oder der Mißweisung nicht beeinflußt. Allerdings muß bei seinem Einsatz die Sonne scheinen.

Gemäß Abb. 7.1 besteht der Sonnenkompaß aus einer Winkelskala. In der Mitte befindet sich eine Nadel, die einen Schatten auf die Skala wirft. Zwei Wasserwaagen erlauben über die verstellbaren Füße die Nivellierung des Gerätes in die Horizontebene.

Der Sonnenkompaß kann in verschiedener Weise eingesetzt werden. Man kann zum Beispiel die markierten Längsseiten parallel zu einer architektonischen Linie ausrichten. Das entspricht der 0°/180°-Stellung der Azimutskala. Wartet man dann, bis die Sonne genau im Süden steht, so zeigt der Schatten der Nadel auf der Skala die Abweichung dieser Linie vom Meridian an.

Bei komplexeren Bauwerken kann mit dem Sonnenkompaß eine ganze Serie von Baulinien in kurzer Zeit vermessen werden. Mit dem oben beschriebenen Verfahren wird der Kompaß zunächst nach Süden orientiert (mittäglicher Schatten auf 0°). Wenn dann die Sonne an diesem oder dem nächsten Tag um das Bauwerk wandert und zu gewissen Zeiten mit architektonischen Linien koinzidiert*), so kann man zur gleichen Zeit ihr Azimut auf der Skala ablesen.

Auch ohne Sonne kann die Skala zur Ermittlung von Azimutdifferenzen im Gelände verwendet werden.

*) Eine Übereinstimmung der Richtung zur Sonne mit einer Wand zeigt sich häufig durch das Auftreten deutlicher Schatten auch kleinster Unebenheiten der Wand.

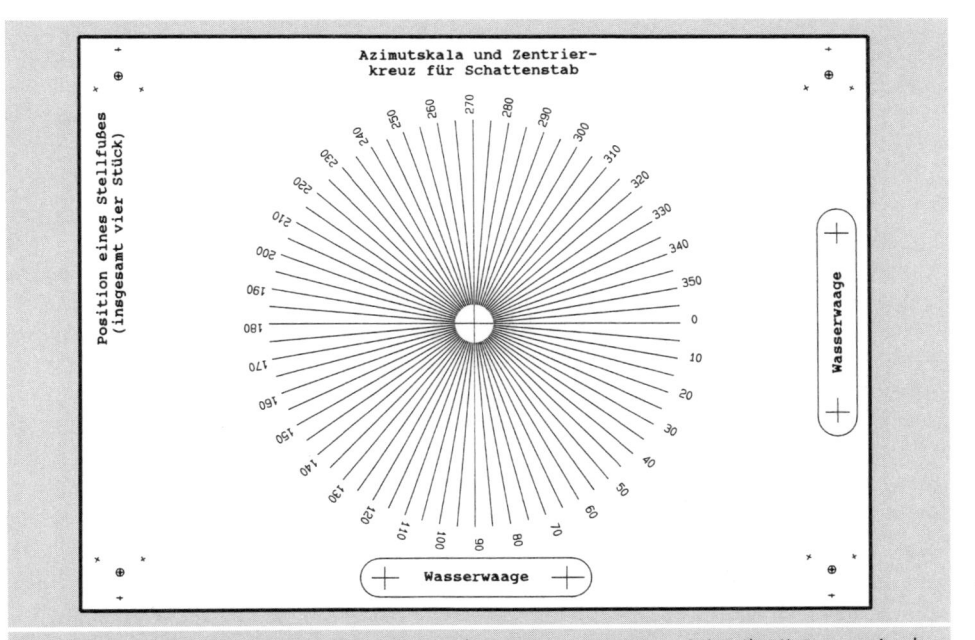

Abb. 7.1 Vorlage zur Konstruktion eines Sonnenkompasses zur präzisen Azimutbestimmung. An den bezeichneten Orten sitzen die ca. 3 cm lange Nadel (Kreuz), die beiden Wasserwaagen und die vier Stellfüße (Ecken). Nähere Beschreibungen zur Herstellung und zum Einsatz befinden sich im Text.

Anhang A

Mathematisch-astronomische Grundlagen

Im Kapitel 4 wurden die wichtigsten astronomischen Phänomene vorgestellt, die in der Archäoastronomie eine Rolle spielen. Zur Quantifizierung dieser Erscheinungen – zum Beispiel der Bestimmung des Aufgangsazimutes des Mondes in seinem nördlichen Extrem – sind diese Ausführungen nicht ausreichend. Es ist auch nicht Ziel dieses Buches, den Inhalt von mehreren Semestern Mathematik- und Astronomiestudium zu komprimieren und damit vollends unverständlich zu machen.

Auf der anderen Seite möchte dieses Buch dazu anregen, zu Hause und auf Reisen einen aufmerksamen Blick auf die prähistorischen Denkmäler zu werfen (Kapitel 7). Laien meinen oft, zumal bei bekannten Denkmälern, die Wissenschaft habe ohnehin schon alles erforscht. Das trifft nicht zu. Erstens forscht nie „die Wissenschaft", sondern der Wissenschaftler, der stets nur einen Teilbereich seines Arbeitsgebietes überblickt. Es ist auch für einen studierten Astronomen keine Selbstverständlichkeit, eine diesbezügliche Anfrage nach kurzer Rechnung oder durch einen Griff zum Standardwerk zu klären. Zum anderen ist die Archäoastronomie ein Grenzgebiet zwischen zwei Disziplinen. Die Arbeitsgruppen, die sich in Deutschland professionell auf diesem Gebiet betätigen, kann man an den Fingern einer Hand abzählen. So bleibt also noch viel zu tun.

Ausreichende Genauigkeit bei Wahrung der Übersichtlichkeit bietet die Präsentation der Daten in Form von Diagrammen. Die Diagramme dieses Kapitels sind so angelegt, daß sie die am häufigsten vorkommenden Fragen zu klären gestatten. Ein Nachteil ist ihre Beschränkung auf wenige Größen (zwei bis höchstens drei Eingangswerte und das Ergebnis). Da viele astronomische Werte aber von mehreren Eingangsgrößen abhängen, muß gegebenenfalls aus zwei Diagrammen interpoliert werden. Die Anzahl der Formeln wird dadurch jedoch auf ein Minimum reduziert.

Das Horizontsystem

Ein Ort auf der Erdkugel wird durch zwei Zahlen festgelegt, die *geographische Länge* λ und die *geographische Breite* φ. Man nennt solche Zahlen auch Koordinaten. Der Ort eines Sternes an der Himmelskugel läßt sich ebenfalls durch zwei Zahlen angeben. Im einfachsten Fall sind dies seine *Himmelsrichtung* und die *Höhe* über dem Horizont in Winkelgraden. Da die übliche Unterteilung der Himmelsrichtung (etwa: Südwest oder Nordnordost) für astronomische Zwecke viel zu grob ist, hat man auch hier die Winkelteilung eingeführt. Man nennt sie das *Azimut* eines Sternes. In der Astronomie beginnt die Zählung vom Südpunkt aus, der also ein Azimut von 0° hat. Die Zählung geht dann weiter über Westen (90°), Norden (180°) und Osten (270°). Gelegentlich wird auch der Nordpunkt zu 0° gesetzt. Stets wachsen jedoch die Azimutwerte im Uhrzeigersinn an.

Der Punkt genau über dem Beobachter ist der *Zenit*, der also die Höhe von 90° hat. Objekte unterhalb des Horizonts haben negative Höhen. Der *Nadir* ist der Punkt mit der negativsten Höhe (–90°). Er befindet sich direkt unter den Fußsohlen des Beobachters.

Anhang A

Objekte etwas unter dem mathematischen Horizont können sehr wohl sichtbar sein, zum Beispiel durch die Strahlenbrechung in unserer Lufthülle. In der Abb. A 1 sind die wesentlichen Größen noch einmal dargestellt. Im weiteren werden die folgenden Größenbezeichnungen eingeführt:

Azimut A

Scheinbare Höhe h
(Dies ist der Winkelabstand vom Horizont, bei dem man den Stern beobachtet)

Wahre Höhe h'
(Die Höhe des Sterns ohne Strahlenbrechung und andere Einflüsse für die trigonometrischen Formeln)

Statt der Höhe wird gelegentlich auch die *Zenitdistanz* z angegeben:

$z = 90° - h$ bzw.
$z' = 90° - h'$

Die Höhe eines Gestirns wird oft auch als *Elevation* bezeichnet, gelegentlich auch als *Almukantarat*.

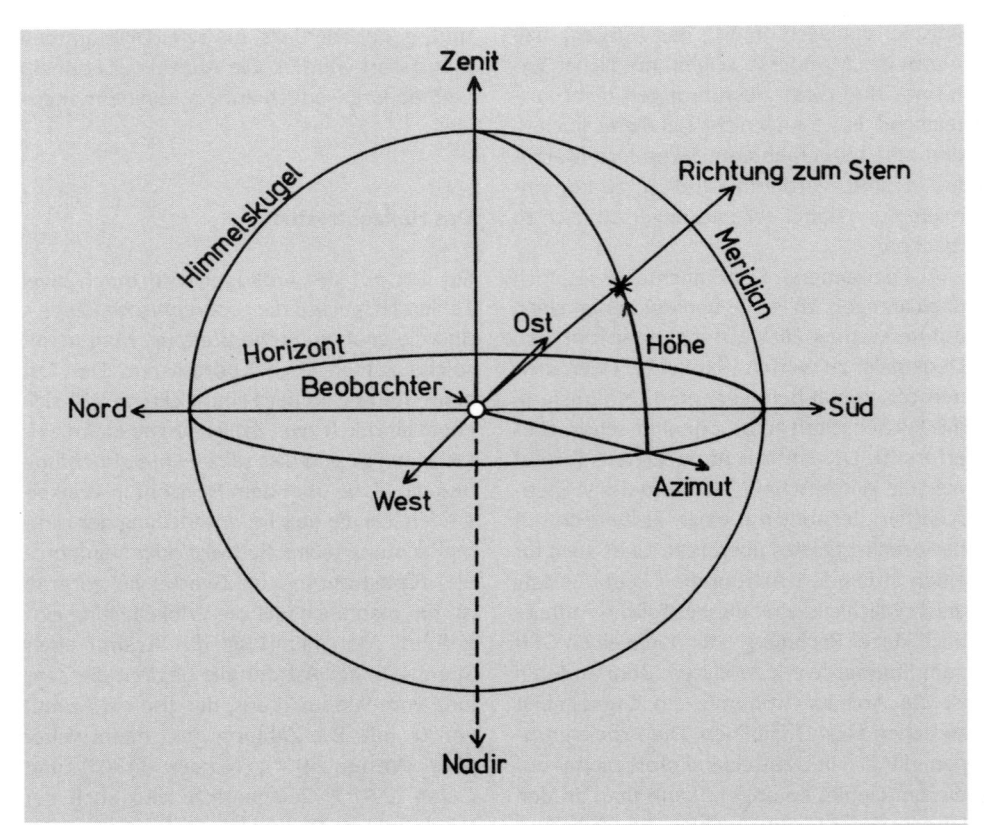

Abb. A 1 Das Horizontsystem ist das natürlichste Koordinatensystem. Die Position eines Sternes wird auf den mathematischen (idealisierten) Horizont bezogen. Dieser ist der Schnitt der Ebene senkrecht zur Schwerkraft mit der Himmelskugel. Fällt man das Lot vom Stern auf den Horizont, so ist die Winkeldifferenz zum Südpunkt das *Azimut* des Sterns, wobei die Zählrichtung im Uhrzeigersinn erfolgt. Der Winkelabstand zwischen Horizont und Stern ist dessen *Höhe*. Sterne unter dem Horizont haben negative Höhen. Die höchste bzw. tiefste Position im Horizontsystem nehmen *Zenit* und *Nadir* ein. Eine wichtige Linie ist der *Meridian* (Großkreis durch den Südpunkt und den Zenit), auf dem die Sterne kulminieren.

Mathematisch-astronomische Grundlagen

Das Äquatorsystem

Praktisch alle archäoastronomischen Probleme werden auf der Grundlage des Horizontsystems entschieden. A und h sind die natürlichsten Koordinaten eines Gestirns, für uns wie auch unsere steinzeitlichen Vorfahren. Das Horizontsystem hat jedoch für die praktischen Belange heutiger Astronomie einen entscheidenden Nachteil: Die Koordinaten ändern sich laufend durch die Erddrehung. Ein Stern geht auf, kulminiert und geht dann wieder unter. Entsprechend variieren Azimut und Höhe.

Ein Globus zeigt für jeden Ort auf der Erde eine feste geographische Länge und Breite. Das gleiche gilt für die Sternverzeichnisse der Astronomen. Sie beziehen die Sterne auf eine andere Himmelskugel, die mit dem Sternenhimmel mitrotiert. Den Horizont ersetzt nun der *Himmelsäquator*, den Zenit der *Himmelsnordpol*. Beides sind gewissermaßen die Verlängerungen (Projektionen) der Gegenstücke auf der Erde an den Himmel (Abb. A 2).

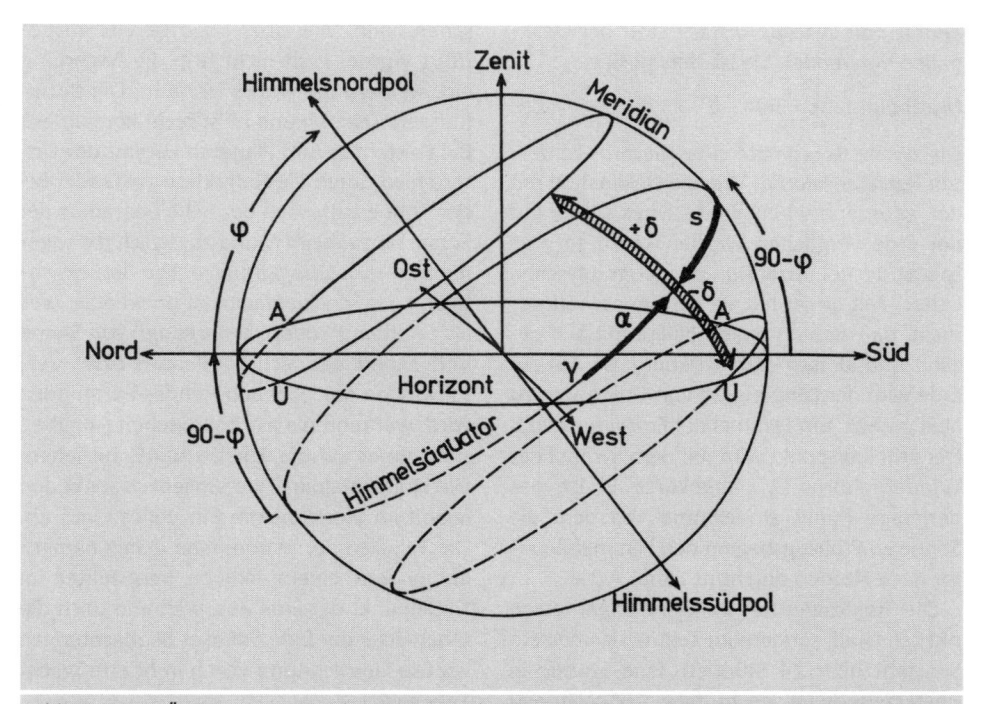

Abb. A 2 Das Äquatorsystem ist dasjenige Koordinatensystem, in welchem die Sternkoordinaten katalogisiert werden. Es bewegt sich mit dem Sternenhimmel mit. Alle Sterne werden auf den *Himmelsäquator* bezogen, einen Großkreis, der durch den Ost- und Westpunkt geht und seine größte Höhe (90° − φ) im Meridian erreicht. Ein Gestirn (am Ende eines der schraffierten Pfeile) ist zunächst durch seinen Winkelabstand vom Himmelsäquator gekennzeichnet (*Deklination* δ). Diese rechnet positiv zum *Himmelsnordpol*, negativ zum *Himmelssüdpol*. Himmelsnord- und -südpol sind die entsprechenden Durchstoßpunkte der irdischen Polachse durch die Himmelskugel. Der Himmelsnordpol neigt sich um den Wert der geographischen Breite φ gegen den Horizont. Die zweite Koordinate ist die Rektaszension α. Diese wird auf dem Himmelsäquator von einem Nullpunkt aus gezählt, der (willkürlich) der Sonnenposition zu Frühlingsbeginn entspricht (Frühlingspunkt ♈). Da dieses Koordinatensystem von Osten nach Westen rotiert, gehen die daran festgehefteten Sterne auf und unter (A, U). Dabei hängt die Lage dieser Punkte nur von der Deklination ab, die Zeitpunkte der Auf- und Untergänge auch noch von der Rektaszension.

Anhang A

Auch in diesem neuen System, eben dem Äquatorsystem*), wird ein Stern durch zwei Koordinaten beschrieben. Die für die Archäoastronomie wichtigere ist die *Deklination*. Sie legt beispielsweise fest, ob ein Stern überhaupt über den Horizont kommt, ob er zirkumpolar ist, in welcher Höhe er kulminiert und wo seine Auf- und Untergangsazimute liegen. Die Deklination wird mit δ bezeichnet. Sie ist der Winkelabstand des Sterns vom Himmelsäquator und wird positiv zum Himmelsnordpol, negativ zum Himmelssüdpol gezählt. In älteren Abhandlungen wird gelegentlich die *Nordpoldistanz* statt der Deklination verwendet. Sie ist stets positiv:

Nordpoldistanz = $90° - \delta$

Die zweite Koordinate eines Gestirns ist dessen *Rektaszension* α. Wie die Deklination mit der geographischen Breite eines Ortes auf der Erde verglichen werden kann, so entspricht die Rektaszension der geographischen Länge. Mit dieser hat sie die Eigenschaft gemein, daß sie von einem Nullpunkt aus gezählt wird, dessen Wahl willkürlich ist. Auf der Erde wird der Längengrad von Greenwich zu Null gesetzt, am Himmel der *Frühlingspunkt*. Der Frühlingspunkt wird mit dem Symbol des Widdergehörns (Υ) abgekürzt. Es ist dies derjenige Punkt am Himmel, an dem die Sonne zu Frühlingsbeginn den Himmelsäquator nach Norden durchtritt (Abb. A 2).

Die Rektaszension wird im allgemeinen nicht in Grad, sondern im Zeitmaß gemessen. Sie geht über 24 Stunden. Eine Stunde in Rektaszension entspricht daher 15°. Während die Deklination das „Ob überhaupt" und „Wo" des Aufganges eines Gestirns regelt, entscheidet die Rektaszension über das „Wann" seiner Sichtbarkeit**). Ein Sternbild mit einer Rektaszension nahe 6 Uhr ist ein typisches Wintersternbild (gegenwärtig etwa der Orion); ein Planet bei 18 Uhr ist dagegen im Sommerhalbjahr gut sichtbar.

Viele archäoastronomische Probleme laufen auf die Beantwortung der Frage hinaus, welches Azimut ein Gestirn bei vorliegender Breite φ, gegebener Deklination δ und Höhe h über dem Horizont hat.

Die geographische Breite kann jedem Atlas entnommen werden; sie ist die unproblematischste der drei bestimmenden Größen. Die Höhe h ist meist die gemessene Horizontanhebung oder die Neigung einer architektonischen Linie. Wie aber oben bereits ausgeführt wurde, geht nicht h in die Rechnung ein, sondern die wahre Höhe h'. Die Beziehung zwischen h und h' ist recht kompliziert. Bei Fixsternen und Planeten kommt der Unterschied durch die Refraktion zustande. Bei der Sonne tritt noch der Scheibenradius der Sonne hinzu, beim Mond zusätzlich die sogenannte *Horizontalparallaxe*. Die Berücksichtigung des Scheibenradius ist notwendig, weil als „Aufgang" oder „Untergang" von Sonne und Mond das Sichtbarwerden bzw. Verschwinden des obersten Randes empfunden wird, während die astronomischen Angaben sich immer auf die Scheibenmitte beziehen. Die Horizontalparallaxe schließlich senkt den Mond im Horizont um ein volles Grad ab. Die Tabellen der Astronomen gehen nämlich immer von einem fiktiven Beobachter im Mittelpunkt der Erde aus, während doch die Oberfläche der Erde Ort aller Beobachtungen ist. Die Umrechnung von h in h' ermöglicht Tabelle A 1.

Die Deklination schließlich ändert sich durch die Präzession und andere Effekte deutlich im Laufe der Jahrhunderte. Angaben über deren Variationen liefern die nachfolgenden Abschnitte dieses Anhangs.

---

*) Mit vollständigem Namen: bewegliches Äquatorsystem. Es gibt noch das sogenannte feste Äquatorsystem, das hier nicht weiter behandelt wird.

**) Diese Anmerkung gilt nur *cum grano salis* und bezieht sich auf Sterne, die nicht allzuweit vom Himmelsäquator entfernt sind. Für einen Stern in Polnähe gilt sie nicht: Ein polnaher Stern ist – unabhängig von seiner Rektaszension – in jeder Nacht des Jahres sichtbar.

Mathematisch-astronomische Grundlagen

Will man nun das Azimut eines Gestirns bestimmen, so berechne man aus φ, δ und h' zunächst zwei Hilfsgrößen:

$E = 90° - \delta$

$F = \varphi - h'$

Diese setze man in die folgende Formel ein:

$$A_U = 2 \cdot \arccos \sqrt{\frac{\sin\frac{E+F}{2} \cdot \sin\frac{E-F}{2}}{\cos\varphi \cdot \cos h'}}$$

$A_A = 360° - A_U$

Hierbei bedeuten A_A das Aufgangsazimut und A_U das Untergangsazimut des Gestirns, jeweils von Süd über West gezählt.

Tab. A 1 Umrechnung gemessener Höhen auf refraktionsbereinigte Höhen

Gemessene Höhe	Stern/ Planet	Sonne oberer Rand	Mond
h	h'	h'	h'
0°	−0,58°	−0,85°	+0,11°
2°	+1,70°	+1,43°	+2,39°
5°	4,83°	4,57°	5,52°
10°	9,91°	9,64°	9,84°
15°	14,94°	14,67°	15,59°
20°	19,96°	19,69°	20,58°
darüber	h	h − 0,27°	h − 0,26° +0,95° · cos h

Wertet man diese Formel mit dem Rechner aus, so können zwei Fehlermeldungen erscheinen. Sie haben die folgenden astronomisch bedingten Ursachen:

| Fehler beim Aufruf der Arkuskosinus-Funktion | Gestirn kommt nie über die Höhe h' |
| Fehler beim Aufruf der Quadratwurzel | Gestirn ist zirkumpolar (siehe Kap. 4) |

Weiterhin sind die nachstehenden Gleichungen hilfreich für einfache Abschätzungen:

Gestirn kulminiert im Süden mit einer Höhe über dem Horizont $\quad h = 90° - \varphi + \delta$

Gestirn ist zirkumpolar bei einer Deklination von $\quad \delta \geq 90° - \varphi$

Gestirn geht durch den Zenit bei einer geographischen Breite von $\quad \varphi = \delta$

Gestirn kommt nie über den Horizont bei einer Deklination von $\quad \delta \leq \varphi - 90°$

Alle diese einfachen Formeln gelten für die Nordhalbkugel der Erde und berücksichtigen weder Refraktion noch andere Effekte.

Anhang A

Sonne

Die Bewegung der Sonne wird wesentlich durch die *Schiefe der Ekliptik* ε bestimmt. Der Wert dieser Zahl ändert sich langsam über die Jahrhunderte. Er kann entweder der Abb. A 3 entnommen werden oder aber für den eigenen Rechner auch mit der folgenden Formel bestimmt werden:

$$\varepsilon = 23{,}69° - 0{,}124° \cdot T - 0{,}00303° \cdot T^2 + 0{,}000503° \cdot T^3$$

Hierin bedeutet T die Zeit in Jahrtausenden. Eine Rechnung für das Jahr −4500 würde also ein T = −4,5 erfordern. Man erkennt aus Abb. A 3 oder anhand obiger Formel, daß gegen Ende der letzten Eiszeit ein Extremum der Schiefe der Ekliptik erreicht wurde. Für die Altsteinzeit ist diese Formel jedoch nicht mehr verwendbar.

Die Jahresfixpunkte der Sonne sind durch die folgenden Deklinationen gegeben:

Wintersonnenwende $\delta = -\varepsilon$

Tagundnachtgleichen
(Frühlings- oder Herbstbeginn) $\delta = 0°$

Sommersonnenwende $\delta = \varepsilon$

Die Deklination der Sonne schwankt also zwischen −ε und ε. Zwischenwerte werden im Jahresverlauf durch die folgende Näherungsformel erfaßt:

$$\delta = \varepsilon \cdot \sin(30° \cdot \text{Monat} + 1° \cdot \text{Tag} - 111°)$$

Darin bedeuten „Monat" die Monatsnummer (Januar = 1, Februar = 2 etc.) und „Tag" den Tag im Monat. Diese Formel ist recht nützlich, wenn man die Überprüfung einer prähistorischen Anlage vor Ort plant und dazu die aktuelle Sonnendeklination braucht. Der Fehler liegt weit unter einem Grad.

An dieser Stelle sei auf zwei Jahrbücher hingewiesen, die ohne unnützen Ballast viele wichtige Daten über den Lauf von Sonne, Mond und Sternen enthalten. Es sind dies das *Himmelsjahr* von H.-U. Keller und *Ahnerts Kalender für Sternfreunde* (hrsg. von G. Burckhardt et al.). Sie kommen im Herbst eines jeden Jahres für das jeweils folgende Jahr heraus (siehe Literaturverzeichnis).

Auf- und Untergangsazimute der Sonne für die geographischen Breiten zwischen 30 und 60 Grad und sechs ausgewählte Horizonthöhen zu den Solstitien und Äquinoktien enthalten die Diagramme A 4 und A 5. A 4 ist für das Jahr 0 berechnet, A 5 für das Jahr −4000. Azimute für Zwischenhöhen und Zwischenzeiten können durch Interpolation gewonnen werden.

Bei diesen und den folgenden Diagrammen liegen alle Azimute zwischen 0 und 180 Grad. Im Sinne der oben festgelegten Konvention sind es also eigentlich Untergangsazimute. Will man das Aufgangsazimut festlegen, so subtrahiere man den Wert von 360°.

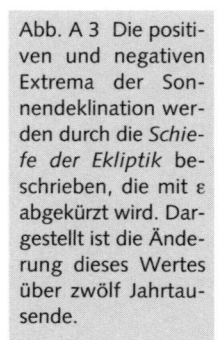

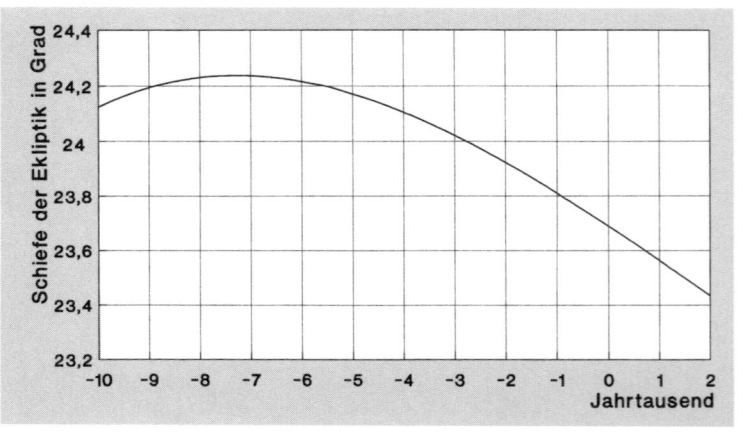

Abb. A 3 Die positiven und negativen Extrema der Sonnendeklination werden durch die *Schiefe der Ekliptik* beschrieben, die mit ε abgekürzt wird. Dargestellt ist die Änderung dieses Wertes über zwölf Jahrtausende.

Mathematisch-astronomische Grundlagen

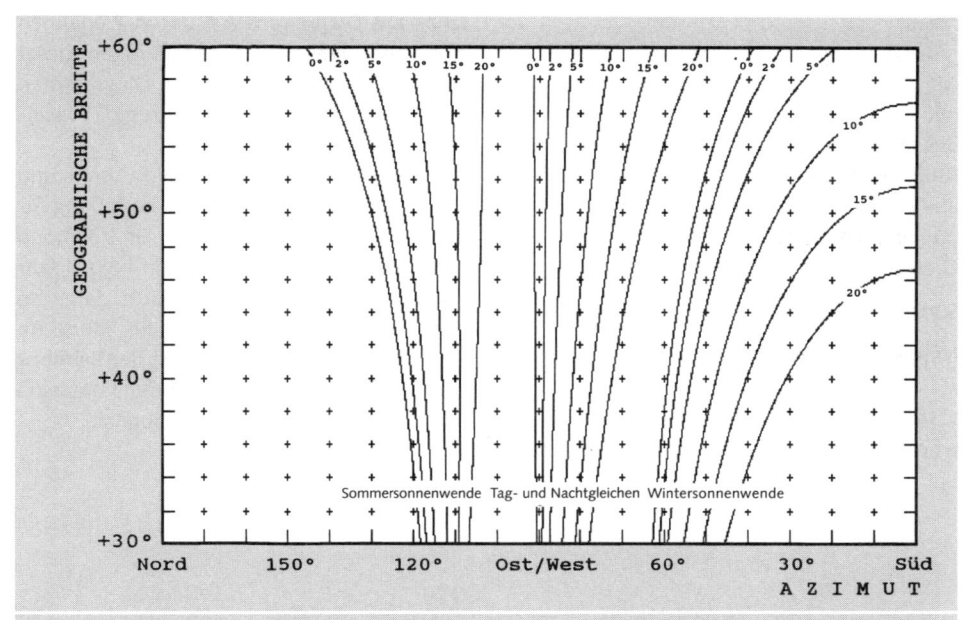

Abb. A 4 Diagramm der Azimute der Sonnenauf- und -untergänge für das Jahr 0. Dargestellt sind die Daten für die Sommer- und Wintersonnenwenden (Solstitien) und für die Tagundnachtgleichen im Frühling und Herbst (Äquinoktien). Die Beschriftungen an den einzelnen Kurven geben die Höhen über dem mathematischen Horizont an (Winkelgrade).

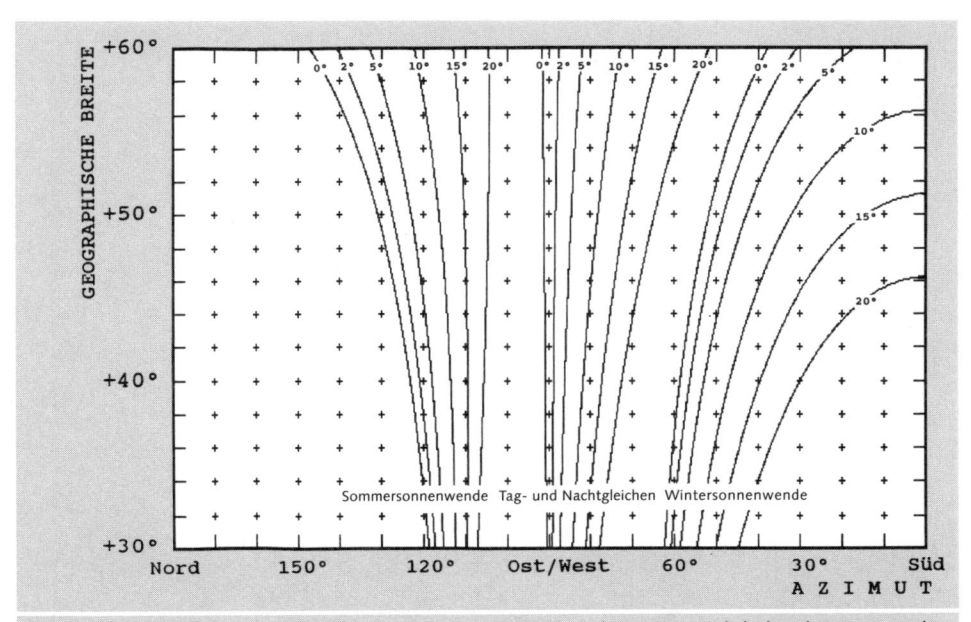

Abb. A 5 Wie Diagramm A 4, jedoch für das Jahr −4000. Zwischenzeiten und -höhen können aus den Abb. A 4 und A 5 interpoliert werden.

Mond

Die Bahn des Mondes stimmt weitgehend mit der der Sonne überein und wird durch die Ekliptik bestimmt. Allerdings kann die Mondbahn bis zu 5,15° von der der Sonne abweichen. Das bedeutet, daß die Deklination des Mondes zwischen den folgenden Grenzen schwanken kann:

Südlichste Deklination $\quad \delta = -\varepsilon - 5{,}15°$

Nördlichste Deklination $\quad \delta = \varepsilon + 5{,}15°$

Nicht in jedem Jahr werden diese Extremwerte angenommen, sondern nur alle 18,6 Jahre. Die Diagramme A 6 und A 7 erlauben in gleicher Weise die Bestimmungen dieser Mondextreme, wie es bei den Diagrammen A 4 und A 5 für die Sonnenextreme (Solstitien) der Fall war.

Die Ähnlichkeit der Bahnen von Sonne und Mond führt zu einer einfachen Beziehung für die Position eines Vollmondes: Ein Vollmond kopiert die Bahn der Sonne ein halbes Jahr später. Ein Wintervollmond läuft daher so hoch über den Himmel wie die Sonne im Sommer. Entsprechend flach ist der Bahnbogen des Vollmondes im Sommer, da seine Bahn der der Wintersonne entspricht.

Mathematisch-astronomische Grundlagen

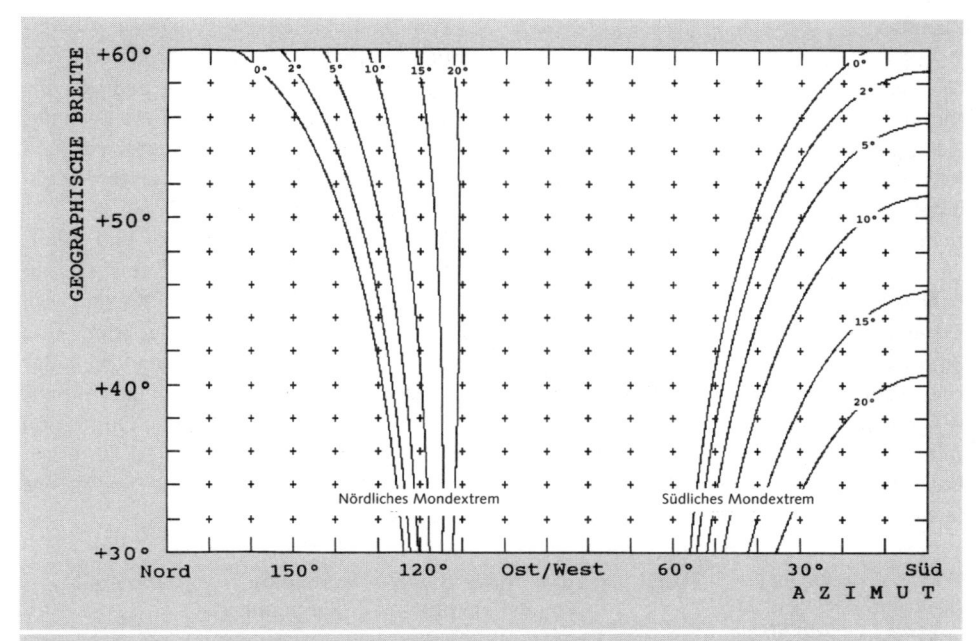

Abb. A 6 Diagramm der Azimute der nördlichen und südlichen Mondextreme für das Jahr 0. Die Beschriftungen an den einzelnen Kurven geben die Höhen über dem mathematischen Horizont an.

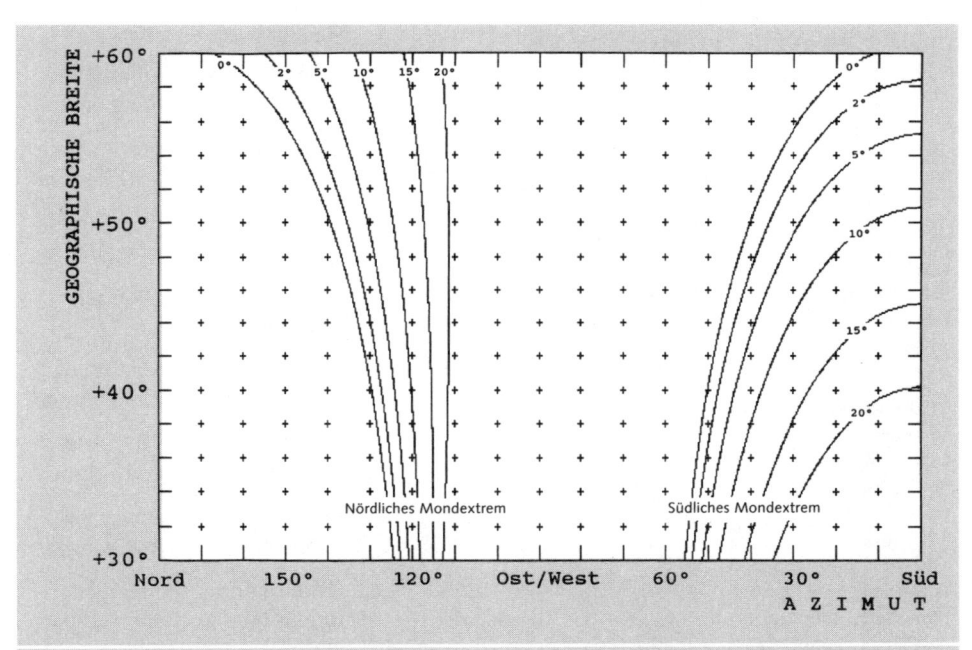

Abb. A 7 Wie Diagramm A 6, jedoch für das Jahr −4000. Zwischenzeiten und -höhen können aus den Abb. A 6 und A 7 interpoliert werden.

Planeten

Die Planeten haben Bahnen, die wie beim Mond mehr oder weniger stark von der Ekliptik abweichen. Sie können daher ebenfalls Extremalpositionen einnehmen. Diese unterscheiden sich aber in mehrfacher Hinsicht von den Mondextremen. Zum einen gibt es keinen derart schnellen Umlauf der Bahnknoten wie beim Mond, so daß also die Extremalpositionen eines Planeten über die Jahrtausende fast unverändert in den gleichen Sternbildern stattfinden. Die aus Tabelle A 2 zu ersehende Verschiebung der Jahreszeiten über längere Zeiträume hinweg wird fast ausschließlich durch die Präzession verursacht.

Zum anderen ist die maximale Abweichung von der Ekliptik β stark durch die größte Erdnähe des Planeten bedingt. Bei ausgeprägt elliptischen Bahnen wie etwa des Mars führt dies zu deutlich unterschiedlichen Beträgen der maximalen positiven und negativen Abweichungen.

Die inneren Planeten Merkur und Venus haben ihre größten Winkeldistanzen zur Ekliptik während ihrer (unteren) Konjunktion. Sie stehen dann in der Nähe der Sonne und sind folglich nicht zu beobachten. Die äußeren Planeten Mars, Jupiter und Saturn nehmen ihre Extrema zur Zeit der Opposition ein. Nur beim Mars kombinieren Jahreszeit und β-Wert derart, daß ähnliche Extrema wie beim Mond auftreten.

Tab. A 2 Größte Abweichungen der Planeten von der Ekliptik β für die Jahre −4000 bis −2000

Planet	Größte Abweichung von der Ekliptik	Stellung zur Sonne	Jahreszeit *)
Merkur	$\beta = -4,6°$	Konjunktion	Anfang Juni
	$\beta = +4,2°$	Konjunktion	Mitte Dezember
Venus	$\beta = -9,1°$	Konjunktion	Mitte Juli
	$\beta = +8,6°$	Konjunktion	Ende Januar
Mars	$\beta = -6,6°$	Opposition	Anfang Juli
	$\beta = +4,9°$	Opposition	Anfang Januar
Jupiter	$\beta = -1,6°$	Opposition	Mitte August
	$\beta = +1,6°$	Opposition	Anfang Februar
Saturn	$\beta = -2,8°$	Opposition	Ende August
	$\beta = +2,8°$	Opposition	Anfang März

Größte Abweichungen der Planeten von der Ekliptik β für die Jahre −2000 bis 0

Planet	Größte Abweichung von der Ekliptik	Stellung zur Sonne	Jahreszeit *)
Merkur	$\beta = -4,8°$	Konjunktion	Anfang Juli
	$\beta = +4,8°$	Konjunktion	Anfang Januar
Venus	$\beta = -9,0°$	Konjunktion	Anfang August
	$\beta = +8,7°$	Konjunktion	Mitte Februar
Mars	$\beta = -6,8°$	Opposition	Mitte Juli
	$\beta = +4,7°$	Opposition	Mitte Januar
Jupiter	$\beta = -1,6°$	Opposition	Anfang Sept.
	$\beta = +1,6°$	Opposition	Ende Februar
Saturn	$\beta = -2,8°$	Opposition	Mitte Sept.
	$\beta = +2,8°$	Opposition	Ende März

*) Die Jahreszeiten entsprechen der Übersichtlichkeit halber unserem heutigen (gregorianischen) Kalender. Natürlich findet nicht jedes Jahr zur angegebenen Jahreszeit eine Opposition statt, sondern erheblich seltener (beim Saturn etwa alle dreißig Jahre).

Mathematisch-astronomische Grundlagen

Fixsterne

Die Fixsterne ändern ihre Deklinationen und damit ihre Azimute und Höhen durch die Präzession und die Eigenbewegung. Auch ihre Rektaszensionen sind veränderlich, und dies bedeutet, daß ein gegebenes Sternbild früher zu anderen Jahreszeiten sichtbar war als heute. Die Berechnung der Sternkoordinaten ist recht aufwendig und kann wegen der individuellen Eigenbewegung jedes Sternes nicht in einer kurzen Tabelle zusammengefaßt werden.

Die nachfolgende Tabelle A 3 gibt für einige wichtige Sterne (Spalten 1, 2) zunächst die Deklinationen für das Jahr −1000 (Spalte 3) an. Ist dieses Jahr das Zieljahr, so liegt das Ergebnis vor. Im allgemeinen wird jedoch ein anderes Zieljahr gesucht. Man entnimmt dann der Spalte 5 die Nummer des Diagramms, welches für den gewünschten Stern die Deklinationsveränderungen für die Jahre

Tab. A 3 Rektaszensionen und Deklinationen heller Fixsterne bzw. Fixsterngruppen für das Jahr −1000. Die Umrechnung auf den Zeitraum −4000 bis +2000 ermöglichen die Diagramme A 8 bis A 13 (siehe Text)

Stern-name	Stern-größe	Deklination im Jahre −1000	Diagramm für Rektaszension	Diagramm für Deklination
α Aql (Atair)	$0{,}8^m$	$5{,}95°$	A 13	A 11
α Aur (Capella)	$0{,}1^m$	$36{,}53°$	A 13	A 8
α Boo (Arkturus)	$0{,}0^m$	$36{,}64°$	A 13	A 8
α CMa (Sirius)	$-1{,}5^m$	$-17{,}18°$	A 12	A 11
α CMi (Prokyon)	$0{,}4^m$	$7{,}57°$	A 12	A 10
α Car (Canopus)	$-0{,}7^m$	$-53{,}37°$	A 13	A 9
α Cen	$-0{,}3^m$	$-46{,}12°$	A 12	A 11
β Cen	$0{,}6^m$	$-44{,}09°$	A 12	A 8
α CrB (Gemma)	$2{,}2^m$	$39{,}91°$	A 13	A 9
Kreuz des Südens [1])		$-43{,}33°$	A 13	A 10
α Cyg (Deneb)	$1{,}3^m$	$37{,}55°$	A 13	A 8
α Dra (Thuban)	$3{,}7^m$	$79{,}94°$	A 12	A 10
α Gem (Castor)	$0{,}8^m$	$31{,}79°$	A 12	A 10
β Gem (Pollux)	$1{,}1^m$	$28{,}98°$	A 13	A 9
α Leo (Regulus)	$1{,}4^m$	$22{,}85°$	A 12	A 11
β Leo (Denebola)	$2{,}1^m$	$29{,}89°$	A 13	A 9
α Lyr (Wega)	$0{,}0^m$	$39{,}57°$	A 13	A 8
α Ori (Beteigeuze)	$0{,}5^m$	$1{,}42°$	A 12	A 8
β Ori (Rigel)	$0{,}1^m$	$-16{,}26°$	A 12	A 10
γ Ori (Bellatrix)	$1{,}6^m$	$-1{,}50°$	A 13	A 11
Gürtelsterne im Orion [2])		$-7{,}77°$	A 13	A 9
ϰ Ori	$2{,}1^m$	$-15{,}51°$	A 12	A 11
γ Peg (Algenib)	$2{,}8^m$	$-0{,}70°$	A 13	A 8
α Sco (Antares)	$1{,}0^m$	$-14{,}87°$	A 13	A 11
α Tau (Aldebaran)	$0{,}9^m$	$5{,}67°$	A 12	A 9
Plejaden [3])		$10{,}77°$	A 12	A 10
α Vir (Spika)	$1{,}0^m$	$5{,}35°$	A 12	A 9

[1]) Mittelwert der vier Hauptsterne (erster Größe und schwächer)
[2]) Mittelwert der drei Sterne (zweiter Größe)
[3]) vertreten durch Alkyone (η Tau). Sterne $2{,}9^m$ und schwächer

Anhang A

−4000 und +2000 enthält. Man liest die zum Zieljahr (Abszisse) gehörige Differenz (Ordinate) an der mit dem Sternnamen gekennzeichneten Kurve ab (Diagramme A 8 bis A 11). Diese Differenz wird dann zum Tabellenwert für das Jahr −1000 addiert (auf korrekte Vorzeichen achten). In Spalte 4 der Tabelle A 3 findet man die Angabe über das Diagramm (A 12 oder A 13), aus welchem die Rektaszension direkt entnommen werden kann.

Liegt die Deklination des Sternes vor, so kann die Umrechnung in die Auf- bzw. Untergangsazimute mit den Diagrammen A 14 bis A 20 erfolgen. Jedes Diagramm ist für eine feste geographische Breite gerechnet, die in Schritten von 5 Grad den dreißigsten bis sechzigsten nördlichen Breitengrad abdeckt. Auch hier sind jeweils sechs Horizonthöhen angegeben. Bezüglich der geographischen Breiten wie auch der Horizonthöhen kann ebenfalls linear interpoliert werden.

Sternhelligkeiten und -farben in Horizontnähe

Wie im Kapitel 4 ausgeführt wurde, werden Sterne in Horizontnähe lichtschwächer und röter. Das Diagramm A 21 erlaubt die Berücksichtigung der Lichtschwächung. Für eine gegebene Horizonthöhe ermittle man die Abschwächung in Größenklassen und addiere sie zur Sternhelligkeit (Tab. A 3, Spalte 2). Ist das Resultat größer als 6, so ist der Stern unter keinen Umständen sichtbar.

Im rechten oberen Teil des Diagramms kann die Farbänderung von (zenitnah) blauen, weißen, gelben und roten Sternen bei Annäherung an den Horizont ermittelt werden.

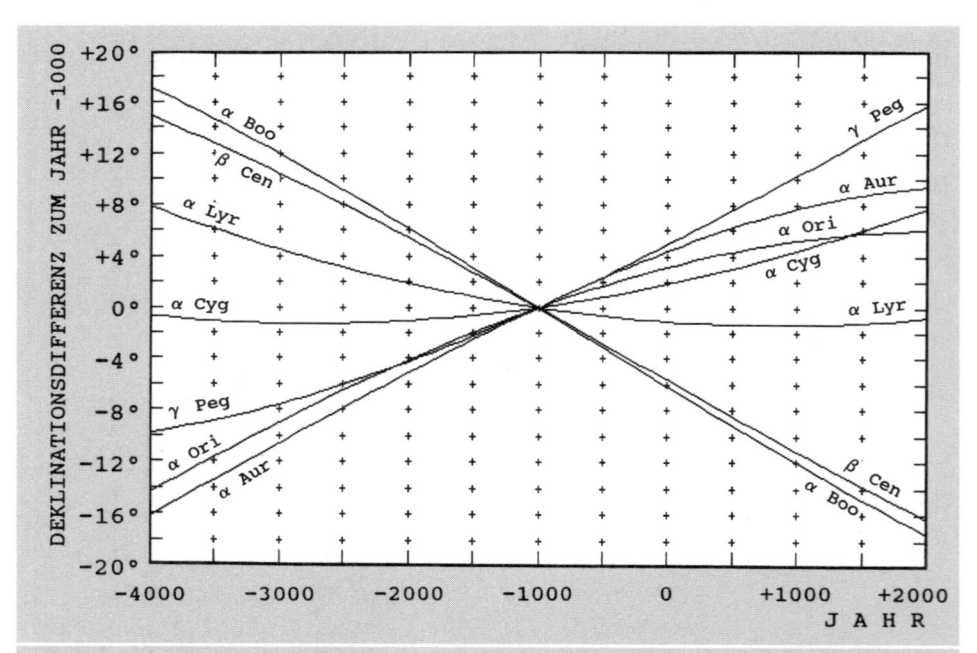

Abb. A 8 Variation der Deklinationen ausgewählter Fixsterne zwischen −4000 und +2000 bezogen auf das Jahr −1000 (siehe Tabelle A 3 und Text). Sternpositionen und Eigenbewegungen nach Hoffleit (1982), auch für die Diagramme A 9 bis A 13.

Mathematisch-astronomische Grundlagen

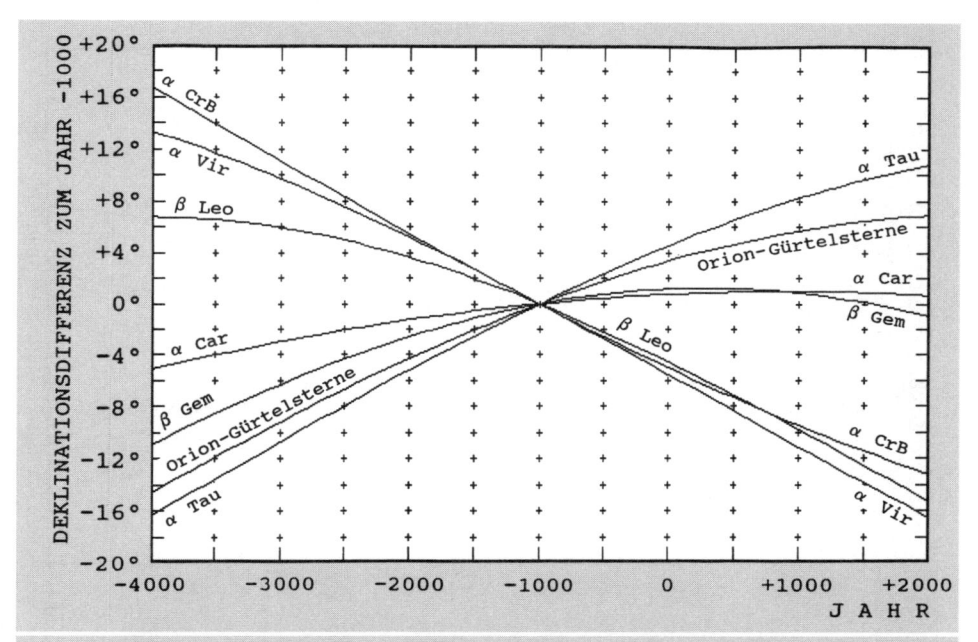

Abb. A 9 Variation der Deklinationen ausgewählter Fixsterne zwischen −4000 und +2000 bezogen auf das Jahr −1000 (siehe Tabelle A 3 und Text).

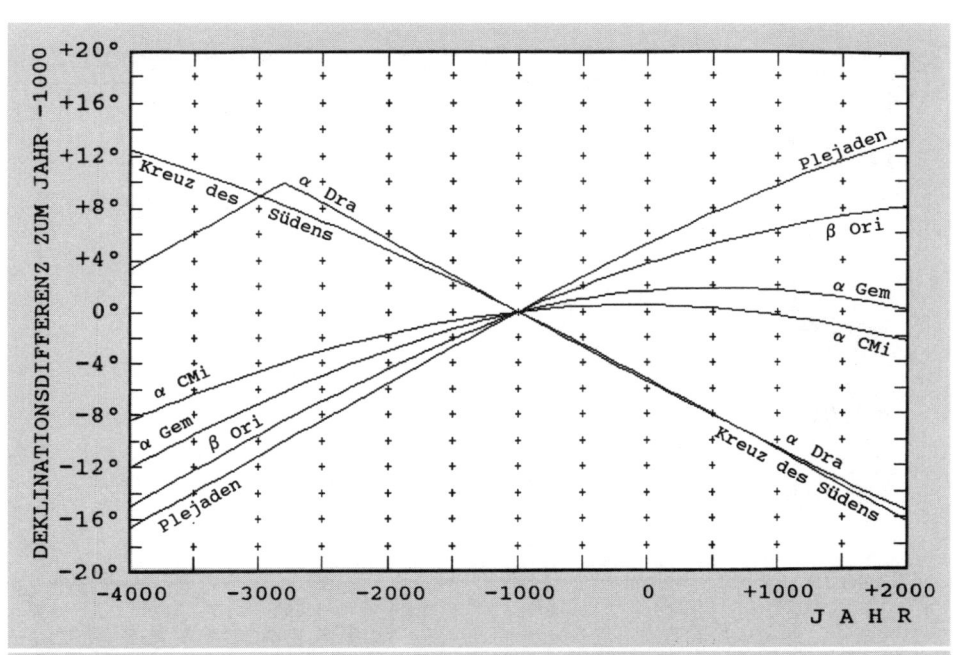

Abb. A 10 Variation der Deklinationen ausgewählter Fixsterne zwischen −4000 und +2000 bezogen auf das Jahr −1000 (siehe Tabelle A 3 und Text).

141

Anhang A

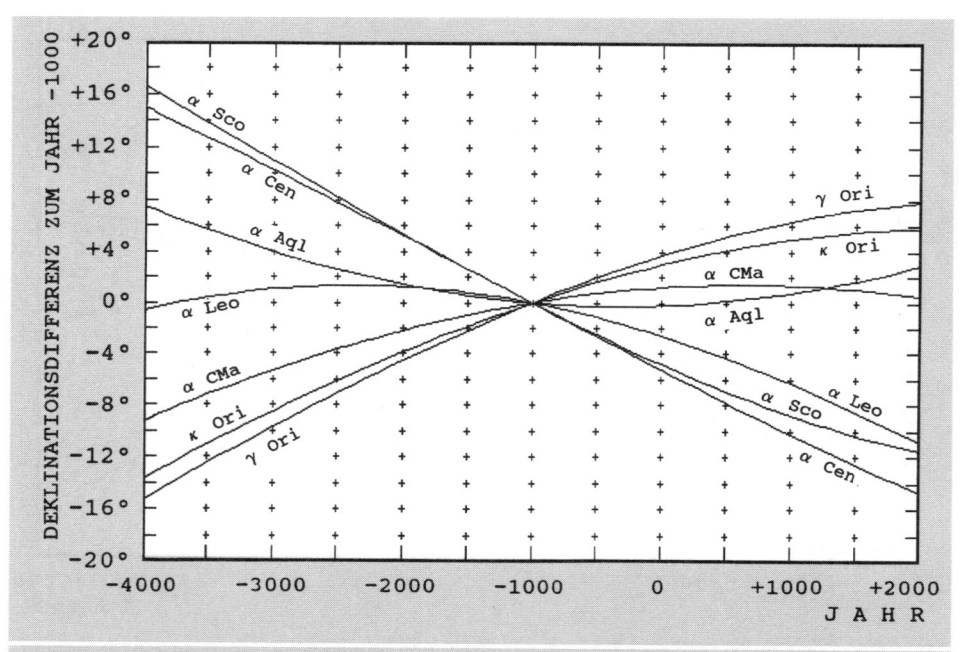

Abb. A 11 Variation der Deklinationen ausgewählter Fixsterne zwischen −4000 und +2000 bezogen auf das Jahr −1000 (siehe Tabelle A 3 und Text).

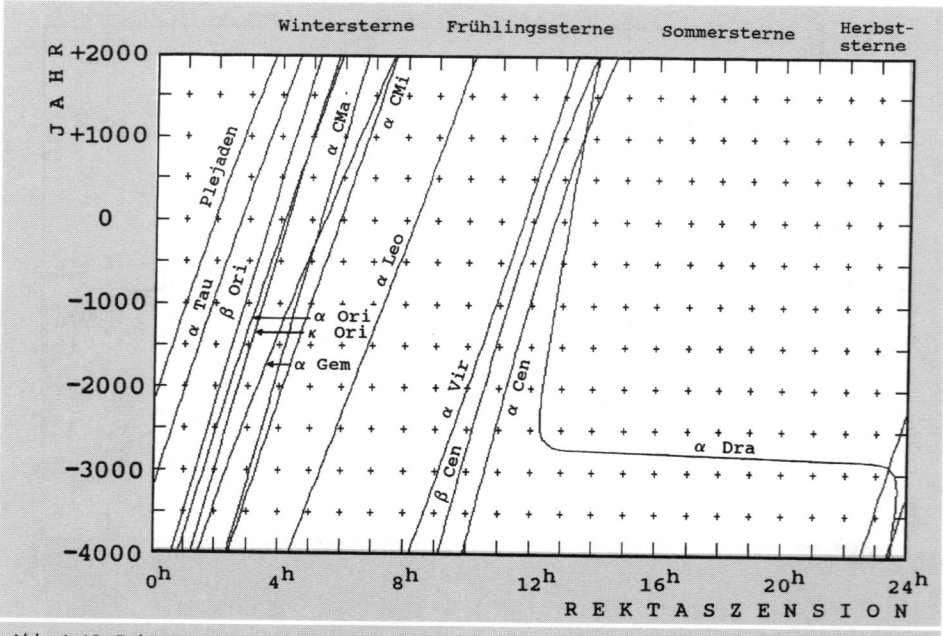

Abb. A 12 Rektaszensionen ausgewählter Fixsterne (siehe Tabelle A 3) zwischen −4000 und +2000. Optimale Sichtbarkeiten geben die Jahreszeiten am oberen Rand des Diagrammes an.

Mathematisch-astronomische Grundlagen

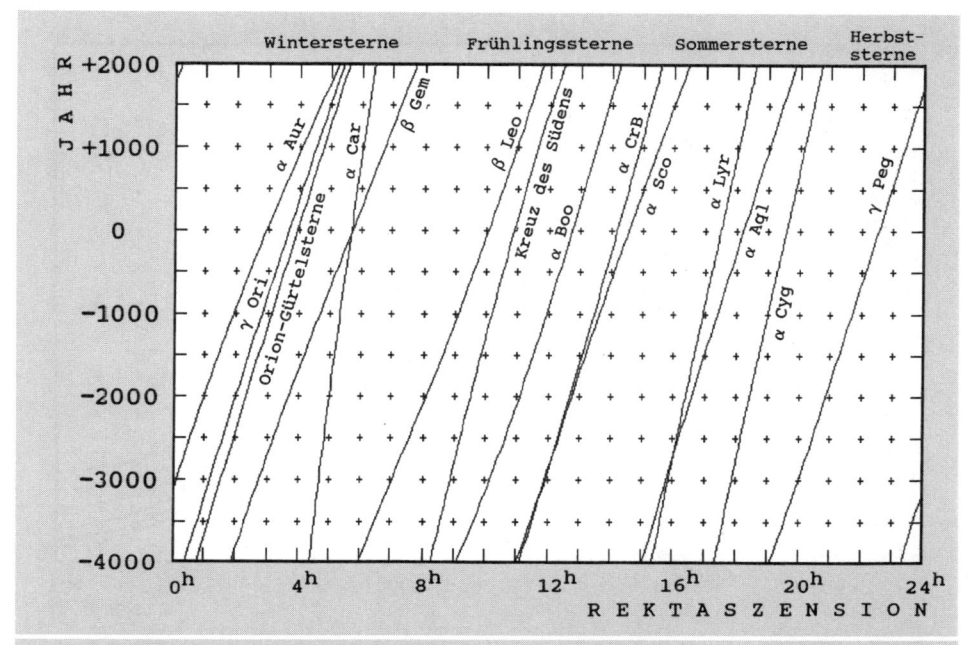

Abb. A 13 Rektaszensionen ausgewählter Fixsterne (siehe Tabelle A 3) zwischen −4000 und +2000. Optimale Sichtbarkeiten geben die Jahreszeiten am oberen Rand des Diagrammes an.

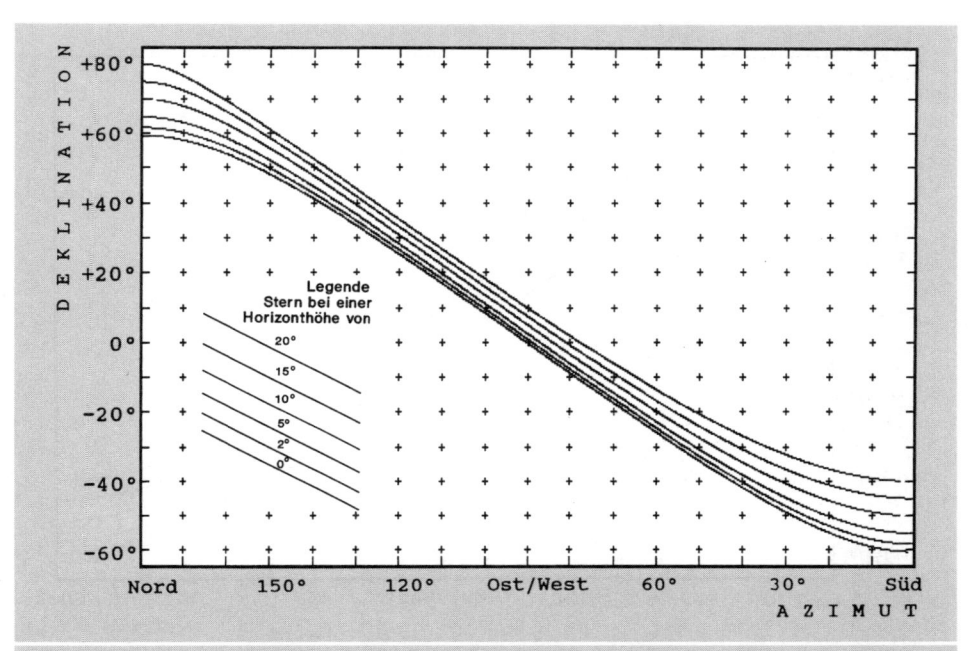

Abb. A 14 Auf- und Untergangsazimute in Abhängigkeit von der Deklination für sechs verschiedene Horizonthöhen bei einer geographischen Breite von 30° (siehe Legende).

Anhang A

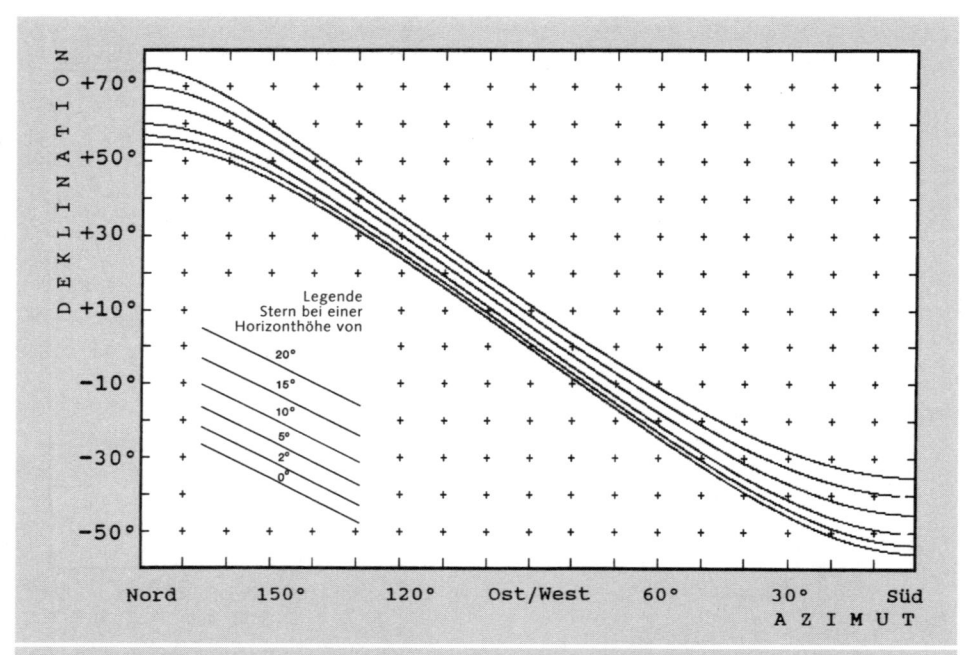

Abb. A 15 Auf- und Untergangsazimute in Abhängigkeit von der Deklination für sechs verschiedene Horizonthöhen bei einer geographischen Breite von 35° (siehe Legende).

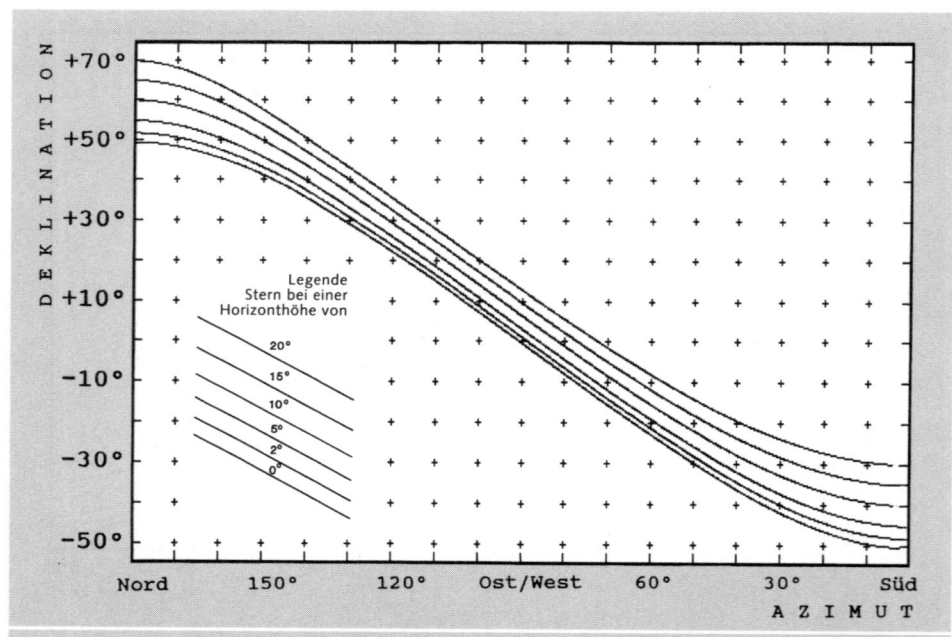

Abb. A 16 Auf- und Untergangsazimute in Abhängigkeit von der Deklination für sechs verschiedene Horizonthöhen bei einer geographischen Breite von 40° (siehe Legende).

Mathematisch-astronomische Grundlagen

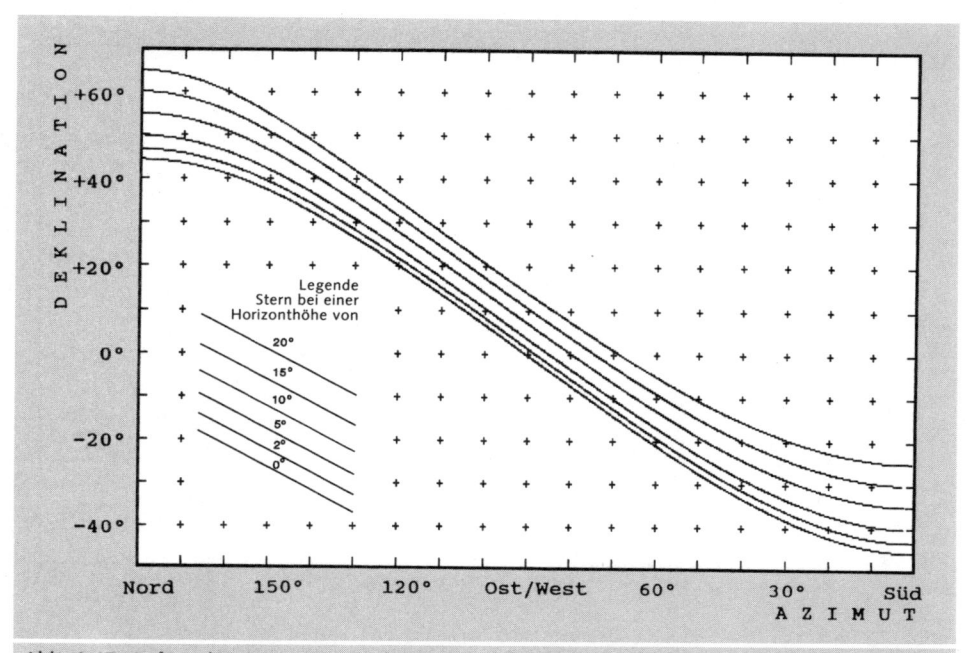

Abb. A 17 Auf- und Untergangsazimute in Abhängigkeit von der Deklination für sechs verschiedene Horizonthöhen bei einer geographischen Breite von 45° (siehe Legende).

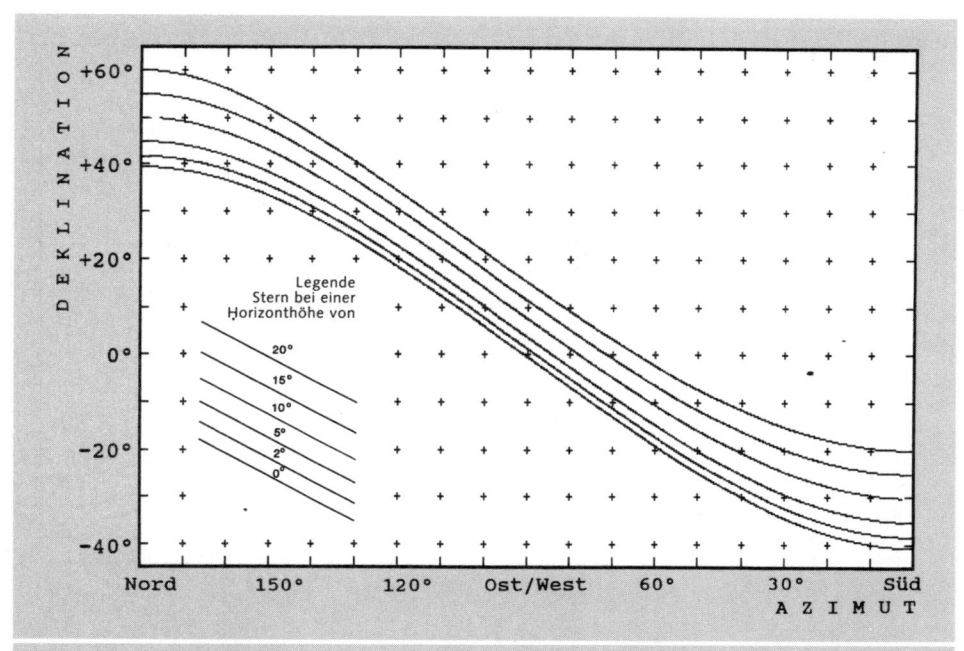

Abb. A 18 Auf- und Untergangsazimute in Abhängigkeit von der Deklination für sechs verschiedene Horizonthöhen bei einer geographischen Breite von 50° (siehe Legende).

Anhang A

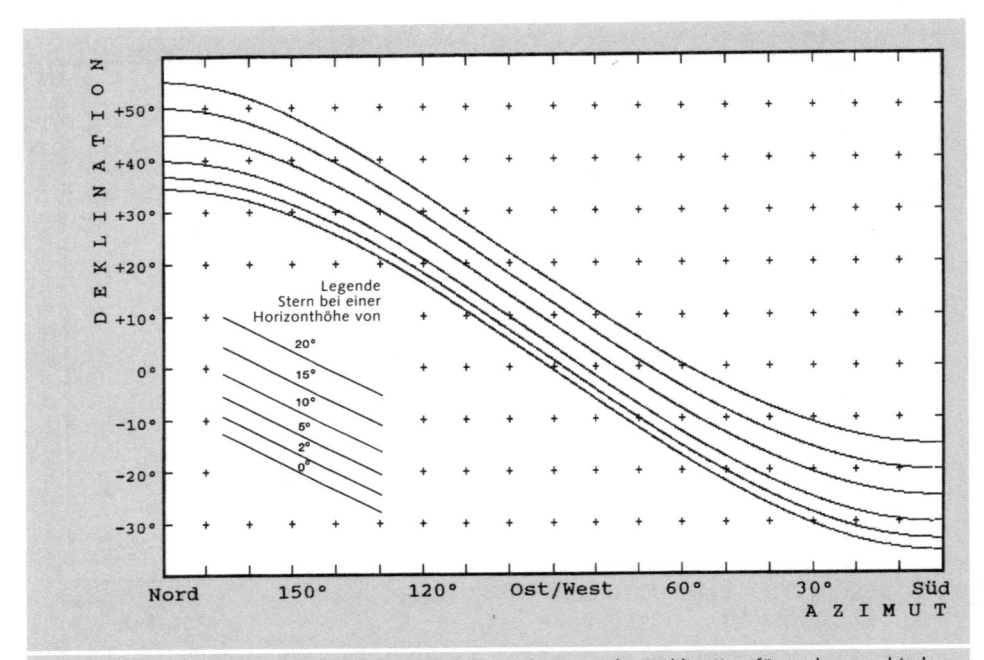

Abb. A 19 Auf- und Untergangsazimute in Abhängigkeit von der Deklination für sechs verschiedene Horizonthöhen bei einer geographischen Breite von 55° (siehe Legende).

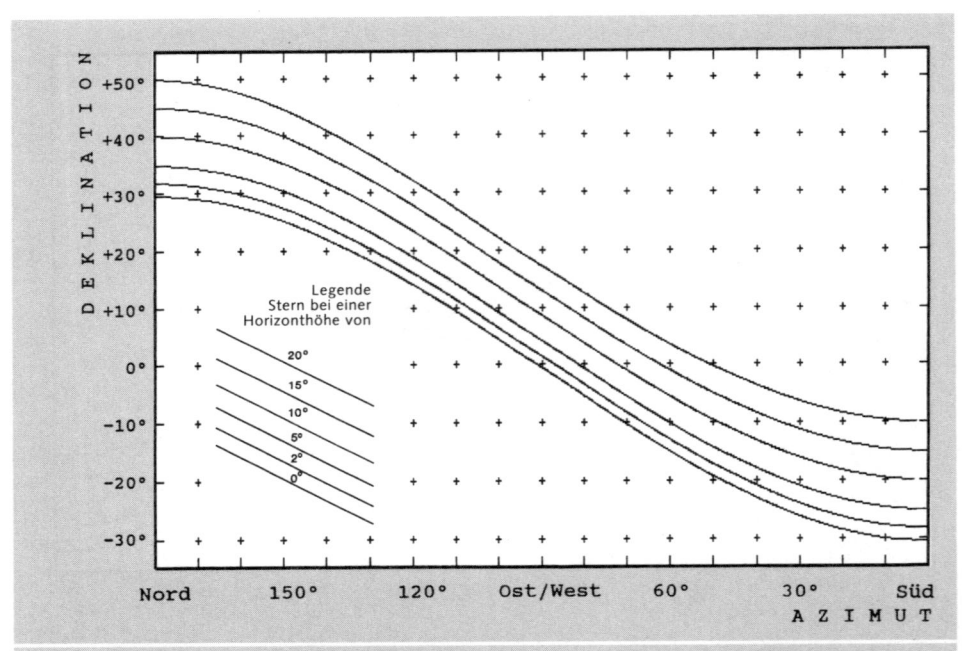

Abb. A 20 Auf- und Untergangsazimute in Abhängigkeit von der Deklination für sechs verschiedene Horizonthöhen bei einer geographischen Breite von 60° (siehe Legende).

Mathematisch-astronomische Grundlagen

Abb. A 21 Schwächung des Sternlichtes in Horizontnähe für Höhen nahe Normalnull (Landolt-Börnstein (1965), Allen (1973)) und im Hochgebirge (Schlosser, eigene Beobachtungen). Oben rechts ist die Farbänderung zenitnaher blauer, weißer, gelber und roter Sterne bei Annäherung an den Horizont angegeben.

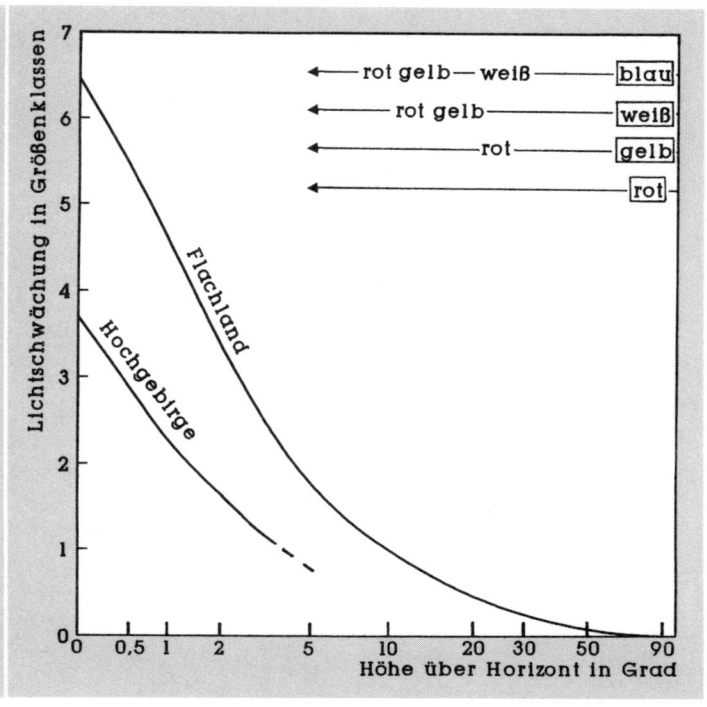

Anhang B
Statistische Grundlagen

Zwei ist größer als eins. So richtig dieser Satz auch ist, so falsch können die Schlußfolgerungen sein, wenn er bedenkenlos auf empirisch gewonnenes Zahlenmaterial angewandt wird, das seinem Wesen nach statistischen Gesetzen unterworfen ist. Hierzu ein Beispiel.

Zwei zeitlich aufeinanderfolgende Gruppen einer Kultur mögen in einem Fundmerkmal übereinstimmen, zum Beispiel einer speziellen Bronzenadel. Diese trat im Fundmaterial nur selten auf: in der Gruppe A einmal und bei B zweimal. Darf man deshalb schon behaupten, daß sie in der Gruppe B stärker in Gebrauch war, und zwar doppelt so häufig? Es könnte doch auch sein, daß die Nadel bei beiden Gruppen gleich häufig vertreten war – vielleicht sogar stärker bei A?

Um dies zu klären, nehmen wir einmal an, bei der Gruppe A seien insgesamt 20 000 derartiger Bronzenadeln verwendet worden, bei der Gruppe B jedoch erheblich weniger, nämlich nur 10 000. Man bezeichnet diese 30 000 Nadeln als *Grundgesamtheit*. Ein Ausgräber, der beliebig viel Zeit und Geld hätte und die Kulturschichten flächendeckend bis zum gewachsenen Boden abräumen und durchsieben könnte, würde alle Nadeln finden und danach die klare Aussage treffen können: „Gruppe A verwendete doppelt so viele Nadeln wie Gruppe B."

Die Praxis sieht jedoch anders aus. Nicht alle Objekte kommen ans Tageslicht, sondern immer nur ein – meist sehr kleiner – Teil davon, eine *Stichprobe*. Man bezeichnet dieses Verhältnis von tatsächlich gefundenen zu insgesamt vorhandenen Objekten als *Fundwahrscheinlichkeit*. Diese ist meist recht klein. Sie beträgt im vorliegenden Falle (3 Funde bei 30 000 Objekten): 1 : 10 000.

Wir wollen nun zehn Prähistorikern die Chance geben, Grabungen durchzuführen. Wie leider auch in der Realität erhält jeder von ihnen so wenig Zeit und Geld, daß er nach drei Funden seine Grabung abbrechen muß. Es kann also nur punktuell gesucht werden, und der Zufall entscheidet, welche Nadeln von welcher Gruppe ans Tageslicht kommen. Eine typische Fundliste der zehn Ausgräber könnte so aussehen:

Ausgrabung Nr.	Gefundene Nadeln Gruppe A	Gruppe B
1	1	2
2	3	0
3	1	2
4	3	0
5	2	1
6	2	1
7	1	2
8	2	1
9	2	1
10	3	0
Insgesamt	20	10

Betrachtet man die Ergebnisse insgesamt, so stehen den zwanzig Nadeln aus Gruppe A zehn der Gruppe B gegenüber; es ergibt sich also das der Grundgesamtheit entsprechende Verhältnis von 2 : 1. Im Einzelfall gilt dieses Verhältnis aber nicht. Die Prähistoriker Nr. 2, 4 und 10 fanden gar keine Nadel bei Gruppe B; für sie wäre also die Nadel ein Charakteristikum ausschließlich der Gruppe A. Ihre Kollegen 1, 3 und 7 fanden zwar bei beiden Gruppen derartige Objekte, bei B jedoch mehr als bei A. Sie würden, sofern sie die Tücken der Statistik kleiner Zahlen nicht kennen würden, mit ihrer Schulmathematik „Zwei ist größer als eins" den tatsächlichen Sachverhalt auf den Kopf stellen. Dieses krasse Fehlurteil wäre dann zum „Stand der Forschung" erhoben worden, wenn überhaupt nur eine einzige Grabung – nämlich die erste – durchgeführt worden wäre!

Man erkennt aus diesem Beispiel zweierlei. Zum ersten gibt es in der Statistik keine absolute Sicherheit. Dies wäre nur bei Kenntnis der Grundgesamtheit möglich, und das ist *de facto* nie der Fall. Statt dessen sind statistische Aussagen stets mit Unsicherheiten behaftet, die durch sogenannte *Vertrauensgrenzen* beschrieben werden. Diese gewisse „Schwammigkeit" statistischer Aussagen ist allerdings keine Rechtfertigung der allgemeinen Meinung, mit der Statistik ließe sich alles beweisen. Die mathematische Statistik – historisch ein Kind des Glücksspiels – ist vielmehr ein unentbehrliches Hilfsmittel bei jeder Diskussion von Zahlenmaterial und ein prächtig geratener Zweig der Mathematik, dieser „tiefsinnigen Unterhaltung des menschlichen Geistes mit sich selbst".

Manipulationen mit statistischen Aussagen sind nicht der Statistik anzulasten, sondern beginnen bereits viel früher: beim Erstellen des Ausgangsmaterials. Entweder wird dies schlicht frisiert, oder aber die Auswahlkriterien werden so hingebogen, wie es der finsteren Absicht entspricht.

Zum zweiten wird deutlich, daß statistische Aussagen um so sicherer werden, je größer das zugrundeliegende Zahlenmaterial ist. Das ist der obigen Fundstatistik ohne weiteres zu entnehmen. Die einzelne Grabung liefert überhaupt kein sinnvolles Ergebnis. Erst alle zehn Grabungen zusammen (oder eine einzige mit zehnfacher Fundzahl) vermögen eine Vorstellung von der Realität (sprich: Grundgesamtheit) zu geben. Man muß daher ein möglichst großes Datenmaterial zusammentragen. Ein gutes Beispiel dafür bieten Meinungsumfragen. Hierbei werden üblicherweise zweitausend Personen befragt, deren Meinungsbild dann für die gesamte Bevölkerung repräsentativ ist. Es gilt also auch hierbei das alte Sprichwort „Ohne Fleiß kein Preis". Über die notwendige Mindestzahl an Daten werden weiter unten einige Empfehlungen gegeben.

Es gilt allerdings noch einen weiteren Punkt zu beachten, der weniger die Mathematik als vielmehr den Menschen betrifft. Jeder Forscher – ob Fachmann oder Laie – stellt bei seiner Tätigkeit *nolens volens* gewisse Erwartungen an das Ergebnis seiner Forschungen. Der Archäoastronom wünscht sich bei seinen Untersuchungen selbstverständlich, daß sein Zahlenmaterial möglichst klare Belege für eine entwickelte Astronomie der Vorzeit ergibt. So verständlich diese Haltung auch ist, so gefährlich ist sie für die Forschung. Die Versuchung ist stets groß, nicht ins Konzept passende Fakten „wegzudiskutieren" – also auf gut deutsch: wegzulassen. Zwar wird man nur selten eine Betrugsabsicht unterstellen dürfen, gelegentlich aber ist diese schon zu beobachten.

Man erhält manchmal Zuschriften von Laien, die durchaus interessante Vermutungen durch Zahlen zu belegen versuchen. Dann genügt meist ein Blick, um die gezielte Auswahl dieser Daten zu erkennen und damit die ganze Untersuchung als unbrauchbar zu bewerten. Das Fatale daran ist, daß daraufhin ein Forschungsansatz nicht weiterverfolgt wird, obwohl er bei sauberem Arbeiten zu neuen Resultaten hätte führen können. Es kommt dann häufig zu dem Vorwurf, die Schulwissenschaft nehme die Arbeit engagierter Laien nicht zur Kenntnis. Gelegentlich mag dies auch zutreffen. Im allgemeinen jedoch ist es die oben beschriebene gezielte Präsentation der Fakten, die einen Fachwissenschaftler nach Hunderten von Einsendungen mit immer den gleichen Fehlern eine möglicherweise gute Idee kopfschüttelnd *ad acta* legen läßt.

Wie sollte also eine wissenschaftliche Untersuchung mit der notwendigen Ehrlichkeit im Umgang mit den Fakten durchgeführt werden?

Am Anfang steht meist eine Vermutung, die erstaunlicherweise oft auf irrationale

Statistische Grundlagen

Weise entsteht. Sie formt sich aufgrund von Assoziationen, die im einzelnen kaum nachvollziehbar sind: Sie ist einfach da! Es zeichnet den echten Forscher aus, daß er eine „gute Nase" für sein Forschungsgebiet hat oder – vornehmer ausgedrückt – eine Intuition.

Während die Vermutung in Sekundenbruchteilen im Gehirn aufblitzt, bedeutet die zweite Phase echte Knochenarbeit, die sich über Jahre erstrecken kann. Nun heißt es, das Material zu sammeln. Hierzu gibt es drei eiserne Regeln:

- Trage *alles* Material zusammen, welches für die Bestätigung *oder Widerlegung* der Vermutung relevant ist.
- Widerstehe der Versuchung, Daten wegzulassen, die nicht in die Reihe passen, und höre nicht mit der Datensammlung vor dem gesetzten Ziel auf.
- Denke daran, daß ein auf Vollständigkeit angelegter Datensatz auch dann für die Wissenschaft wertvoll ist, wenn die ursprüngliche Vermutung widerlegt werden sollte.

Als dritte Stufe folgt dann die Auswertung der Daten nach statistischen Verfahren. Dadurch ergibt sich eine Bestätigung oder Widerlegung der Hypothese. Im einzelnen ist die folgende Vorgehensweise zu empfehlen.

Erstellung der Urliste

Diese Urliste enthält einfach die Daten, zum Beispiel die Orientierungen einer Gruppe von Steinsetzungen oder Gräbern. Nehmen wir der Einfachheit halber einmal an, die Objekte seien um den Ostpunkt herum orientiert, also in der Nähe von 270° gelegen. Ordnet man die Azimutwerte noch in aufsteigender Reihe, dann könnte eine Urliste so aussehen, wie in Tab. B 1 ersichtlich.

Diese 126 Werte sind natürlich ziemlich unübersichtlich, und es fragt sich, welche Darstellung sie überschaubarer macht. Hier bietet sich zunächst eine graphische Darstellung an. Die optimale Repräsentation ist für unseren Zweck das *Histogramm*. Als x-Achse oder Abszisse wählt man dabei den Orientierungswinkel (Azimut), der allerdings nicht kontinuierlich anwächst, sondern in festen Intervallschritten fortschreitet. Die y-Achse oder Ordinate gibt die Anzahl aller in das Intervall fallenden Funde an.

Eine gewisse Aufmerksamkeit erfordert die Wahl der Größe des Intervalls. Ganz unzweckmäßig wäre es, etwa in Schritten von 0,1° zu unterteilen, denn dann blieben die meisten Intervalle unbesetzt. Grundsätzlich sollte das Intervall mit der höchsten Belegung mindestens zwanzig Belegungen aufweisen, wenn das Datenmaterial dies zuläßt. Dann kann man in aller Regel davon ausgehen,

Tab. B 1 Beispiel einer Urliste von astronomischen Orientierungen archäoastronomischer Objekte; in Grad

171,4	179,1	181,1	187,3	188,7	194,7	203,4	210,1	224,2	230,9	237,5
239,1	240,4	241,5	242,0	243,9	245,1	245,8	246,5	247,1	247,5	248,0
248,9	249,4	249,7	251,1	251,5	252,0	252,9	253,1	253,3	254,0	254,2
254,6	255,4	256,0	256,3	256,9	257,3	257,7	257,8	258,1	259,0	259,2
259,4	260,1	260,7	260,8	261,0	261,7	261,8	262,0	262,4	262,5	262,8
263,3	263,5	263,9	264,6	264,8	265,1	265,6	265,7	265,9	265,9	266,0
266,4	266,5	266,6	266,6	266,9	267,3	267,7	267,8	268,2	268,4	269,1
269,5	269,7	269,9	270,1	270,3	270,6	270,7	271,0	271,3	271,5	271,8
272,1	272,4	272,7	273,1	273,3	274,0	274,5	275,0	275,5	276,2	276,4
277,0	277,9	278,6	279,2	280,3	282,0	283,1	284,8	285,1	287,0	287,5
288,1	288,2	289,7	290,1	290,7	291,3	291,7	292,0	292,5	293,9	294,7
296,0	297,8	299,2	315,2	357,9						

Anhang B

daß ein Maximum im Histogramm auch wirklich ein Maximum der Verteilung darstellt und solche unerwünschten Effekte wie im obigen Beispiel der Bronzenadeln ausbleiben.

Die Abb. B 1 und B 2 zeigen zwei Darstellungen der Urliste in Unterteilungen von 1/16 der Windrose (Azimutintervall 22,5°) und in 1°-Unterteilung. Man erkennt, daß die gröbere Rasterung einen ruhigeren Verlauf der Verteilung ergibt. Ganz allgemein gilt eine Art „Unschärferelation der Statistik": Eine große Belegung eines Intervalls mit entsprechender Sicherheit schließt einen scharfen Azimutwert aus. Entsprechend mindert eine feinere Unterteilung der Abszisse die Belegungszahl und damit die statistische Sicherheit des Wertes.

Hier ist also stets einiges Fingerspitzengefühl angebracht.

Mittelwerte und Streuung

Der Mittelwert ist eine beliebte Maßzahl, um die Vielfalt der Daten durch nur eine Zahl zu charakterisieren. Den klassischen Mittelwert berechnet man, wie schon aus der Schule bekannt, durch

$$\bar{x} = \frac{\text{Summe aller Werte}}{\text{Anzahl der Werte}}$$

Im vorliegenden Fall beträgt der Mittelwert 262,6°. Allerdings hat diese Mittelbildung

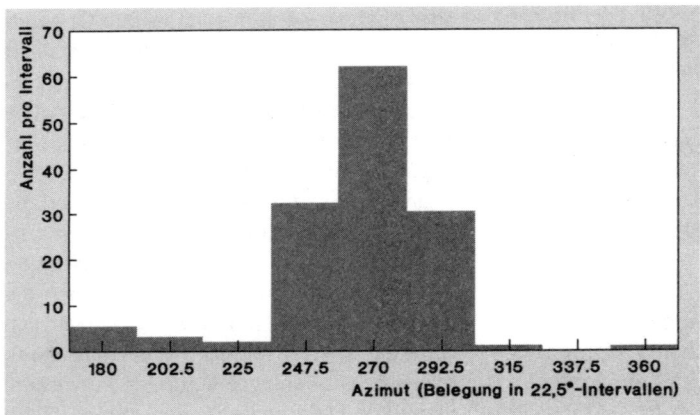

Abb. B 1 Histogramm der Tabelle B 1. Die Daten wurden in Intervallbereichen von je 22,5° zusammengefaßt. Bei Verzicht auf Details wird die globale Verteilung gut wiedergegeben, insbesondere das Maximum in der Nähe von 270°.

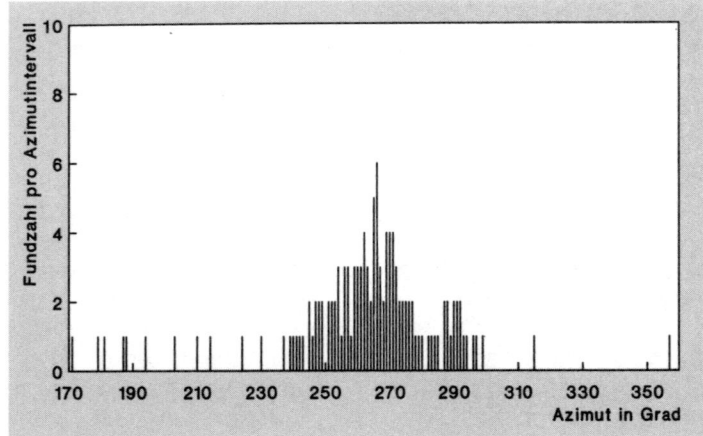

Abb. B 2 Histogramm der Tabelle B 1. Die Daten wurden in Intervallbereichen von je einem Grad zusammengefaßt. Die Feinheiten der Verteilung werden präzise wiedergegeben. Wegen der geringen Belegung der Intervalle (maximal 6 Funde) ist ein Rückschluß auf einen entsprechend detaillierten Verlauf bei der Grundgesamtheit jedoch nicht statthaft.

Statistische Grundlagen

eine unangenehme Eigenschaft, denn sie wird von Ausreißern – also Werten mit großem Abstand vom Mittelwert – deutlich beeinflußt.

Frei von diesem Makel ist der *Medianwert* oder *Median*, der einfach angibt, für welchen Intervallwert links wie rechts gleich viele Messungen liegen. In unserem Falle ist der Median 265,8°, denn jeweils 63 Werte sind größer bzw. kleiner als dieser Wert. Sollte die Anzahl der Messungen ungerade sein, so schlägt man die Hälften der im mittleren Intervall gelegenen Werte jeweils dem kleineren bzw. größeren Intervall zu. Der Median hat den offensichtlichen Vorteil, daß er das Ergebnis einer Abzählung und nicht einer Rechnung ist. Zu seiner Bestimmung siehe auch Abb. B 3.

Zum Mittelwert gesellt sich die Streuung σ, die gewissermaßen die Schärfe der Verteilung angibt. Ist $\bar{x}$ der oben definierte Mittelwert und stellen die x_i die N Einzelmessungen dar, so ist die Streuung

$$\sigma = \sqrt{\frac{1}{N-1} \sum_{i=1}^{N} (x_i - \bar{x})^2} = 25{,}9°$$

Der Mittelwert ist natürlich ebenfalls nur mit einer gewissen Unsicherheit bekannt. Deren Wert, der *mittlere Fehler des Mittels*, errechnet sich zu

$$\sigma_M = \frac{\sigma}{\sqrt{N}} = 2{,}3°$$

Überprüfung von Hypothesen

Im Regelfall werden Daten dazu verwendet, sich Klarheit über die Gültigkeit einer Annahme zu verschaffen, welche Gesetzmäßigkeiten diese widerspiegeln. Man macht sich darüber eine *Arbeitshypothese*. Im vorliegenden Fall würde man diese Arbeitshypothese wie folgt formulieren:

Ziel der Menschen war es damals, so gut wie möglich eine Ost-Orientierung anzustreben.

Nun trifft der Mittelwert nicht genau den Ostpunkt (270°), sondern beträgt 262,6°. In Anbetracht der großen Schwankungen der Daten (die Streuung beträgt immerhin 25,9°) ist eine exakte Koinzidenz auch nicht zu erwarten. Ist trotzdem diese Hypothese gerechtfertigt?

Hier gibt es ein einfaches Rezept. Alles, was innerhalb des Dreifachen des mittleren Fehlers des Mittels um den Mittelwert herum liegt, ist noch mit der Annahme verträglich. In unserem Falle (Mittelwert: 262,6°, mittlerer Fehler des Mittels: 2,3°) heißt dies, daß Azimute im Bereich zwischen

262,6° − 3 · 2,3° = 255,7° und
262,6° + 3 · 2,3 = 269,5°

im Visier des vorzeitlichen Menschen lagen. Alle anderen Himmelsrichtungen – also auch

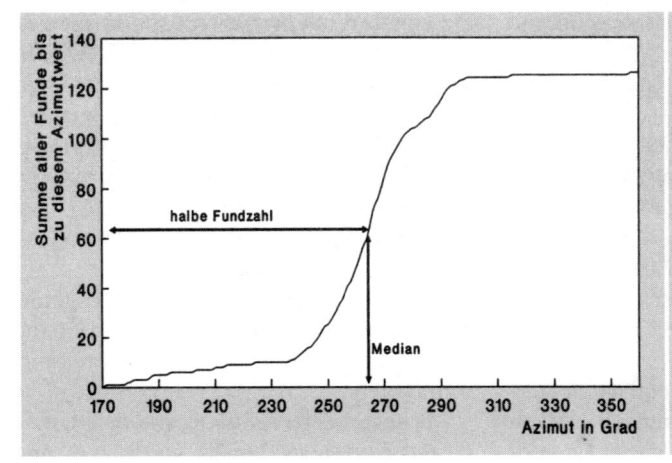

Abb. B 3 Kumulative Verteilung gemäß Tabelle B 1. Aufgetragen wurde die Summe aller Funde bis zum angegebenen Azimutwert. Die Ordinatenwerte durchlaufen daher die Zahlen Null bei 170° (noch kein Fund bis zu diesem Azimut) bis zur Gesamtfundzahl von 126° bei 360° (alle Funde haben kleineres Azimut). Kumulative Verteilungen erlauben die schnelle Bestimmung des Medianwerts, indem man den Abszissenwert bei halber Fundzahl bestimmt.

der wahre Ostpunkt bei 270° – liegen außerhalb des Bereiches. Sie sind daher auszuschließen, und die Arbeitshypothese ist zu verwerfen. Entweder wurde der Ostpunkt gar nicht angepeilt, oder aber man hat sich bei seiner Bestimmung um mehrere Winkelgrade vermessen.

Der Korrektheit halber sei jedoch angemerkt, daß es auch hier keine vollständige Sicherheit gibt. In jedem dreihundertsten Fall versagt diese Regel. Es ist in Naturwissenschaft und Technik aber allgemein üblich, mit dieser sogenannten *Drei-Sigma-Regel* die Grenzen einer Hypothesenverträglichkeit festzulegen, und man ist stets gut damit gefahren.

Statistische Prüfverfahren sind nicht dazu da, um richtige Hypothesen zu bestätigen, sondern um falsche zu verwerfen. Der Grund für diese scheinbare Paradoxie ist recht einfach. Die Schwankung der Daten läßt stets eine gewisse Breite an Vermutungen zu, zwischen denen im Rahmen der Statistik nicht entschieden werden kann. Im obigen Beispiel könnte das angestrebte Azimut von der Sonne ein, zwei oder drei Wochen vor Frühlingsanfang erreicht worden sein. Alle Positionen liegen im Rahmen der *Drei-Sigma-Breite*. Zwei Prähistoriker, die aus irgendeinem Grund zwei unterschiedliche Stichtage in diesem Bereich präferieren, werden also von der Statistik keine Hilfe darüber erwarten dürfen, wer von ihnen recht hat. Ein dritter jedoch, der die Frühlings-Tagundnachtgleiche als Termin vorschlägt (Azimut = 270°), fällt aufgrund dieser Regel durch: Seine falsche Hypothese wird abgelehnt.

Nicht alle Arbeitshypothesen sind so einfach wie die obigen, bei denen es nur darauf ankommt, über eine einzige Zahl zu entscheiden. Oft enthalten Hypothesen mehrere Annahmen. Hier hilft in vielen Fällen der sogenannte *Chi-Quadrat-Test,* falsche Vermutungen auszuschließen. Auch hierzu zwei Beispiele.

Das Histogramm Abb. B 1 enthält die Verteilung der Orientierungen in neun Blöcken zusammengefaßt. Es drängt sich der Eindruck einer deutlichen Vorzugsrichtung auf, und man möchte diesen Eindruck auch gern statistisch bestätigt sehen. Das Gegenteil von „Vorzugsrichtung" ist „Gleichverteilung". Wir nehmen also einmal eine Gleichverteilung an und freuen uns, wenn diese Hypothese als falsch verworfen wird.

Die Maßzahl für den Chi-Quadrat-Test lautet:

$$\sum_{\text{alle Meßwerte}} \frac{(\text{Meßwert} - \text{Hypothesenwert})^2}{\text{Hypothesenwert}}$$

Die Belegungen der einzelnen Blöcke waren:

5 3 2 32 62 20 1 0 1

Die Hypothesenwerte sind natürlich wegen der angenommenen Gleichverteilung für jeden Block gleich: $126/9 = 14$.

Damit ergibt sich die Größe für Chi-Quadrat zu 253,1.

Um nun zu überprüfen, ob diese Hypothese (Annahme einer Gleichverteilung) zu verwerfen ist, müssen wir bestimmen, wie unabhängig unsere 9 Eingangsdaten von der Arbeitshypothese sind. Die Zahl wird durch die sogenannten *Freiheitsgrade* beschrieben. Sie sind gleich der Zahl 9 abzüglich der daraus entnommenen Informationen für die Arbeitshypothese. Wir haben offensichtlich nur eine Information verwendet, nämlich den Mittelwert. Damit ist die Anzahl der Freiheitsgrade $9 - 1 = 8$.

Gehen wir mit dem Wert 8 als Abszisse in das Diagramm B 4, so erkennen wir, daß der gefundene Chi-Quadrat-Wert um etwa das Zehnfache über dem höchsten Ordinatenwert (für 0,2 %) liegt. Damit ist die Annahme einer Übereinstimmung zwischen Hypothese und Datensatz weit unter 0,2 % gelegen, und wir dürfen die Arbeitshypothese einer Gleichverteilung getrost verwerfen.

Um die Bestimmung der Freiheitsgrade noch an einem anderen Beispiel zu erläutern, wollen wir einmal eine zweite Vermutung formulieren:

Die angestrebte Verteilung war derart, daß die Belegungen gleichmäßig von 2 bis 62 an-

Statistische Grundlagen

steigen und dann wieder auf 2 abfallen sollten.

Unsere Arbeitshypothese ist nun keine einfache Zahl mehr wie der obige Mittelwert, sondern ebenfalls eine Folge von neun Zahlen:

2 17 32 47 62 47 32 17 2

Berechnet man jetzt Chi-Quadrat, indem man für jede der neun Entsprechungen die obige Rechnung ausführt, so ergibt sich 112,0. Wie groß ist nun die Zahl der Freiheitsgrade?

Unsere Arbeitshypothese basiert auf zwei Werten aus dem Datensatz, nämlich dem höchsten Wert (62) und einem Randwert (2). Damit wurden zwei Informationen entnommen, und die Anzahl der Freiheitsgrade ist folglich 9 − 2 = 7. Auch in diesem Falle zeigt das Diagramm B 4, daß der Chi-Quadrat-Wert weit über der 0,2%-Marke liegt. Diese zweite Hypothese wird somit ebenfalls abgelehnt, allerdings nicht mehr ganz so schroff wie die erste.

Zwei hilfreiche Faustregeln noch zum Schluß:

Prüft man auf nur ein Merkmal, z. B. ob ein Bronzewerkzeug eine spezielle Schneide hat oder nicht, so sollte man mindestens zehn Objekte sammeln. Wenn alle zehn Funde das gleiche Merkmal aufweisen und keiner herausfällt, so kann man davon ausgehen, daß diese Eigenschaft auch die Grundgesamtheit charakterisiert.

Ist man mit der erreichten Genauigkeit nicht zufrieden und strebt die doppelte Genauigkeit an, so muß man das Vierfache an Daten sammeln. Bei einer zehnfachen Genauigkeit – also einem zehnmal so kleinen Fehler – sogar das Hundertfache. Diese nur geringe Belohnung für die aufgewandte Mühe sollte bei jeder Planung einer Materialsammlung bedacht werden.

Näheres über den Umgang mit anderen Testverfahren entnehme man dem „Taschenbuch der Mathematik" von Bronstein und Semendjajew (1989).

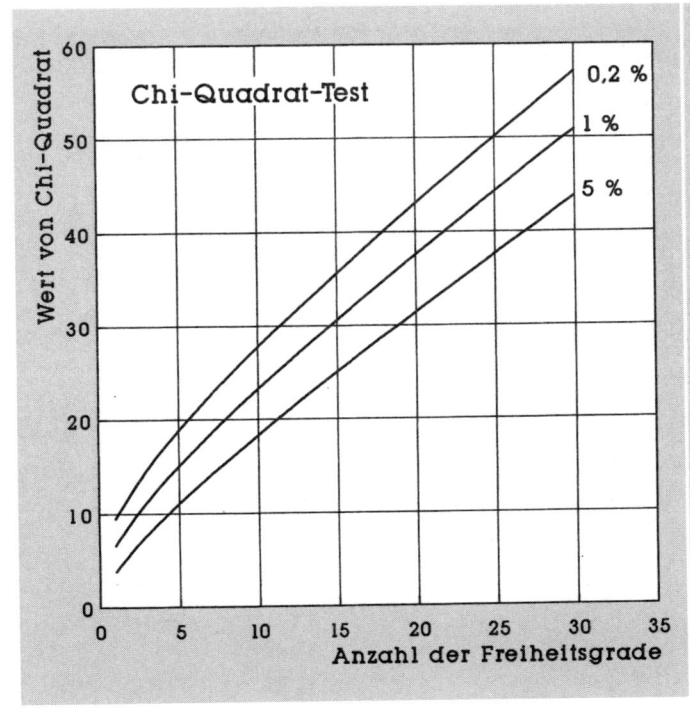

Abb. B 4 Die Werte der Chi-Quadrat-Funktion für drei verschiedene Vertrauensgrenzen bis zu 30 Freiheitsgraden. Zur Anwendung sei auf den Text verwiesen. Man sollte stets die 0,2%-Vertrauensgrenze anstreben, denn diese entspricht der üblichen „Drei-Sigma-Regel". Vor der leider häufig verwendeten 5%-Vertrauensgrenze kann nur gewarnt werden, denn dann ist bereits jede zwanzigste „statistisch abgesicherte" Aussage falsch!

Glossar
Verweise auf andere Begriffe durch → gekennzeichnet

Abfallgrube: In der Regel Grube im Bereich einer prähistorischen Siedlung, die nach Entnahme von Baumaterialien, wie Ton, Lehm, Sand, mit Erde und dem Siedlungsabfall (Tierknochen, Scherben usw.) verfüllt wird.

Abri: Felsschutzdach (franz.). Mehr oder weniger schrägstehende Felsen, unter denen schon die steinzeitlichen Jäger gelagert haben.

Äquinoktialpunkt: Die Auf- bzw. Untergangsposition der Sonne zu den → Äquinoktien. Sie ist praktisch gleichbedeutend mit der Ost-West-Richtung.

Äquinoktien: Termine im Jahr (heute ~ 21. März und ~ 23. September), an denen Tag und Nacht gleich lang sind, alternativ die Tage einer Sonnendeklination $\delta = 0°$. Obwohl beide Definitionen wegen der → Refraktion in der irdischen Atmosphäre nicht exakt übereinstimmen, werden sie doch synonym gebraucht (Anhang A).

Aufgang, akronychischer: Der letzte sichtbare Aufgang eines Fixsternes in der Abenddämmerung.

Aufgang, heliakischer: Der erste Aufgang eines Fixsternes in der Morgendämmerung nach seiner Überstrahlung durch die Sonne. Heliakische Aufgänge heller Fixsterne (z.B. des Sirius) sind von großer Bedeutung für viele archaische Kalendersysteme.

Azimut: Winkelwert für die Himmelsrichtung; die Zählrichtung entspricht der Richtung des Sonnenlaufes. Als Nullpunkt wird meist die Südrichtung gewählt, Süden = 0°, Westen = 90°, Norden = 180°, Osten = 270°. Gelegentlich ist jedoch auch die Nordrichtung Ausgangspunkt der Zählung.

Basrelief (franz.): Relief geringer Erhebung über dem Untergrund.

Baufluchtlinie: Das → Azimut einer Wand oder Säulenreihe.

Befunde: Alle prähistorischen Objekte wie Abfallgruben, Pfostenlöcher, Steinmauern u. ä., wobei Lage und Zustand sowohl der beweglichen als auch der unbeweglichen Objekte als Befunde bezeichnet werden.

Brandbestattung: Bestattungsform, bei der die verbrannten Knochen oft mit einem Teil des Scheiterhaufens beigesetzt werden. Man findet die Reste in einem Gefäß (Urnengrab), in einer Grube (Brandgrubengrab) oder auf eine Fläche aufgeschüttet (Brandschüttungsgrab). Die Brandbestattung ist seit dem älteren Neolithikum bekannt.

Bronze: Im normalen Sprachgebrauch eine Kupfer-Zinn-Legierung, in der Regel mit 1 bis 15 % Zinngehalt. Archäometallurgen unterscheiden jedoch je nach Metallzusammensetzung Arsenbronzen (Kupfer-Arsen-Legierung), Zinnbronzen (Kupfer-Zinn-Legierung) usw.

Chronologie: In der Ur- und Frühgeschichte die zeitliche Abfolge in den einzelnen Gruppen/Kulturen, in den Epochen oder in einem Gräberfeld. Man unterscheidet die → absolute und die → relative Chronologie.

Chronologie, absolute: Zeitliche Abfolge z. B. einzelner Stufen einer Kultur oder der Kulturen innerhalb einer Epoche, angegeben in absoluten Zahlen.

Chronologie, relative: Zeitliche Abfolge der Epochen, Kulturen oder Kulturstufen, die

Glossar

nach der kombinierten Auswertung von → Stratigraphie, geschlossenen Funden, Typologie usw. erstellt wird. Die Altersangaben sind relativ: A ist älter/jünger als B.

Datierung, absolute: Durch → Dendrochronologie gewonnene, auf das Jahr genaue Angabe des Alters eines Holzobjektes.

Datierung, relative: Dazu gehören alle archäologischen und naturwissenschaftlichen Methoden – ohne → Dendrochronologie.

Datierungsmethoden, physikalische: Naturwissenschaftliche Altersbestimmungsmethoden, zu denen die radiometrischen Methoden (Thermolumineszenz, Radiokarbon-, Kalium/Argon-Methode sowie Paläo- und Archäomagnetismus) gehören.

Deklination: Abstand eines Gestirns vom Himmelsäquator, positiv nach Norden gezählt (Abb. A 8 – A 11). Die Deklination ist eine der maßgebenden Größen eines Gestirns in der Archäoastronomie, da sie dessen Höhe über dem Horizont wie auch sein Auf- und Untergangsazimut bestimmt.

Dendrochronologie: Bestimmung des Alters eines Holzobjektes mit Hilfe der Jahresringe. Das Jahresringmuster eines Holzstückes unbekannten Alters wird mit dem Muster einer datierten Jahresringskala zur Deckung gebracht und so das Alter bestimmt.

Diffusion: Die Entwicklung der Kulturen auf technischem, wirtschaftlichem oder geistigem Sektor durch Einflüsse von außen, d. h. durch andere Kulturen.

Ekliptik: Die Bahn der Sonne unter den Fixsternen, zugleich genähert auch die des Mondes und der Planeten. Steht der Mond bei Neu- oder Vollmond genau auf der Ekliptik, so gibt es eine Sonnen- oder Mondfinsternis.

Elevation: Höhe eines Gestirns über dem Horizont (h bzw. h', siehe Anhang A). Bei der Sonne oder dem Mond muß noch spezifiziert werden, welcher Teil der Scheibe gemeint ist (z. B. oberer Rand).

Entwicklung, autochthone: Selbständige Entwicklung der Kulturen auf technischem, wirtschaftlichem oder geistigem Sektor ohne Eingriff von außen.

Extinktion: Lichtschwächung durch die irdische Atmosphäre.

Flachgrab: Grabform, bekannt seit dem Paläolithikum. Die Grabgrube ist in der Erde eingetieft, an der Oberfläche war sie damals nur durch eine flache Erdaufschüttung sichtbar.

Freilandstation: Ein Lagerplatz mit Hütten- oder Zeltgrundrissen, eventuell auch Feuerstellen, errichtet unter freiem Himmel, typisch für das Paläo- und Mesolithikum.

Frühgeschichte: Der jüngere Abschnitt der Ur- und Frühgeschichte, in dem neben den Funden und Befunden auch einige wenige schriftliche Überlieferungen aus der griechischen und römischen Antike dem Prähistoriker bei seinen Forschungen behilflich sein können. Sie beginnt in Mitteleuropa mit der jüngeren Eisenzeit, im Mittelmeerraum einige Jahrhunderte früher.

Frühlingspunkt: Ausgangspunkt der Zählung der → Rektaszension. Da der Frühlingspunkt der Schnittpunkt des → Himmelsäquators mit der aufsteigenden → Ekliptik ist, steht die Sonne zum Frühlingsanfang im Frühlingspunkt.

Glockenbecherkultur: Eine endneolithische Kultur, benannt nach der typischen Keramikform, verbreitet in West- und Mitteleuropa.

Grabhügel: Eine runde oder längliche Aufschüttung aus Erde und/oder Steinen über einem Grab.

Himmelsäquator: Die gedachte Fortsetzung der Erdäquatorebene an die Himmelskugel (Anhang A). Der Himmelsäquator trennt die südliche von der nördlichen Himmelskugel.

Hocker: Bestattungsform, bei der die unteren Extremitäten des Toten zum Körper hin angezogen sind. Der Tote liegt dabei auf der Seite oder auf dem Rücken, sitzende Hocker sind selten.

Höhe: Abstand des Gestirns vom Horizont; positiv gerechnet zum → Zenit, negativ zum → Nadir (→ Elevation).

Horizontalparallaxe: Die Koordinaten der Gestirne werden im allgemeinen auf den Erdmittelpunkt bezogen. Da sie jedoch von der Erdoberfläche aus beobachtet werden, ist ihre beobachtete → Elevation stets kleiner als angegeben (Anhang A). Die maximale Differenz tritt im Horizont auf. Sie beträgt für den Mond etwa ein Grad, für die Sonne 0,15 Bogenminuten und ist für die Planeten und Fixsterne unmerklich.

Horizontanhebung: Die Abweichung des tatsächlichen Horizonts (in bergiger Umgebung) vom idealen Horizont (etwa am Meer). Eine Horizontanhebung erleichtert die Erkennbarkeit der Gestirne, da dann die atmosphärischen Einflüsse geringer sind.

Hügelgrab: Grabform, bekannt seit dem Endneolithikum.

Jungsteinzeit: Neolithikum, jüngste Stufe der Steinzeit. Ihr Anfang fällt mit dem Aufkommen der Landwirtschaft, Viehzucht und dem Bau fester Häuser zusammen. Sie folgt auf die → Mittlere Steinzeit.

Kardinallinien/-punkte: Die vier Haupthimmelsrichtungen Nord, Süd, Ost und West.

Körperbestattung: Bestattungsform, bei der der Tote in gestreckter oder gehockter Lage bestattet wird.

Kreisgrabenanlage: Runde oder ovale Anlage, die mit einem oder mehreren Gräben umgeben ist, die durch Erdbrücken unterbrochen sind. Oft finden sich parallel zu den Gräben Reste von Erdwällen. Im Inneren gibt es keine Hausgrundrisse, so daß es sich weniger um eine befestigte Siedlung als um eine „Fluchtburg" oder Kultstätte handeln dürfte. Eine Nutzung als Viehpferch ist wegen der aufwendigen Bauweise wenig wahrscheinlich.

Kulmination: Die höchste Stellung eines Gestirns über dem Horizont. In unseren Breiten kulminieren Sonne, Mond und Planeten sowie die meisten Fixsterne im Süden.

Kulturschicht: Lauf- oder Wohnhorizont in einer Siedlung, Höhle usw.

Kulturstufen: Chronologische Unterteilungen innerhalb einer Epoche.

Lagerplatz: Platz, auf dem sich prähistorische Jäger niedergelassen und Zelte oder einen Windschutz gebaut haben. Gegenteil dazu → Rastplatz.

Linie, architektonische: Im allgemeinen gleichbedeutend mit → Baufluchtlinie. Darüber hinaus kann die architektonische Linie aber noch eine Komponente in → Elevation enthalten.

Linienbandkeramik: Eine Kultur der älteren Jungsteinzeit, verbreitet in Mitteleuropa.

Luftbildarchäologie: Verfahren, um archäologische Fundstellen aus der Luft zu entdecken und zu dokumentieren.

Magnetismus, thermoremanenter: → Paläo-/Archäomagnetismus.

Menhire: Von Menschen errichtete Steinsäulen. Gelehrte Neuschöpfung aus bretonisch „men" = Stein und „hir" = lang.

Meridian: Großkreis durch den Nord- und Südpunkt sowie durch den Zenit.

Metallzeiten: Gemeinsame Bezeichnung für die Bronze- und Eisenzeit, im Gegensatz zur Steinzeit.

Metonischer Zyklus: Nach 19 (tropischen) Jahren fallen die Mondphasen recht genau wieder auf den gleichen Tag des Jahres. Dieser nach dem griechischen Mathematiker und Astronomen Meton (5. Jahrhundert v. Chr.) benannte Zeitraum bildete die

Glossar

Grundlage des griechischen Lunisolarkalenders.

Mittlere Steinzeit: Mesolithikum, die mittlere Stufe der Steinzeit. Zeit der nacheiszeitlichen Jäger und Sammler, bis zum Aufkommen des Bauerntums.

Nadir: Der Punkt genau unter dem Beobachter (→ Höhe).

Nivelliergerät: Ein Gerät zur Festlegung der Horizontlinie /-ebene.

Nordische Bronzezeit: Die Bronzezeit im → Nordischen Kreis. Allgemeine Aufteilung der nordischen BZ nach Montelius, Stufen I – VI.

Nordischer Kreis: Als Nordischer Kreis werden ur -und frühgeschichtliche (UFG-)Kulturen in Nordeuropa (Skandinavien und Norddeutschland) bezeichnet. Durch die hier länger zurückgebliebenen Gletscher setzen die vorzeitlichen Epochen zeitlich verspätet ein. Dadurch und wegen der größeren Distanz zu den mediterranen Hochkulturen kam es zu spezifischen Kulturentwicklungen in diesem Raum.

Oppidum: Keltische, stadtähnliche befestigte Ansiedlung der entwickelten jüngeren Eisenzeit, in den römischen Quellen oft erwähnt und beschrieben.

Orientierung: Architektonische Linie, wie Grabachse, Baufluchtlinie etc., ausgedrückt als → Azimut.

Paläo-/Archäomagnetismus: Wenn Ton oder Gestein über eine bestimmte Temperatur erhitzt werden, orientieren sich ihre eisenhaltigen Partikel nach dem aktuellen Erdmagnetfeld. Nach Erkaltung bleibt die Magnetfeldrichtung im Ton eingefroren. Da sich die Richtung des Erdmagnetfeldes laufend ändert, kann man aus der Differenz der heutigen und der eingefrorenen Richtung die Zeit bestimmen, die seit der letzten Erhitzung vergangen ist.

Pfostenloch: Eingetiefte Grube für Pfosten (Palisade, Hauswand), verfüllt mit dem Aushub. Die Bodenstörung bleibt nach Verwitterung des Holzes als Verfärbung sichtbar.

Präzession: Die Positionen der Fixsterne an der Himmelskugel und damit auch die Sichtbarkeitsbedingungen für einen gegebenen Beobachtungsort verändern sich im Laufe der Jahrhunderte. Diese Veränderung kommt durch die Einwirkung von Sonne und Mond auf die Erdachse zustande. Ihre Periode beträgt ca. 26 000 Jahre.

Prospektion: Zielgerichtete Erkundung eines Areals auf (hier) vorgeschichtliche Objekte. Prospektionsmethoden ohne Eingriffe sind beispielsweise die Luftbildprospektion oder Oberflächenbegehung. Weitergehende Prospektionsmethoden sind Sondiergrabungen und Bohrungen.

Rastplatz: Platz ohne Hütten- oder Zeltgrundrisse, an dem sich die paläolithischen oder mesolithischen Jäger nur kurz aufgehalten und z. B. ihre Jagdwaffen nachgebessert haben. An solchen Stellen werden Schlagabfälle, manchmal eine Feuerstelle gefunden.

Refraktion: Die Strahlenbrechung in der Erdatmosphäre. Die Refraktion hebt ein Gestirn am Horizont um etwa ein halbes Grad an, so daß es früher auf- und später untergeht, als ohne Atmosphäre errechnet.

Rektaszension: Eine der beiden Koordinaten eines Sterns im beweglichen Äquatorsystem. Es ist diejenige Zeit in Sternzeitstunden, die zwischen der Kulmination des → Frühlingspunktes und der des Sterns vergehen.

Rössen: Rössener Kultur, eine mittelneolithische Kultur, verbreitet in Mitteleuropa.

Saroszyklus: Nach 18 Jahren und 10,3/11,3 Tagen (bei fünf/vier Schaltjahren in diesem Zeitraum) hat der Mond wieder annähernd die gleiche Phase (z. B. Vollmond) und die gleiche Position zur Ekliptik (z. B. $\beta = 0°$). Daher wiederholen sich (Mond-)Finsternisse

Glossar

nach diesem Zeitraum (Saroszyklus) fast identisch, jedoch um 0,3 Tage verspätet. Finsternisberechnungen mittels des Saroszyklus sind bereits aus vorchristlicher Zeit bekannt.

Sazellum: hier: Höhenkammer der Externsteine, gebildet aus lateinisch „sacer" = heilig.

Schalensteine: Größere Steine oder Steinplatten mit eingearbeiteten runden oder ovalen Vertiefungen. Die Deutungen gehen von Kultstätten, Mörser für Getreide oder Erz bis zur Herstellung von Steinstaub zu Heilungszwecken. Eine astronomische Deutung (z.B. als Sternbild-Darstellung) muß mangels überzeugender Beweise abgelehnt werden.

Schnurkeramik: Eine endjungsteinzeitliche Kultur mit Verbreitung in Nord-, Mittel- und Osteuropa.

Siedlung: Laut Befund eine Fläche mit Hausgrundrissen (Pfostenreihen, Wandgräbchen) und Abfallgruben, die über eine längere Zeit besiedelt wurde. Sie kann mit einem Erdwall und/oder Palisaden befestigt oder auf einem Sporn oder einer Kuppe als Höhensiedlung angelegt sein.

Solstitien: Die (Zeiten der) Umkehrpunkte der Sonne am Horizont (Sonnenwenden). Heute: ~21. Juni (Sommersolstitium), ~21. Dezember (Wintersolstitium).

Stratigraphie: Schichtenabfolge. Bei ungestörten Schichten (Straten) liegen die ältesten zuunterst. Diese können durch eine Grabgrube oder Mauer gestört werden. Man unterscheidet die horizontale und vertikale Stratigraphie. Schließt man eine sekundäre Verlagerung aus, so lassen sich alle Objekte aus den Schichten relativ datieren.

Strecker: Bestattung in gestreckter Körperlage. Der Tote wurde auf dem Rücken oder auf der Seite liegend beigesetzt, seltener in der Bauchlage.

Szintillation: Schnelle Helligkeitsänderung des Sternenlichtes (Funkeln) durch Einflüsse der irdischen Atmosphäre.

Theodolit: Das Standardgerät des Vermessungstechnikers zur Bestimmung von → Azimut und → Elevation.

Umlaufzeit, synodische: Der Zeitraum, in welchem der Mond oder ein Planet eine Erscheinung (z.B. Opposition) wiederholt.

Waldkante: Äußerer Jahresring am Baumstamm.

Zeitrechnung: Einordnung eines Datums in ein Zeitschema. Seit 1582 wird die gregorianische Zeitrechnung verwendet, davor galt die julianische. Beide unterscheiden sich durch die Schaltregelung. Vorchristliche Jahreszahlen werden in der Astronomie negativ berechnet und unterscheiden sich um eine Einheit von der üblichen Zählweise (z.B. 7 v. Chr. = −6).

Zenit: Scheitelpunkt. Der höchste Punkt eines Sterns über dem Horizont.

Literatur

Allen, C. W.: Astrophysical Quantities, p. 125. London 1973.

Atkinson, R. J. C.: Stonehenge and Neighbouring Monuments. London 1978.

Atkinson, R. J. C.: Stonehenge. Harmondsworth 1979.

Barrios García, J.: The Guanche Lunar Calendar and the Virgin of Candelaria (Tenerife, 14th-15th Century). Proceedings of the SEAC Conference 1994 (Hrsg. W. Schlosser), Bochum 1996.

Bátora, J.: The Reflection of Economy and Social Structure in the Cemeteries of the Chłopice Veselé and Nitra Cultures. Slovenská Archeológia 39, 91, 1991.

Becker, H.: Mittelneolithische Kreisgrabenanlagen in Niederbayern und ihre Interpretation auf Grund von Luftbildern und Bodenmagnetik. In: Vorträge des achten Niederbayrischen Archäologentages (Hrsg. K. Schmotz). Niedererlbach 1990.

Berthold, P.: Vogelzug. Eine kurze, aktuelle Gesamtübersicht. 3. Aufl., Darmstadt 1996.

Bleuer, E.: Das Geheimnis der Schalensteine. Bieler Jahrbuch. Biel 1985.

Bornhold, A.: 600 Jahre Bochumer Maiabendfest – Die historische Entwicklung eines städtischen Heimatfestes im Revier. Bochumer Maiabendgesellschaft 1388 e. V., Bochum 1988.

Brandt, K.: Neolithische Siedlungsplätze im Stadtgebiet von Bochum. In: Quellenschriften zur westdeutschen Vor- und Frühgeschichte, Band 8 (ed. R. Stampfuss). Bonn 1967.

Brennan, M.: The Stars and the Stones: Ancient Art and Astronomy in Ireland. London 1983.

Bronstein, I. N., Semendjajew, K. A.: Taschenbuch der Mathematik. Frankfurt/M. 1989.

Büsching, J.: Die heidnischen Alterthümer Schlesiens. Leipzig 1820–1824.

Burckhardt, G., Schmadel, L. D., Marx, S. (Hrsg.): Ahnerts Kalender für Sternfreunde. Leipzig, Berlin, Heidelberg. Erscheint jährlich.

Christlein, R., Braasch, O.: Das unterirdische Bayern. Stuttgart 1982.

Clarke, D. V., Cowie, T. G., Foxon, A.: Symbols of Power at the Time of Stonehenge. Edinburgh 1985.

Coray, G. G., Voiret, J.-P.: Megalithische Schalensteine. Vermessung, Photogrammetrie, Kulturtechnik 89, 600, 1991.

Dalmeri, G.: Serso (Trento). Preistoria Alpina 16, 95, 1980.

Daniel, G.: A Short History of Archaeology. London 1981 (dt. Ausgabe: Bergisch Gladbach 1982).

D'Errico, F.: Paleolithic Lunar Calendars: A Case of Wishful Thinking? Current Anthropology 30, 117, 1989 (sowie die im gleichen Band erschienene Antwort von A. Marshack und die Entgegnung von D'Errico).

Drößler, R.: Astronomie in Stein. Leipzig 1990.

Ferrari d'Occhieppo, K.: Der Stern der Weisen. Wien 1977.

Firneis, M. G.: Untersuchungen zur astronomischen Orientierung des Domes von St. Stephan/Wien. Sitzungsberichte, Abt. II, Bd. 193, Heft 8–10. Österreichische Akademie der Wissenschaften, Mathematisch-Naturwissenschaftliche Klasse, Wien 1984.

Fischer, U.: Die Orientierung der Toten in den neolithischen Kulturen des Saalegebietes. Jahresschrift für mitteldeutsche Vorgeschichte 37, 49, 1953.

Fischer, U.: Die Gräber der Steinzeit im Saalegebiet. Vorgeschichtliche Forschungen 15, Berlin 1956.

Geyh, M.: Einführung in die Methoden der physikalischen und chemischen Altersbestimmung. Darmstadt 1980.

Gössmann, F.: Planetarium Babylonicum. Scripta Pontifici Instituti Biblici, Rom 1950.

Grimm, J.: Deutsche Mythologie. Nachdruck der vierten Auflage (1875–78). Wiesbaden 1992.

Gropp, G.: Beobachtungen in Persepolis. Archäologische Mitteilungen aus Iran (Neue Folge) 4, 25, 1971.

Günther, K.: Die Abschlußuntersuchung am neolithischen Grabenring von Bochum-Harpen. Archäologisches Korrespondenzblatt 3, 181, 1973.

Hänel, A.: Astronomie in der Steinzeit – Grabkammern bei Carnac/Bretagne. Osnabrücker Naturwiss. Mitt. 17, 13, 1991.

Hamel, J.: Astronomie in alter Zeit. Berlin 1981.

Hawkins, G. S.: Stonehenge Decoded. New York 1965.

Haynes, R. D.: Aboriginal Astronomy. The Astronomy Quarterly 7, 193, 1990.

Heggie, D. C. (Hrsg.): Archaeoastronomy in the Old World. Cambridge 1982.

Herodot: Historien. Herausgegeben von J. Feix. München, Zürich 1988.

Hesiod: Werke und Tage. Aus dem Griechischen übertragen von A. von Schirnding. München 1966.

Hoffleit, D.: The Bright Star Catalogue. Yale University Observatory. New Haven 1982.

Holdaway, S., Johnston, S. A.: Upper Paleolithic Notation Systems in Prehistoric Europe. Expedition 31, 3, 1989.

Horský, Z.: Makotřasy: Paläoastronomische Interpretation der quadratischen Umfriedung der Trichterbecherkultur. In: Urgeschichtliche Besiedlung in ihrer Beziehung zur natürlichen Umwelt (Hrsg. F. Schlette). Halle 1980.

Hoyle, F.: From Stonehenge to Modern Cosmology. San Francisco 1972.

Jørgensen, E. L.: Stjerner, Sten og Stænger – Arkæoastronomi i Danmark. Viborg 1994.

Kappel, I.: Steinkammergräber und Menhire in Nordhessen. Staatliche Kunstsammlungen. Kassel 1978.

Keller, H.-U.: Das Kosmos Himmelsjahr. Franckh-Kosmos Verlag. Erscheint jährlich.

Kern, H.: Peruanische Erdzeichen – Peruvian Ground Drawings, Kunstraum München. München 1975.

Kestermann, D.: Die Ausrichtung von Kirchen und Heiligtümern. In: Berichte der Ersten Horner Fachtagung „Der Externstein" (Hrsg. D. Kestermann). Bochum 1991.

Kluge, F., Mitzka, W.: Etymologisches Wörterbuch der deutschen Sprache. Berlin 1967.

Koleva, V.: Traditional Wooden Calendars from Bulgaria. In: Proceedings of the SEAC Conference 1994 (Hrsg. W. Schlosser). Bochum 1996.

Krupp, E. C. (Hrsg.): In Search of Ancient Astronomies. New York 1977. Dt. Ausgabe: Astronomen, Priester, Pyramiden. München 1980.

Kühn, H.: Erwachen und Aufstieg der Menschheit. Frankfurt/M., Hamburg 1966.

Landolt-Börnstein: Zahlenwerte und Funktionen aus Naturwissenschaft und Technik. Band VI,1 (Hrsg. H. H. Voigt), p. 52. Berlin 1965.

Leidorf, K.: Luftbildarchäologie – Aufgaben

und Methoden. In: Untergang archäologischer Denkmäler in Niederbayern. Luftbilddokumentation/Sonderausstellung, p. 9–14. Stadt Deggendorf (Hrsg.), Deggendorf 1988.

Lentz, W., Schlosser, W.: Persepolis – ein Beitrag zur Funktionsbestimmung. Zeitschrift der Deutschen Morgenländischen Gesellschaft, Supplement I,3, 957, 1969.

Lentz, W., Schlosser, W., Gropp, G.: Persepolis – weitere Beiträge zur Funktionsbestimmung. Zeitschrift der Deutschen Morgenländischen Gesellschaft 121, 254, 1971.

Lentz, W., Schlosser, W.: Ein Gnomon aus einem südwestdeutschen Mithräum. In: Hommages à Maarten J. Vermaseren (Hrsg. M.B. de Boer et T.A. Edridge), p. 590. Leiden 1978.

Lentz, W.: Some Peculiarities not hitherto fully understood of 'Roman' Mithraic Sanctuaries and Representations. Journal of Mithraic Studies 1, 358, 1975.

Lentz, W.: Zeitrechnung in Nuristan und am Pamir. Graz 1978.

Lockyer, J.N.: Stonehenge and Other British Stone Monuments Astronomically Considered. London 1909.

Lorenz, I.B., Rieser, U., Wagner, G.A.: Thermolumineszenz-Datierung archäologischer Objekte. Jahresbericht 1990 (Hrsg.H.V. Klapdor-Kleingrothaus und J. Kiko). Max-Planck-Institut für Kernphysik, Heidelberg 1991.

Lovčikas, S.: Review of Archaeoastronomical Objects in Lithuania. Proceedings of the SEAC Conference 1994 (Hrsg. W. Schlosser). Bochum 1996.

Lynch, F.: The Use of the Passage in Certain Passage Graves as a Means of Communication rather than Access. In: Megalithic Graves and Rituals: Papers Presented at the III. Atlantic Colloquium, p. 147 (Hrsg.: G. Daniel, P. Kjærum). Aarhus 1973.

Marshack, A.: Lunar Notation in Upper Palaeolithic. Science 146, 743, 1964.

Marshack, A.: The Roots of Civilization. Mount Kisco, N.Y. 1991.

McCormac, F.G., Baillie, M.G.L.: Radiocarbon to Calendar Date Conversion: Calendrical Bandwidths as a Function of Radiocarbon Precision. Radiocarbon 35, 311, 1993.

Müller, R.: Der Himmel über dem Menschen der Steinzeit. Berlin 1970.

Nebez, J., Schlosser, W.: Ein kurdisches Mondobservatorium aus neuerer Zeit. Zeitschrift der Deutschen Morgenländischen Gesellschaft 122, 140, 1972.

Neubauer, W.: Geophysikalische Projektion in der Archäologie. In: Mitteilungen der Anthropologischen Gesellschaft in Wien, 120, 1, 1990.

Newham, C.A.: The Enigma of Stonehenge. Tadcaster 1964.

Newham, C.A.: Supplement to 'The Enigma of Stonehenge'. Leeds 1970.

Niedhorn, U.: Vorgeschichtliche Anlagen an den Externstein-Felsen. Frankfurt/M. 1993.

O'Ríordáin, S.P., Daniel, G.: New Grange and the Bend of the Boyne. London 1964.

Peipe, J.: Zur photogrammetrischen Auswertung von Nicht-Meßbildern in der Luftbildarchäologie. Veröffentlichungen aus dem Deutschen Bergbaumuseum 41, 93. Bochum 1987.

Pleslová-Štiková, E., Marek, F., Horský, Z.: A Square Enclosure of the Funnel Beaker Culture (3500 B.C.) at Makotřasy (Central Bohemia): A Palaeoastronomic Structure. Archeologické Rozhledy 32, 3, 1980.

Pleslová-Štiková, E.: Makotřasy: metodika výzkumu sídlištního areálu kultury nálevkovitých pohárů. Geofyzika a Archeologie. Archeologický ústav ČSAV. Prag 1982.

Priuli, A.: La cultura figurativa preistorica e di tradizione in Italia. Pesaro 1991.

Radoslavova, T.: Astronomical Knowledge in Ancient Bulgarian Lands. In: Archaeoastronomy in the 1990s (Hrsg. C. Ruggles). Loughborough 1993.

Rahmann, H.: Die Entstehung des Lebens. Stuttgart, New York 1980.

Randow, G. von (Hrsg.): Mein paranormales Fahrrad und andere Anlässe zur Skepsis, entdeckt im 'Sceptical Inquirer'. Reinbek 1993.

Rensing, L., Hardeland, R., Runge, M., Galling, G.: Allgemeine Biologie. Stuttgart 1975.

Robertson, G. S.: The Kafirs of the Hindu-Kush. London 1896.

Romano, G., Thomas, H. M.: Bildbedeutungen und Sonnenphänomene in der Giotto-Kapelle in Padua. Franziskanische Studien, p. 135. Werl o. J.

Ruggles, C., Martlew, R.: An Integrated Approach to the Investigation of Astronomical Evidence in the Prehistoric Record: The North Mull Project. In: Archaeoastronomy in the 1990s (Hrsg. C. Ruggles). Loughborough 1993.

Schlosser, W.: Astronomy in Europe between 8000 and 1200 B. C. Publ. Obs. Astron. Strasbourg, Serie „Astronomie et Sciences Humaines" No. 3, 79, 1989.

Schlosser, W.: Astronomische Auffälligkeiten an den Externsteinen. In: Berichte der Ersten Horner Fachtagung „Der Externstein" (Hrsg. D. Kestermann). Bochum 1991.

Schlosser, W., Cierny, J., Mildenberger, G.: Astronomische Ausrichtungen im Neolithikum (II). Ein Vergleich mitteleuropäischer Linienbandkeramik (Elsaß, Süddeutschland, Böhmen und Mähren). Ruhr-Universität, Bochum 1981.

Schlosser, W., Mildenberger, G., Reinhardt, M., Cierny, J.: Astronomische Ausrichtungen im Neolithikum (I). Ein Vergleich der böhmisch-mährischen Schnurkeramik und Glockenbecherkultur. Ruhr-Universität, Bochum 1979.

Schlosser, W., Hoffmann, B.: Ptolemy's Milky Way and Modern Surface Photometries in the Visual Spectral Range. In: Science in Western and Eastern Civilization in Carolingian Times (ed. P. L. Butzer and D. Lohrmann). Basel 1993.

Schmeidler, F.: Malereien in der Höhle von Lascaux. Beweis astronomischer Kenntnisse der Steinzeitmenschen. Naturwissenschaftliche Rundschau 37, 218, 1984.

Schmotz, K.: Zur Situation. In: Untergang archäologischer Denkmäler in Niederbayern. Luftbilddokumentation/Sonderausstellung, p. 6–8. Stadt Deggendorf (Hrsg.). Deggendorf 1988.

Schünemann, D.: private Mitteilung 1995 (Briefwechsel mit P. Stephan, 1958).

Scollar, I.: Luftbild und Archäologie. Düsseldorf 1962.

Scollar, I.: Luftbildkartierung für die Archäologie. Spektrum der Wissenschaft 7, 44, 1983.

Stánescu, F., Kerek, F.: Hypothesis on Antique Methods to Determine the Astronomical Orientation of Dacian Sanctuaries in Romania. Proceedings of the SEAC Conference 1994 (Hrsg. W. Schlosser). Bochum 1996.

Stukeley, W.: Stonehenge, a Temple Restored to the British Druids. 1740.

Thom, A.: Megalithic Sites in Britain. Oxford 1967.

Thom, A.: Megalithic Lunar Observatories. Oxford University Press, Oxford 1971.

Thom, A., Thom, A. S.: Megalithic Remains in Britain and Brittany. Oxford 1978.

Tichy, F.: Bamberg – die ottonische Stadt und das Vorbild Rom. Mitteilungen der Fränkischen Geographischen Gesellschaft 41, 345, 1994.

Vaiškūnas, J.: Litauische Sternkunde. Proceedings of the SEAC Conference 1994 (Hrsg. W. Schlosser). Bochum 1996.

Vermaseren, M.J.: Mithras – Geschichte eines Kultes. Stuttgart 1965.

Wehner, R., Wehner S.: Insect Navigation: Use of Maps or Ariadne's Thread? Ethol. Ecol. Evol. 2, 27, 1990.

Weisweiler, H.: Das Geheimnis Karls des Großen – Astronomie in Stein, der Aachener Dom. München 1981.

Wiegel, B.: Trachtkreise im südlichen Hügelgräberbereich – Studien zur Beigabensitte der Mittelbronzezeit unter besonderer Berücksichtigung forschungsgeschichtlicher Aspekte. Dissertation, München 1989.

Register
(zitierte Autoren siehe Literaturverzeichnis)

Aachen 120f
Abfallgruben 80f, 157
Aborigines 96
Abri 36, 38, 157
Abschläge 34
Achämeniden 109
Achbinico 99
Acheuléen 35
Ackerbau 46, 102
Adlerberg-Gruppe 40
Ägypten 51, 66, 108, 111
Äquatorsystem 131ff
Äquinoktien, siehe Tagundnachtgleichen
Afghanistan 52
Agrimensor 119
Ahlhorner Heide 90
Aiterhofen 74
Akkad 18
Al Beruni 110
Alexandria 56, 108
Alfons X. 107
All-Cannings-Cross-Kultur 44
Allende 13
Almagest 61, 106ff
Almukantarat, siehe Höhenwinkel
Altamira 67, 69
Altdorfer, A. 19
Altersbestimmung 24, 46
Altheimer Kultur 39
Altsteinzeit 34ff, 37, 58, 69f, 96ff, 134
Amboßsteine 93
Ameisen 15, 98
Ameisensäure 13
Aminosäuren 13
Ammizaduga 57
Anomalien (elektrische, magnetische) 26
Anthropologie 24
Antike 19, 22, 69, 83, 105f
Apsisform 102

Arbeitshypothese 153
Archäoastronomie 9ff
Archaeobacteria 14
Archäologie 23
Archäomagnetismus 30
Ardnacross 89
Aristarch 56, 101
Arktur 98
Arnhem-Land 68, 97
Aschealtäre 43
Aserbaidschan 110
Assimilation 29
Astrologie 58, 106f
Astrometrie 105
Atair 69
Aubrey, J. 83
Aubrey-Gruben 83
Aufgang, akronychischer 98, 157
  heliakischer 52, 68, 98f, 109, 157
Augustus 19
Aunjetitzer Kultur 35, 40, 43
Aurignacien 35
Ausrichtungen 38, 40, 44, 72ff, 109, 160
Australien 67, 96
Avon 85
Azilien 35, 38
Azimut 15, 62, 74, 129ff, 144ff, 157

B-V (Farbkenngröße) 107
Baalbergkultur 35
Babylon 20
Bad Hallein 45
Badener Kultur 35
Bärenstein 95
Bahnschleifen 57
Bajlowo-Höhlen 100
Balanguru 116
Baldur 76

Register

Bamberg 119
Bamberger Dom 119
Bargromatal 116
Basrelief 112, 157
Bauern 38, 42, 51
Baufluchtlinie 9, 123, 127, 157
Baumringe 29
Bealtainn, siehe Beltaine
Befunde 17, 157
Behistun 111
Beilungen 95
Beinn Talaidh 89
Belemniten 19
Beltaine 68, 76, 88, 90
Beñasmer 100
Ben More 89
Bennigsen, G. von 93
Berber 99
Bernstein 38, 42
Bessel, F. W. 105
Beteigeuze 80
Beuronien 35
Bibel 18 f
Bienen 15
Bildverarbeitung 25
Blattspitzen-Gruppe 33
Blausteine (bluestones) 83, 85
Bochum 67, 78 f
Bochumer Archäoastronomisches
   Projekt 49, 73 ff
Bodenerosion 26
Bodenradar 26
Bodenverfärbung 22
Bögen 38
Böhmen 73
Böotien 97
Borstenkiefern 29
Boyne 86
Brandbestattungen 40, 44, 83, 157
Brandopferplätze 43
Breite, geographische 129 ff
Bretagne 66, 82, 88, 103
Brieftauben 16
Bronze 40, 157
Bronzezeit 17, 32, 34 f, 40 ff, 49 f, 52, 72 ff,
   86, 91, 101, 159 f
Bunsen, R. 105

Calden 90
Camera obscura 114
Canopus 99 f
Cardiumkeramik 33
Cardo 119
Carnac 66, 88 f, 103
Cataglyphis fortis 15
Chamer Gruppe 33, 39
Cheopspyramide 65, 68, 111
China 56
Chindsch 116
Chinguaro 99
Chios 97
Chi-Quadrat-Test 154
Chitral 116
Christentum 109, 113 f, 117, 119 ff
Chronologie, absolute 21 f, 157, 161
   relative 21, 157
Codex Dresden 57
Cordafunktion 106
Cornelius 103
Curiepunkt 30 f

Dämmerung 51, 61
Daker 100 f
Darius der Große 110
Daten, kalibrierte 30
Datierung, absolute 21, 49, 54 f, 57, 158
   relative 28, 158
Datierungsmethoden 21 f, 27, 158
Deklination,
   astronomische 58, 89, 132 ff, 158
   magnetische 31
Dekumanus 119
Demographie 46 f
Dendrochronologie 21, 27, 29, 31, 158
Deneb 69
Denkmalgesetze 20
Denkmalpflege 23 f, 26
Denkmalschutz 10
Depotfunde 43
Dervaigh 89
Detmold 93
Diffusion 158
Dingo 96, 98
Disentis 120
Djursland 91

Register

Domestikation 34, 39
Donnerkeile 19
Douglas 32
Dowth 86
Drache 58
Drehpol 16
Dreiperiodensystem 20f
Drei-Sigma-Regel 154f
Dren 116
Druiden 83
Dschemschid 110, 112
Dura Europos 113
Durrington Walls 86

Eching 77
Eigenbewegung 58f, 139
Einbaumboote 38
Einzelgrab-Kultur 35
Eisenzeit 17, 32, 34f, 44, 91, 159
Eiszeit 20, 69, 96, 134
Ekliptik 54f, 60, 103, 134ff, 158
Elektronenfallen 28
Elevation, siehe Höhenwinkel
Elsaß 73
Endogamie 96
Entdeckungsreisen 18
Entwicklung, autochthone 158
Eratosthenes 56
Erdachse 49, 58
Erdatmosphäre 56, 58, 61, 82
Erdbrücken 77f, 83
Erdgestalt 111
Erdmagnetfeld 16, 26, 30, 77
Erdrotation 50, 56, 131
Erdschatten 55
Erdumfang 56
Erdwerke 39f
Erfurter Dom 121
Ertebølle / Ellerbek-Kultur 35, 38f, 74
Este-Kultur 44
Ethnoastronomie 67, 102
Ethnos 33
Eulenfalter 15
Evolution 13
Externsteine 46, 66, 68, 93ff, 120f
Extinktion, siehe Lichtschwächung
Extraterrestrische Physik 27

Falkenstein 95
Faustkeile 34, 36
Felsdenkmäler 100
Felsmalereien 38
Felsnäpfe 91
Felsschutzdächer, siehe Abri
Felstürme 43
Fersenstein 66, 83
Festtage 11, 62, 114, 121
Feţele Albe 102
Feuchtbodensiedlungen 39
Feuerbenutzung 36
Feuerstein 34, 39
Feuersteinabschläge 24
Finsternismythos 110
Firdausi 110
Fische 58
Fixsterne 52, 105, 139ff
Flachgräber 43, 158
Flächenhelligkeit 108
Fluchtburgen 45
Freiheitsgrade 154
Freilandstationen 36, 38, 158
Frisch, K. von 15
Frühgeschichte,
    siehe Ur- und Frühgeschichte
Frühlingsbeginn 115f
Frühlingspunkt 97, 131f, 158
Fürstengräber 46
Fulda 119
Funde, geschlossene 21f
Fundwahrscheinlichkeit 149

Ganggräber 86, 88f
Gavrinis 88
Geld 45
Geologie 27
Geophysik 56
Geophysikalische Methoden 26
Geothermie 26
Gerätegruppen 33
Germanen 20
Gestirnsbahnen 50
Geten 101
Gewölbe, falsches 88
Gezeiten 14, 97
Gilazarda 117

Gilgit 116
Giotto-Kapelle 68, 121
Gizeh 65, 111
Glas 45
Glengorm 89
Glockenbecherkultur 33, 35, 39, 68, 73 ff, 158
Gnomon 67, 101
Golasecca-Kultur 44
Golf von Carpentaria 97
Gomera 99
Goslar 119
Grabgruben 25, 44
Grabhügel 20, 25, 89, 158
Grabstelen 46
Grabungsprofile 34
Grabungstechnik 23
Gräben 25, 40
Gräber 26, 66, 72, 100
Gran Canaria 99
Grasmücken 16
Graubünden 119
Gravettien 35
Gravimetrie 26
Gregor der Große 119
Groote Eylandt 97
Große Konjunktion 111 f
Großer Wagen/Bär 52, 59, 61, 69, 92 f, 103
Großgartacher Gruppe 39
Großsteingräber 17, 19, 40
Grotte du Taï 67, 70
Grünewald, M. 19
Grundgesamtheit 149 f, 155
Guanchen 98 ff
Güímar 99

Halbwertzeit 29
Halle/Saale 45
Halleyscher Komet 49 f, 105
Hallstatt 45
Hallstattkultur 35, 44, 77
Harpunen 36, 38
Harun al Raschid 106
Haupthimmelsrichtungen 11, 49, 62 ff, 72 ff, 79, 109, 119
Heelstone, siehe Fersenstein
Heilige Linien 119

Heimfindevermögen 15
Heinrichsdom 120
Helme 45
Hethiter 113
Heuneburg 45
Himmelsäquator 61, 131 ff, 158
Himmelsblau 61
Himmelspole 53, 131 ff
Hindukusch 53, 68, 70, 115 f
Hipparch 106
Hirschlanden 46
Histogramm 151
Hochkulturen 44, 61
Hockerlage 44, 159
Höhenkammer 94 f, 121, 161
Höhensiedlungen 42
Höhenwinkel 126, 130 ff, 159
Höhlen 34, 38, 100
Höhlengrabungen 21
Höhlenmalereien 36, 65, 69, 97
Holzhausen 46
Homer 52
Hominiden 13, 27 f, 34
Horizontalparallaxe 132, 159
Horizontanhebung 60, 126, 159
Horizonteffekte 58
Horizontmale 53, 62, 117
Horizontsystem 130 f
Horoskope, siehe Astrologie
Hortfunde 42
Hügelgrabkultur 33, 35, 42, 159
Hünengräber 19, 82
Hunde 38
Hunedoara 101
Hunza-Nagir-Gebiet 115, 117
Hyaden 97
Hypothesen 151, 153

Imbaré 103
Imbolc 88
Indien 63
Indischer Kreis 62, 75
Indogermanen 21
Infraschall 16
Inklination, magnetische 31
Inventarisierung 24
Ionier 56

Register

Irak 117
Iran 109
Isenheimer Altar 19
Islam 112, 114, 117
Isuasphaera 13

Jägerstationen 36
Jahresbeginn 110
Jahreslauf 52
Jahresringkurven 32
Jahreszeiten 50, 52 f, 97
Jambol 100
Jastorf-Gruppe 44
Jogasses-Kultur 44
Jordanes 101
Jütland 91
Jungfrau 112
Jungsteinzeit 11, 35, 39 ff, 49, 51 f, 63, 72 ff, 86, 97 f, 109, 159
Jupiter 111 f, 138

Kabile 100
Kabul 116
Kalender,
    lokale 10, 53, 68, 92 ff, 97, 99, 115
    überregionale 10, 115
Kalenderbauwerk 9 f, 66, 86, 88, 117
Kalenderkontrolle 53 f, 59
Kalendermänner 110, 115
Kalenderstäbe 70
Kalium-Argon-Methode 27
Kalypso 52
Kanarische Inseln 68, 98
Kannibalismus 40
Kant, I. 14
Kanzel 95
Karališkės 103
Kardinalrichtungen 67 f, 75, 97, 101, 109, 159
Karl der Große 94, 120
Karwoche 114
Kepler, J. 112
Keramik 38 ff
Kernwaffenversuche 29
Keßlerloch-Höhle 69
Kielkratzer 38
Kiesel, bemalte 38

Kirchen 90, 103, 113, 119 ff
Kirchenkreuze 119
Kirchenpatrone 119 f
Kirchhoff, G. 105
Klimaschwankungen 29
Knickenhagen 95
Knochenglätter 36
Knochengravierungen 36
Knowth 86
Köln 119
Körperbestattungen 40, 159
Körpermaße 125
Kohlensack 97
Kompaß 62
Konjunktion 111, 138
Konjunktion der Religion 112
Konjunktion, große,
    siehe Große Konjunktion
Kontrasterkennung 108
Koordinaten 15, 126
Kosmische Strahlung 29
Kosmos 13, 27
Kraggewölbe 86
Kreisgrabenanlagen 44, 67, 76 ff, 83, 159
Kreuz des Südens 58, 97
Kreuzabnahmerelief 93
Künzing 77 f
Küstenseeschwalbe 16
Kugelamphorenkultur 39
Kuh-i-Rahmat 112
Kulisseneffekt 60
Kulmination 50 ff, 159
Kultur 33, 159
Kultwagen 43
Kumulative Verteilung 153
Kunisht 116
Kupfer 42
Kupferzeit 39
Kuppelgräber 88
Kuppelgrotte 94
Kurder 116
Kurdistan 117 f

Ladir 119
Länge, geographische 129 ff
Lagerplatz 36, 159
La-Hoguette-Gruppe 39

173

Register

La Madeleine 20, 69
La Mouthe 69
Landau a. d. Isar 77f
Landschaftsmale 89, 123
Landwirtschaft 39, 62
Langer, H. 16
Langhäuser 39, 46
Langhügel 86
Lartet 69
Lascaux 69
Las Ferreras 18
La-Tène-Kultur 35, 44
Lausitzer Kultur 35, 44
Leben (Entwicklung) 13
Lebenserwartung 46f
Lener 116
Lengyel-Kultur 35
Les Eyzies 69
Levalloisien 35
Leys, siehe Heilige Linien
Libby, W. F. 28
Libros del Saber 107
Licht, polarisiertes 16
　　ultraviolettes 16
Lichtschwächung 60f, 140, 147, 158
Limes 18
Linie, architektonische, siehe Baufluchtlinie
Linienbandkeramik 10, 35, 39, 46, 52, 67, 73ff, 159
Litauen 102ff
Lößablagerungen 28
Lößböden 39
Löwe 110
London 113
Luftbildprospektion 24f, 76, 159
Luftdruck 16
Lugnasac 88
Lukrez 19
Lunisolaranlage 104

Mackėnai 103
Mähren 73
Magdalénien 35
Magellansche Wolken 98
Maglemose/Duvensee-Kultur 35, 38
Magnetisierung, siehe Paläomagnetismus
Magnetogramm 77

Magura-Höhle 100
Maifeiern 76, 80
Makotřasy 67, 80f
Malleeflöter 98
Malta 82
Mammut 69
Mančiagirė 103
Mantegna, A. 19
Maol Mor 89
Marcinkonys 103
Marín de Cubas, T. 99
Mars 57, 106, 138
Materialanalysen 24
Materie, interstellare 13
Matthäus-Evangelium 112
Maya 57
Meder 56
Median 153
Megalithe 10, 49, 54, 68, 82ff
Megalithgräber 43
Megalithikum 10
Megalithische Elle 80
Meleia 102
Memel 103
Menhire 86, 88, 159
Meridian 130, 159
Merkur 57, 138
Merope 97
Mesolithikum, siehe Mittelsteinzeit
Mesopotamien 57
Metallzeiten, siehe Bronzezeit, Eisenzeit
Meteore 97
Meteorite 13, 27
Meton 159
Metonischer Zyklus 50, 159
Michelsbergkultur 35, 39
Micoquien 35
Mikrolithe 36, 38
Milchstraße 97, 105f, 108
Miller, S. L. 13
Minden 119
Mirdesch 116
Mißweisung 62, 119, 123
Mitanni 113
Mithräen 113ff, 119
Mithras 113ff
Mithraskult 109, 113ff

Mitreo Aldobrandini 114
Mittelalter 93, 102, 106 ff, 119 ff
Mittelamerika 57
Mittelsteinzeit 11, 35 ff, 70, 72 ff, 96, 98, 160
Mittelwert 152
Mittlerer Fehler 153
Mondextreme 49, 54, 59, 67, 80, 82, 86, 89, 95, 136 ff
Mondfinsternis 49, 54 ff, 59, 61, 110
Mondgestein 27
Mondkalender 70, 99, 114, 117
Mondknoten 50, 55
Mondlauf 54 ff, 82, 136 f
Mondmonat 117
Mondobservatorium 117
Mondorientierung 15, 117
Mondphasen 14, 71
Mondsichel 117 f
Mongolen 103
Montanarchäologie 93
Monte Bego 90
Montelius, O. 22, 40
Mooropfer 43
Moustérien 33, 35, 96
Münchshöfener Gruppe 39
Münster 119
Mull 68, 89 f
Murchison 13
Muschelhaufen 20
Museen 23
Museumspädagogik 23
Mykene 20, 88

Nabonid 18
Nadeln, bronzene 43
Nadir 129, 160
Nationalsozialisten 21
Neandertaler 96
Nebukadnezar II. 18
Nekropole 86
Neolithikum, siehe Jungsteinzeit
Neujahr 109 ff
Neumond 54, 71, 103
New Grange 66f, 86 ff
Nil 51
Nilau 116

Nivelliergerät 124, 160
Nordischer Kreis 160
Noreikiškės 103
North-Mull-Projekt 89 f
Notgrabungen 26

Oberlauterbacher Gruppe 39
Oberpöring 77 f
Obsidian-Hydratations-Methode 27
Ocker 36, 38
Ockergrabkultur 33
Odyssee 52
Odysseus 52
„Ötzi", siehe Tisenjoch
Ogham-Schrift 70
Okkupation, römische 17
Opferkessel 91
Oppidum 45, 160
Opposition 138
Orakel 89
Orăştie-Gebirge 101
Orientierung, siehe Ausrichtungen
Orion 51, 59, 69, 80, 93, 97, 103
Orpheus 100
Orthophototechnik 25
Ortsmittag 123
Osterfestregel 14
Osterhofen 77
Ostern 114, 117
Osthallstattkreis 44
Ostia 68, 114
Ovid 19

Paderborn 119
Padua 68, 121
Paläoastronomie 105
Paläobotanik 24
Paläoklimatologie 24
Paläolithikum, siehe Altsteinzeit
Paläomagnetismus 30f, 160
Paläozoologie 24
Paleocastro 100
Palisaden 77
Palma 99
Palolowurm 14
Pamir 68, 70, 115 f
Pangäus 100

175

Papruk 116
Pasargadae 110
Patenschaft 47
Pendschirtal 116
Persepolis 68, 109 ff
Peru 119
Peter der Große 19
Pfahlbauten 20
Pfalzkapelle 120 f
Pfeilspitzen 36
Pfingsten 114
Pfostengruben 25
Pfostenlöcher 17, 20, 26, 77, 81, 86, 104, 160
Pfostensetzung 44
Pharaonen 22
Photometer 105
Planeten 11, 50, 57 ff, 103, 106 f, 138
Planetenextreme 138
Pleione 97
Plejaden 52, 97 f, 102 f
Polangen / Palanga 68, 103 f
Polarisation 15
Polarstern 16, 50, 62
Polumkehrung 31
Polygone 120
Population 33
Präzession 16, 50, 58, 97, 138, 160
Prag 119
Prokyon 105
Prospektion 24, 26, 76, 81, 160
Prozessionsstraße 66, 83 ff
Ptolemäus, C. 61, 106 ff
Pyramiden 65 f, 111
Pythagoras 101
Pythagoreer 101

Quinish 89

Racoş 102
Radiokarbondatierung 27 f, 49, 80, 83, 85, 94
Radiometrie 26 f
Ramadan 117
Rastplätze 38, 160
Rationalismus 19
Refraktion, siehe Strahlenbrechung
Regenbogenschüsselchen 45

Reims 119
Reinecke, P. 40
Rektaszension 58, 132 ff, 160
Rettungsgrabungen 21
Reusen 38
Revolution, neolithische 46
Rhône-Kultur 42
Ringgraben, siehe Kreisgrabenanlagen
Ringwallanlagen 86
Römer 101, 103, 119
Rössener Kultur 35, 78, 160
Rötel 34
Rohstoffgewinnung 34
Rom 19, 119
Romantik 19
Rundhügel 86
Rundtanz 15

Saale 72
Säkularvariation 31
Sagogn 119
Sakralbauwerk 9, 59, 66, 77, 86
Salisbury Plain 82
Salmoxis 101
Samhain 88
Santillana del Mar 69
Sargstein 94 f
Sarmizegetusa 68, 101 f
Saroszyklus 50, 55, 160
Sarsen 83, 85
Saturn 57, 111 f, 138
Sautuola, M. de 69
Sazellum, siehe Höhenkammer
Schalensteine 68, 91 ff, 161
Schaltsekunde 56
Schamanismus 38
Schattenstab 62, 73, 75, 123
Schattenwerfer 115 f
Schiefe der Ekliptik 50, 59, 134
Schlagabfälle 38
Schluein 119
Schnurkeramik 33, 35, 39, 68, 73 ff, 161
Schottland 89
Schwänzeltanz 15
Schwerkraft 15
Schwerter 43, 45
Seegurken 98

Seelenloch 90
Seeufersiedlungen 39
Seismik 26
Septemtriones 103
Sequoien 29
Serso 92
Siat 119
Sibirien 19
Siedlungen 39, 161
Siedlungsbrand 31
Siedlungsgruben 25
Sirius 51, 60, 105, 107
Sitzschalen 95
Skorpion 98
Skulpturen 36
Sol 113
Solstitien, siehe Sonnenwenden
Sommerdreieck 69
Sommerzeit 62, 123
Sonne 52 ff, 134 ff
Sonnenbeobachtungen 46, 67, 109 ff, 115 ff
Sonnenfinsternis 50, 54 f, 60, 110 f
Sonnenfleckenaktivität 32
Sonnenkompaß 127
Sonnenloch /-öffnung 94 f, 120 f
Sonnennavigation 15
Sonnensymbole 40, 43
Sonnensystem 13, 27, 51
Sonnenwenden 9, 50, 52, 59, 62, 66 ff, 72, 78 ff, 82 ff, 88 f, 91, 95, 100 ff, 110, 112, 114 ff, 119 ff, 134 ff, 161
South Australia 68
Speerspitzen 36
Speinne Mór 89
Spika 112
Spodoptera exempta 16
Sprachfamilie, indogermanische 54
Stämme 20
Stare 16
Starnberger See 46
Starr-Carr-Kultur 38
Statistik 22, 106, 149 ff
Steinbeile 40
Steinidole 103
Steinkammergrab 68, 90, 120
Steinkisten 40
Steinkreise 44, 82 ff, 103

Steinsalz 45
Steinschlägel 22
Steinsetzungen 115
Stephan, hl. 119
Stephansdom 68, 119
Sterblichkeitsrate 47
Stern von Bethlehem 112
Sterna paradisea 16
Sternazimute 51
Sternbilder 49 ff, 58, 68, 91 f, 97, 139 ff
Sternentwicklung 60
Sternfarben 105 f, 140
Sternhelligkeiten 140
Sternhimmel 50
Sternkompaß 16
Sternmythen 97
Sternnamen 51
Stichbandkeramik 35, 39
Stichprobe 149
Stier 110
Stier-Löwe-Motiv 109 f
Stockenten 16
Stockstadt a. Main 113
Störche 14, 16
Stonehenge 9, 25, 59, 66 f, 75, 77, 82 ff
Strabo 101
Strahlenbrechung 56, 61, 66, 82, 111, 130 ff, 160
Straßburg 119
Stratigraphie 22, 161
Stratigraphische Methode 19, 21 f
Straubinger Gruppe 35, 40
Streckerlage 161
Streuung 152 f
Sulaimaniye 68, 117
Susa 110
Synodischer Monat 71
Szintillation 61

Tachte Dschemschid 110, 112
Tagundnachtgleichen 78, 86, 95, 110, 115 f, 134 ff, 157
Tardenoisien 35, 38, 74
Taschkent 115
Tauroktonie 113
Technokomplexe 33
Teneriffa 99

Terminologie 32 ff
Tetrabiblos 106 f
Teutoburger Wald 93
Thales 56
Thalesfinsternis 56
Thayngen 69
Theodolit 124, 160
Thermolumineszenz-Methode 27 f, 94
Tholoi 88
Thomsen, Chr. 20 f
Thraker 100
Tierkreis 54, 58, 61, 97, 103, 110, 114
Tisenjoch, Mensch vom 46
Titusbogen 19
Töpferscheiben 45
Totem-Clans 96
Totenkult 62, 72 ff, 109
Trachten 46
Trajanssäule 19
Trentino 93
Trepang 98
Trichterbecher-Kultur 33, 35, 39, 80
Trier 119
Trilithe 66, 84
Troja 20
Tuareg 99
Tustrup 68, 91
Typologische Methode 21

Uhr, innere 14, 16
Umlaufzeit 21, 161
Universum, siehe Kosmos
Ur 18
Ur- und Frühgeschichte 17 ff, 158
Urliste 151
Urnen 44 ff
Urnenfelderkultur 35, 42 ff
Utrecht 119

Valcamonica 90
Valendas 119
Venus 57, 60, 97, 138
Venusperiode 50
Venustafeln 57
Verhüttungsschlacken 29
Vertrauensgrenzen, statistische 30
Veßra 121
Victoria 68

Viehzucht 39, 42, 46
Viereckschanzen 45 f, 77
Vikletice 73
Villanova-Kultur 44
Visbeker Bräutigam 90
Visur 67, 116 f
Völker 20, 33
Völkerkunde 51, 63, 66
Völkerwanderung 17
Vogelzug 16
Vollmond 49, 59, 100, 114, 136
Vorgeschichte 10, 23
Vorlausitzer Kultur 42

Waldkante 32, 161
Wallanlagen 25
Wallerfing 78
Wartberg 90
Wassermann 58
Webstühle 45
Wega 69, 98
Wessex-Kultur 42
Widder 58, 132
Widerstand, elektrischer 26
Wien 68, 119
Wildbeuter 38
Windfuhr, G. 111
Woodhenge 86

Yirrkalla 97
Ymir 114

Zarathustra 113
Zeitrechnung, siehe Chronologie
Zeitskala 49
Zenit 61, 129 f
Zenitdistanz 130 f
Zentaur 97
Zentralsaal 113
Zero-Stone 113
Zinn 42
Zirkumpolarität 52, 133
Zodiakallicht 108
Zöllner, J. 105
Zürichsee 20
Züschen 68, 90, 120
Zugrichtung 16
Zwillinge 53

Tafel I – X

Tafel I–II

Tafel I Die Sternstrichspuren dieser langbelichteten Aufnahme des Nachthimmels demonstrieren augenfällig das Kreisen der Sterne um den Himmelspol (rechts oben außerhalb des Bildfeldes). Für einen festen Standort findet ihr Auf- oder Untergang immer an der gleichen Stelle des Horizonts statt. Das gilt auch für ihre Koinzidenz mit einem künstlichen Horizontmal (hier dem Kuppelgebäude). Erst im Laufe von Jahrzehnten verändern sich diese Positionen merklich durch die Präzession. An den schwächeren Sternspuren bemerkt man die Wirkung der atmosphärischen Absorption: Die Sterne sind in Horizontnähe weniger hell als in größerer Höhe. Aufnahme: *W. Schlosser.*

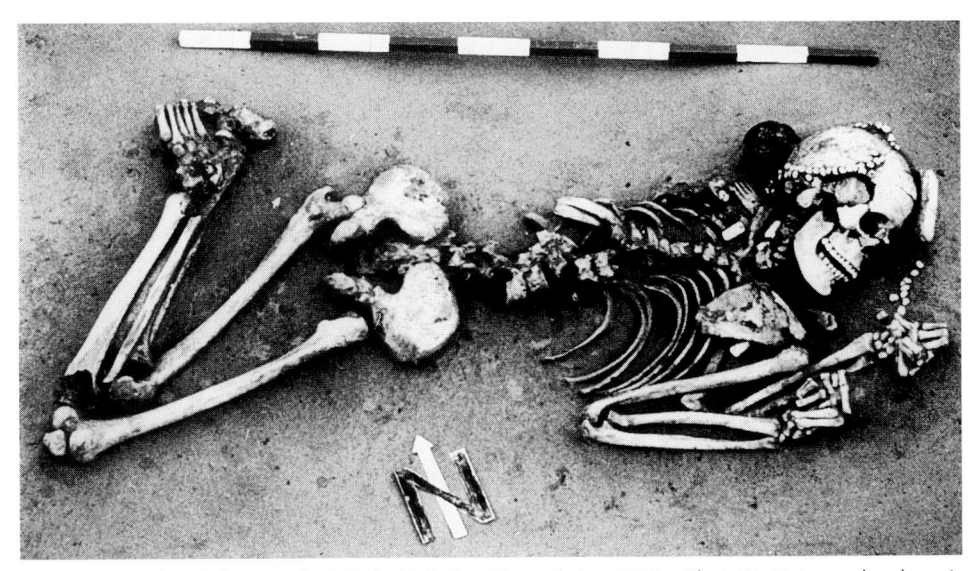

Tafel II Weibliches Skelett aus der Zeit der Linienbandkeramik (ca. 5500 v. Chr.). Die Tote aus dem bayerischen Gräberfeld von Aiterhofen wurde vermutlich mit gefesselten Beinen in der sogenannten Hockerstellung begraben. Als Schmuck waren Kamm, Schminkstein und eine Kette aus Flußschnecken beigegeben. Die Ostausrichtung des Skeletts ist für diese Kultur vorherrschend (siehe auch Abb. 5.2, Diagramm C). Aufnahme: *Bayerisches Landesamt für Denkmalpflege.*

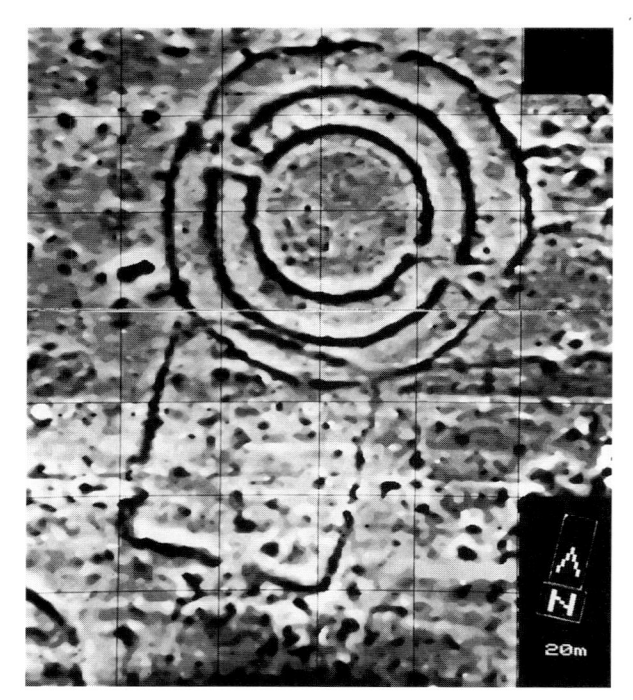

Tafel III Magnetogramm der Kreisgrabenanlage von Osterhofen-Schmiedorf in Bayern (Schmiedorf I). Das Bodendenkmal wurde gegen 4600 v. Chr. angelegt. Die Gitterlinien haben einen Abstand von 20 m. Das Rondell mit einem maximalen Durchmesser von 74 m besteht aus drei Kreisgräben mit zwei konzentrischen Innenpalisaden sowie vier Toranlagen (davon nur zwei auf dieser Abbildung deutlich erkennbar). Im Außenbereich befinden sich Siedlungsspuren. Südlich davon erkennt man eine wesentlich jüngere hallstattzeitliche Viereckanlage (ca. 600 v. Chr.). In unmittelbarer Nähe befindet sich eine weitere Kreisgrabenanlage (Schmiedorf II), die ungleich schlechter erhalten ist. Zwei Drittel der Torazimute der bayerischen Kreisringanlagen orientieren sich nach den Kardinalrichtungen oder der Wintersonnenwende. Aufnahme: *Bayerisches Landesamt für Denkmalpflege, H. Becker.*

Tafel IV Steinkammergrab von Züschen (Hessen). Das Grab stammt aus der Zeit um 2500 v. Chr. Die Öffnung im Grab zielt auf den rund fünf Kilometer entfernten Wartberg (Pfeil). Das Azimut dieser Richtung korrespondiert mit dem Sonnenaufgang Anfang Mai (Beltaine-Fest). Aufnahme: *Foto-Orendt.*

Tafel V

Tafel V Fels II der Externsteine. Dieser über 30 m hohe isoliert stehende Sandsteinfels enthält in seinem oberen Teil das Sazellum mit dem sogenannten Sonnenloch (rechts neben der Brücke). Am Fuß des Felsens erkennt man die kleine Treppe zur Kanzel. Sonnenloch und Kanzel sind zur Sommersonnenwende orientiert. Der linke und vordere Teil des Felsens wurden vermutlich im frühen Mittelalter zerstört. Aufnahme: *U. Niedhorn*.

Tafel VI–VII

Tafel VI Das Sonnenloch der Externsteine von außen gesehen. Die vertikale Wandfläche um das Sonnenloch wurde von Menschenhand angelegt. Rechts und oberhalb der Öffnung sind die Spuren des verwendeten Werkzeugs zu erkennen. Es handelt sich dabei um eine steinerne Picke (also kein Metallwerkzeug), was auf das hohe Alter dieser Öffnung hinweist. Die Mittelachse dieses Sonnenfensters ist sommersonnenwendorientiert. Aufnahme: *W. Schlosser*.

Tafel VII Luftaufnahme des dakischen Bergheiligtums Sarmizegetusa Regia in Rumänien. Es wurde etwa um das Jahr 100 n. Chr. von den Römern zerstört. Im oberen Teil erkennt man das hufeisenförmige Große Sanktuar (orientiert zur Wintersonnenwende). Sein Gesamtdurchmesser beträgt etwa 30 m. Rechts daneben eine kreisförmige Andesitplatte mit dem nach Norden weisenden Steinstrahl, wahrscheinlich Überreste einer großen Sonnenuhr. Aufnahme: *F. Kerek*.

Tafel VIII

Tafel VIII Detailaufnahme eines Steines mit Namen *Valiulis*, der mit einem zweiten namens *Valiulis' Vater* die Sommersonnenwendrichtung markiert. Der Stein befindet sich in Noreikiškės, Litauen. Die eingetieften Symbole von Sonne, Mond und Stern sind mit Kreide nachgezeichnet. Daß Steine Namen haben und Gruppen von Steinen als Familien gelten, dürfte ein alteuropäischer Brauch sein, der sich in Litauen bis auf den heutigen Tag gehalten hat. Auch in Deutschland kann man auf Rügen letzte Spuren dieses alten Erbes beobachten. Aufnahme: *Lietuvos Respublikos Kultūros Ministerija, Etnokosmologijos Centras, S. Lovčikas, J. Vaiškūnas.*

Tafel IX—X

Tafel IX Überblick über die Palastanlage von Persepolis, die um 520 v. Chr. erbaut wurde. Persepolis ist nach einem strengen Grundschema schachbrettartig aufgebaut. Die Zentralhalle (Pfeil) ist eines der ältesten Gebäude von Persepolis. Von hier aus dürften die Achämenidenkönige den Aufgang der Sonne am Tag der Sommersonnenwende beobachtet und damit den Beginn des neuen Jahres festgelegt haben. Aufnahme: *W. Schlosser*.

Tafel X Am längsten Tag des Jahres fallen die Strahlen der aufgehenden Sonne exakt in Richtung der Palastanlage von Persepolis ein, so daß die in einer Reihe stehenden Säulen einander beschatten. Aufnahme: *G. Gropp*.